机 械 基 础

（微课视频版）

主　编　公茂金　郝风伦

副主编　狄菲菲　平云光　刘兴旺
　　　　谢文全

参　编　王　强　马志超　赵向阳
　　　　杨忠一　郭　靖　刘　涛
　　　　李兴华　李　亭　刘家军
　　　　齐莎莎　赵　利　黄闽新
　　　　吴淑秀　高　斌　杨小燕
　　　　丁国栋

机 械 工 业 出 版 社

本书是机械专业基础课程教材之一，主要内容包括：带传动，螺旋传动，链传动，齿轮传动，蜗杆传动，轮系，平面连杆机构，凸轮机构，其他常用机构，联接，轴与轴承，联轴器、离合器和制动器，液压传动与气压传动，共计13个单元。本书部分内容配有微课视频和动画，读者可扫描书中二维码直接观看。

本书可作为中等职业技术学校、技工学校机械类专业通用教材。

图书在版编目（CIP）数据

机械基础：微课视频版/公茂金，郝风伦主编．—北京：机械工业出版社，2021.8（2024.7重印）

ISBN 978-7-111-68745-0

Ⅰ．①机…　Ⅱ．①公…　②郝…　Ⅲ．①机械学－中等专业学校－教材　Ⅳ．①TH11

中国版本图书馆CIP数据核字（2021）第141274号

机械工业出版社（北京市百万庄大街22号　邮政编码100037）
策划编辑：陈玉芝　侯宪国　责任编辑：侯宪国
责任校对：梁　静　封面设计：马若濛
责任印制：常天培
固安县铭成印刷有限公司印刷
2024年7月第1版第5次印刷
184mm×260mm · 17.75印张 · 305千字
标准书号：ISBN 978-7-111-68745-0
定价：49.80元

电话服务
客服电话：010-88361066
010-88379833
010-68326294

网络服务
机　工　官　网：www.cmpbook.com
机　工　官　博：weibo.com/cmp1952
金　书　网：www.golden-book.com
机工教育服务网：www.cmpedu.com

前 言

随着职业教育教学改革的不断深入，职业院校对课程结构、课程内容及教学模式提出了更高的要求。《教育部关于深化职业教育教学改革全面提高人才培养质量的若干意见》中提出：对接最新职业标准、行业标准和岗位规范，紧贴岗位实际工作过程，调整课程结构，更新课程内容，深化多种模式的课程改革。为此，本书在编写时以就业为导向，以学生为主体，对课程内容进行了创新性地重组和改革，对“繁难偏旧”的知识和内容进行了恰当处理，形成不同的单元，各单元根据需要又设置了不同的项目，各项目都规定了相应的学习目标、课堂讨论、问题与思考、项目描述和相关知识，具有良好的教学操作性；在每一个项目后都设计了课后练习，以提高学生运用知识的能力，增强教学效果。

本书内容具有以下特点：

1. 根据职教改革和教学实践，合理安排教材内容。本书采用模块化的方式编写，根据机械类专业毕业生所从事岗位的实际需要和教学实际情况，合理确定学生应具备的能力与知识结构，对教材内容及其深度、难度做了适当调整。

2. 根据相关专业领域的最新发展，在教材中充实新知识、新技术、新材料等方面的内容，体现教材的先进性；采用现行技术标准，使教材更加科学和规范。

3. 引入“互联网 +”技术，进一步做好教学服务工作。在教材中使用了二维码技术，针对教材中的教学重点和难点制作了动画、视频等多媒体资源，学生使用移动终端扫描二维码即可在线观看相应内容，可以更直观、细致地探究机构的结构和工作原理，还可以浏览相关视频、图片等拓展资料。

4. 针对相关知识点，设计了贴近实际生产的导入和互动性活动等，意在拓展学生思维和知识面，引导学生自主学习，激发学生的学习兴趣，内容力求做到少而精，并将文字表述与多媒体演示紧密结合，表现形式图文并茂、通俗易懂。

本书由公茂金、郝风伦担任主编，狄菲菲、平云光、刘兴旺、谢文全担任副主编，王强、马志超、赵向阳、杨忠一、郭靖、刘涛、李兴华、李亭、刘家军、齐莎莎、赵利、黄闽新、吴淑秀、高斌、杨小燕、丁国栋参加编写。

由于编者水平有限，书中不当之处在所难免，敬请读者批评指正。

编　者

目 录

绪　论

学习目标

知识目标：

1. 能说出本课程的性质、任务、内容及学习方法。
2. 能说出机器、机械、机构、零件等相关概念。
3. 能分析具体机器的各组成部分；能区分机器与机构。

技能目标：

能根据机械分析的一般程序和基本方法，对现有机械设备和产品进行仿制、革新、使用、维护、维修等操作。

综合职业能力目标：

利用学习资料，与小组成员讨论分析机械设备的运动、结构及功能，解决实际工程问题。

课堂讨论

人们的生活离不开机械，从小小的楔子和螺钉，到计算机控制的机械设备，机械在现代化建设中有着重要作用。

你知道图0-1所示的这些机械是怎样组成并工作的吗?

在学习了本课程之后，你就可以知道常用机械设备是怎样工作的，从而达到控制和驾驭它们的目的。

图 0-1　常见机械设备

问题与思考

那么到底什么是机械呢？机械又是怎样工作从而达到为人类服务的目的的呢？

相关知识

一、课程概述

1. 课程性质

本课程是中等职业技术学校机械类专业的一门专业基础课，为专业技术课和培养专业岗位能力服务。

2. 课程内容

课程内容包括机械传动、常用机构、轴系零件及液压传动与气压传动等方面的基础知识。

3. 课程任务

掌握机械基本知识和技能，了解机械工程材料性能，正确操作和维护机械设备；培养学生分析和解决问题的能力，形成良好的学习习惯；对学生进行职业意识培养和职业道德教育，为其发展奠定基础。

4. 课程学习方法

本课程着重对基本概念的理解与基本分析方法的掌握，不强调系统的理论分析；着重对公式建立的前提、意义和应用的理解，不强调对理论公式的具体推导；注意密切联系生产实际，努力培养解决工程实际问题的能力。

二、机器、机构、机械、构件和零件

常用的传动方式

1. 机器与机构

机器是人们根据使用要求而设计制造的一种执行机械运动的装置，用来变换或传递能量、物料与信息，从而代替或减轻人类的体力劳动和脑力劳动。常见机器的类型及应用见表 0-1。

表 0-1 常见机器的类型及应用

类型	应用举例
变换或传递能量的机器	
变换或传递物料的机器	
变换或传递信息的机器	

机构是指两个或两个以上的构件通过活动连接以实现规定运动的构件组合。或者说，机构是具有确定的相对运动构件的组合体，是用来传递运动和力的构件系统。图 0-2 所示为蜗杆传动机构。

简单的机器可能只含有一种机构，而复杂的机器由多种机构构成。在图 0-3 所示的曲柄压力机中，其传动部分由 V 带及带轮组成的带传动机构、小齿轮和大齿轮组成的齿轮传动机构、曲轴和连杆及滑块组成的曲柄滑块机构等构成，它们协同作用，将电动机的等速转动变换为凸模的直线冲压运动。

图 0-2 蜗杆传动机构

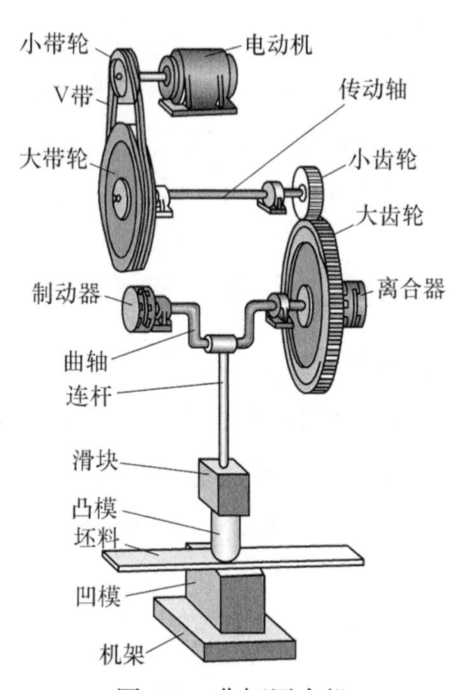

图 0-3 曲柄压力机

机器与机构的区别见表 0-2。

表 0-2 机器与机构的区别

名称	特征	功用
机器	1）任何机器都是人为的实体（构件）组合体 2）各运动实体之间具有确定的相对运动。一般情况下，当其中某构件的运动一定时，其余各构件的运动也就随之确定 3）在生产过程中，它们能代替或减轻人们的劳动，完成有用的机械功或将其他形式的能量转换为机械能	利用机械能做功或实现能量转换
机构	具有机器的前两项特征，无第三项特征	传递或转换运动，或实现某种特定的运动形式

如果不考虑做功或实现能量转换，只从结构和运动的观点来看，机器和机构之间是没有区别的。因此，为了简化叙述，有时也用“机械”一词作为机构和机器的总称。

按机械的功能进行分类，机械可分为动力机械、加工机械、运输机械、信息机械等。

按机械的服务产业进行分类，机械可分为农业机械、矿山机械、纺织机械、包装机械等。

按机械的工作原理进行分类，机械可分为热力机械、流体机械、仿生机械等。

2. 机器的组成

图 0-4 所示汽车的运行主要依靠发动机和变速器及一些传动系统。发动机输出的动力经传动系统传递到车轮上，带动车轮转动，从而实现车辆的行驶，整个行驶过程由汽车的控制部分进行控制。一般而言，机器的组成通常包括动力部分、执行（工作）部分、传动部分和控制部分，各组成部分的作用和应用举例见表 0-3。

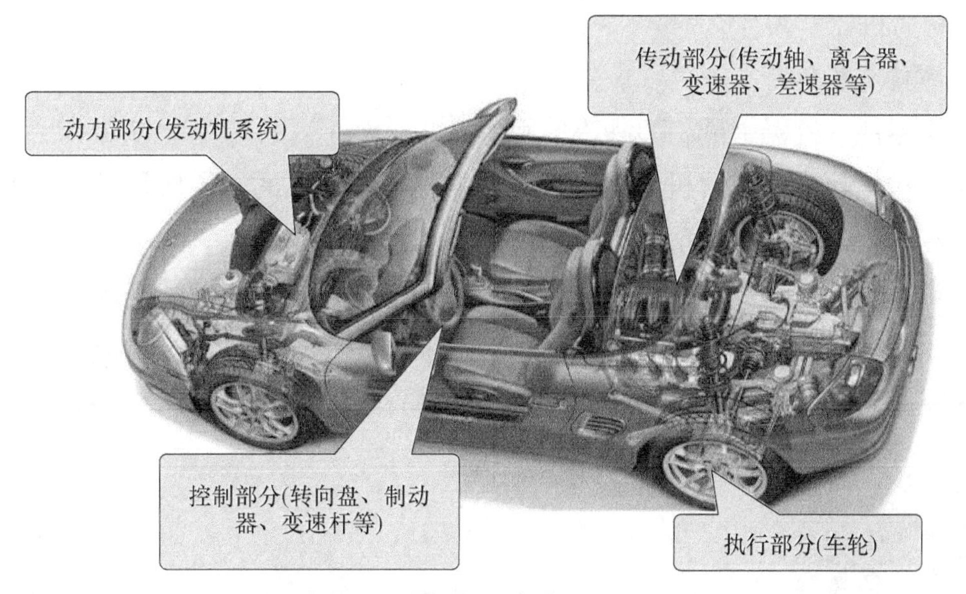

图 0-4 汽车

表 0-3 机器各组成部分的作用和应用举例

组成部分	作用	应用举例
动力部分	把其他类型的能量转换为机械能，以驱动机器各部件运动	电动机、内燃机、蒸汽机和空气压缩机等
传动部分	将原动机的运动和动力传递给执行部分	金属切削机床中的带传动、螺旋传动、齿轮传动、连杆机构等
执行部分	直接完成机器的工作任务，处于整个传动装置的终端	金属切削机床中的主轴、滑板等
控制部分	显示和反映机器的运行位置和状态，控制机器正常运行和工作	机电一体化产品（数控机床、机器人）中的控制装置等

机器各组成部分之间的关系如下：

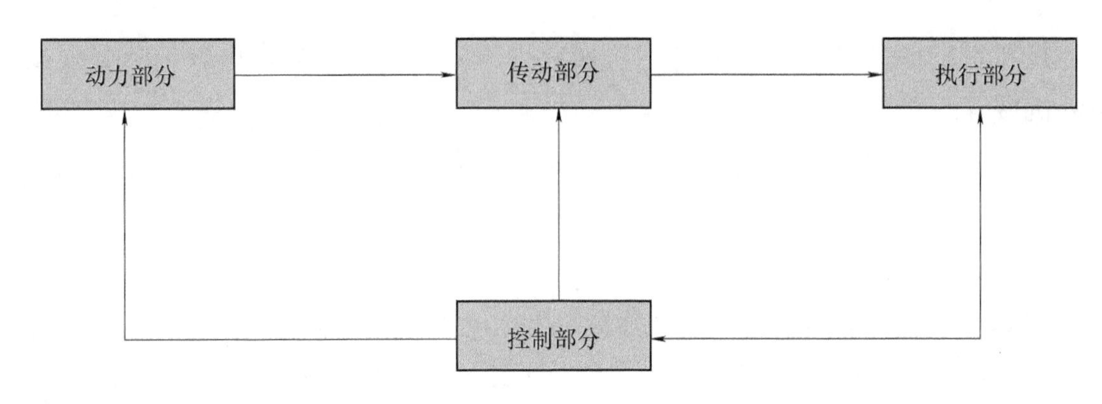

电动自行车、电动缝纫机、普通自行车和普通缝纫机中哪些可称为机器，哪些不可称为机器？为什么？

3. 零件与构件

（1）零件　机器中最小的制造单元。

从制造的角度来说，机器是由若干个零件装配而成的，零件是机器中不可拆分的制造单元，如图 0-5 所示。

零件可以分为通用零件和专用零件。通用零件是在各种机械设备中经常用到的零件，如螺栓、螺母、齿轮和键等；专用零件是指在某些特定类型的机器中才使用的零件，如牛头刨床中的滑枕、内燃机中的曲轴、起重机中的吊钩等。

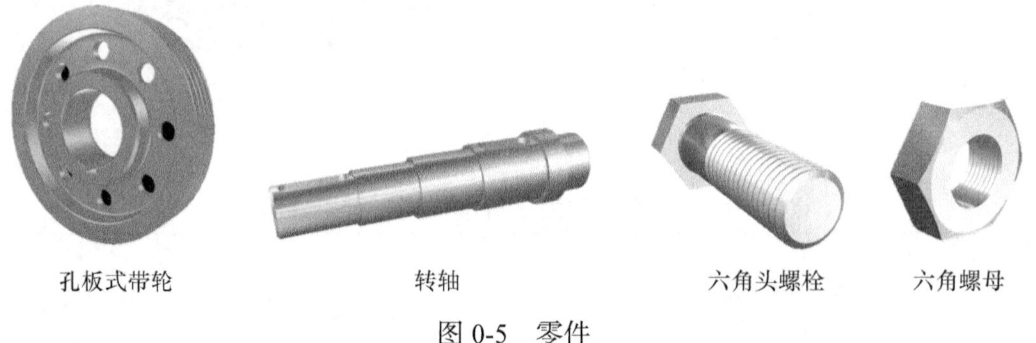

图 0-5　零件

（2）构件　机器中作为一个整体运动的最小单元。

从运动的角度来说，机器是由各种机构组合而成的，而机构又是由若干个运动单元组成的，这些运动单元称为构件。就结构来看，构件可以是不能拆卸的单一整体，如图 0-6 所示；构件也可以是由几个相互之间没有相对运动的物体组合而成的刚性体，如图 0-7 所示。

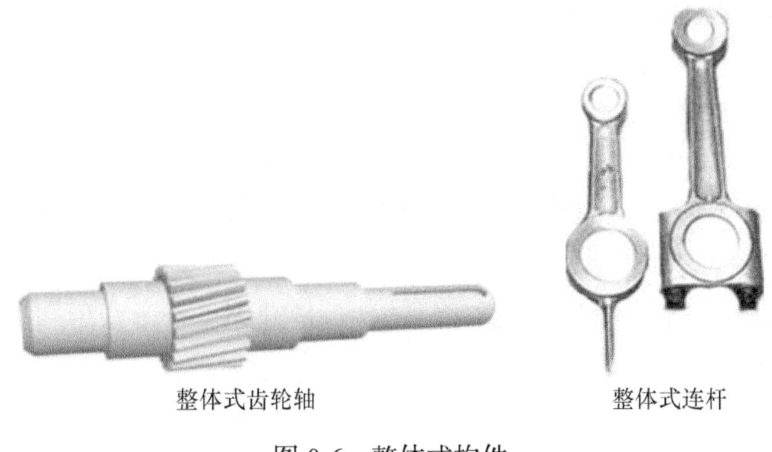

图 0-6 整体式构件

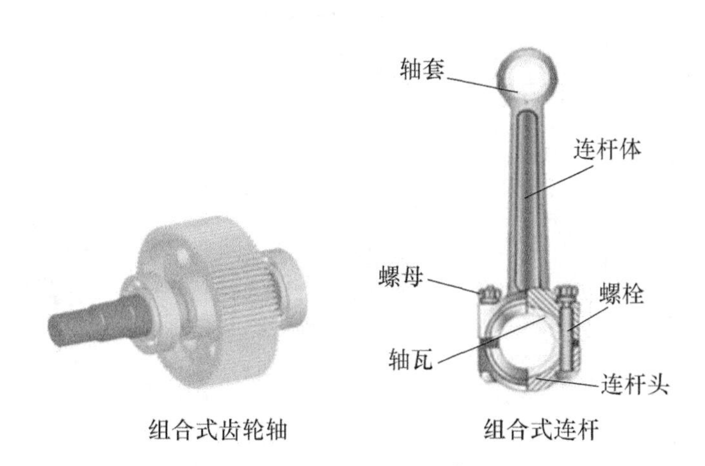

图 0-7 组合式构件

构件与零件的区别：构件是运动单元，零件是制造单元，零件组成构件。

综上所述，机器由机构组成，机构由构件组成，构件由零件组成。

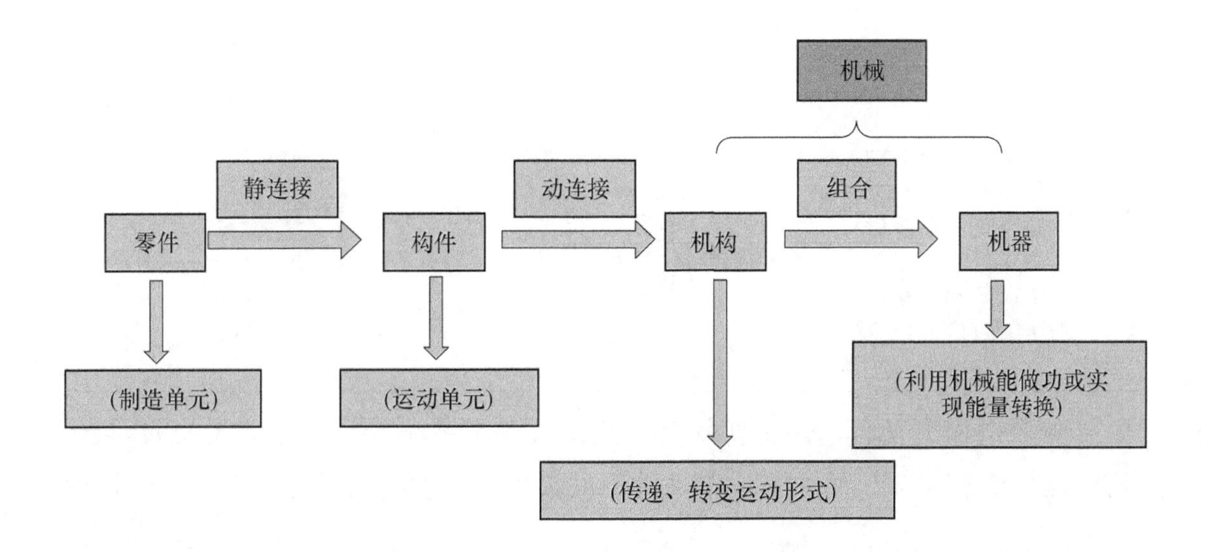

三、运动副的概念及应用特点

1. 运动副

在平面机构中每个构件都不是自由构件，而是以一定的方式与其他构件组成可动连接，这种使两构件直接接触且又能产生一定形式的相对运动的可动连接称为运动副。

根据组成运动副两构件之间的接触特性，运动副可分为低副和高副。

（1）低副　低副是两构件以面接触组成的运动副。根据两构件之间的相对运动特征，低副可分为转动副、移动副和螺旋副，说明及应用举例见表 0-4。

表 0-4　低副及其应用

类型	说明	图示	应用
转动副	两构件之间只能绕某一轴线做相对转动的运动副。通常转动副的具体形式是用铰链连接	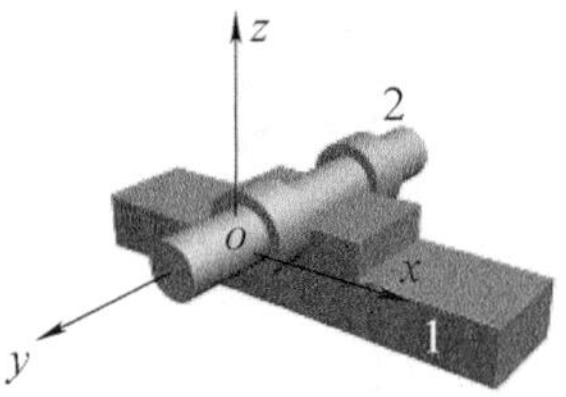 z 2 o x 1 y	
移动副	两构件只能做相对直线移动的运动副	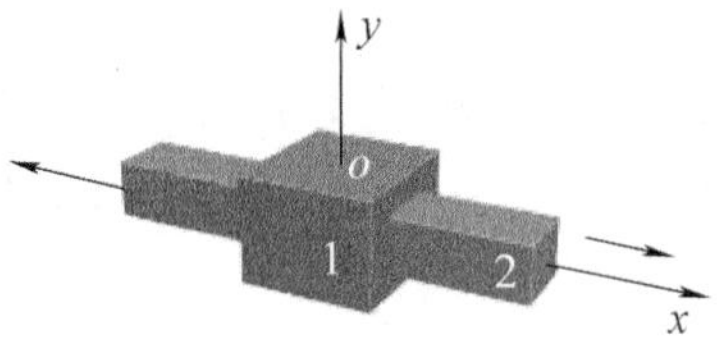 y o 1 2 x	
螺旋副	两构件只能沿轴线做相对螺旋运动的运动副。在接触处两构件做一定关系的既转动又移动的复合运动	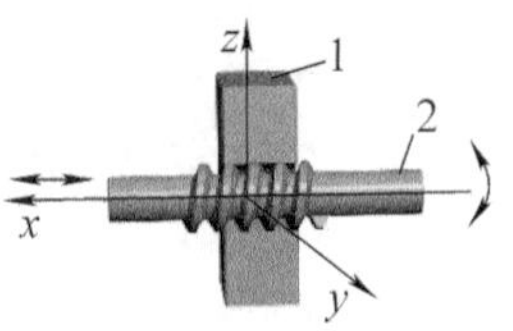 z 1 2 x y	

在分析机构运动时，为了使问题简化，可以不考虑那些与运动无关的因素，如构件的外形和断面尺寸、组成构件的零件数目、运动副的具体构造等，仅用简

单的线条和符号来代表构件和运动副，并按一定比例表示各运动副的相对位置。

在机构运动简图中，转动副表示方法如图 0-8 所示。图中小圆圈表示转动副，线段表示构件，带斜线的构件表示机架（固定不动）。图 0-8a 表示由两个可动构件组成的转动副，图 0-8b、c 表示两个构件其中有一个构件是固定的转动副。

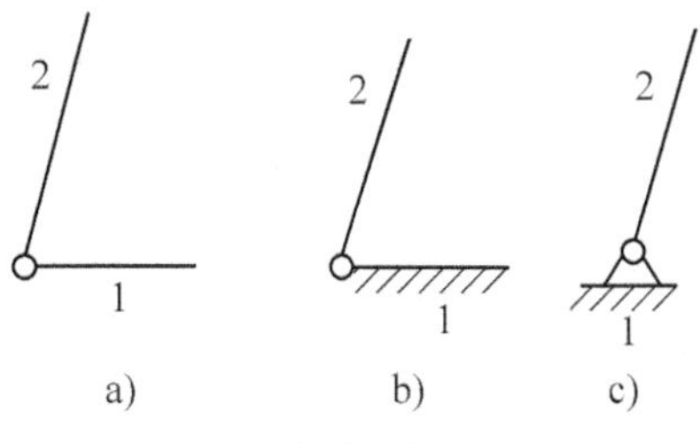

图 0-8 转动副表示方法

当两个构件组成移动副时，其表示方法如图 0-9 所示。

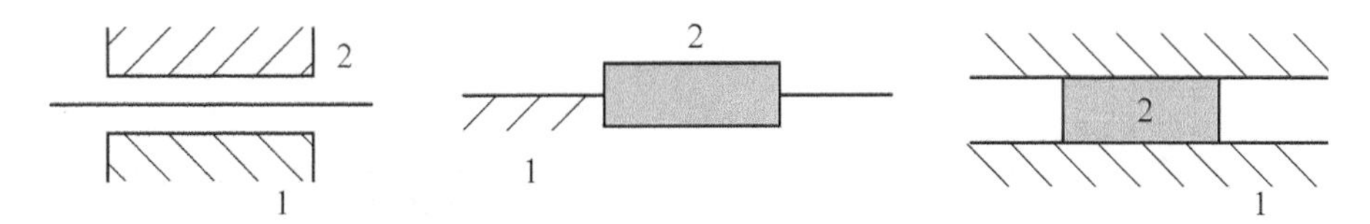

图 0-9 移动副表示方法

当两个构件组成螺旋副时，其表示方法如图 0-10 所示。

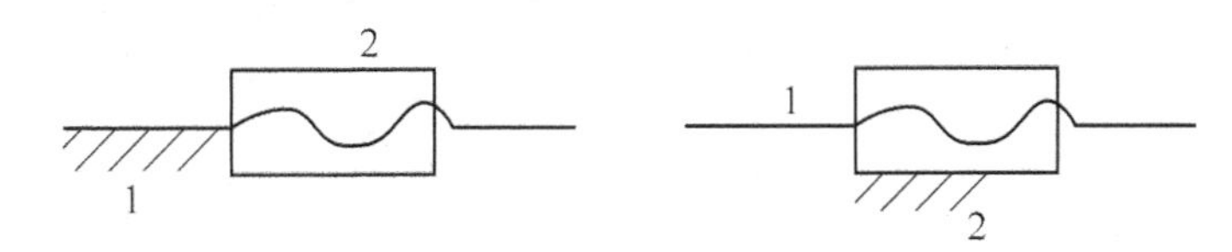

图 0-10 螺旋副表示方法

（2）高副 高副是两构件以点或线接触组成的运动副。按接触形式不同，高副通常分为滚动轮接触、凸轮接触和齿轮接触，其应用见表 0-5。

表 0-5 高副及其应用

类型	表示方法	应用
滚动轮接触		

（续）

类型	表示方法	应用
凸轮接触	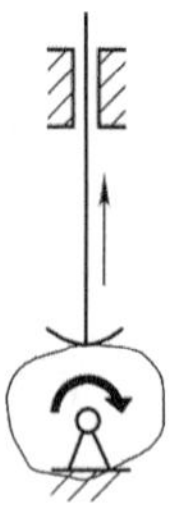	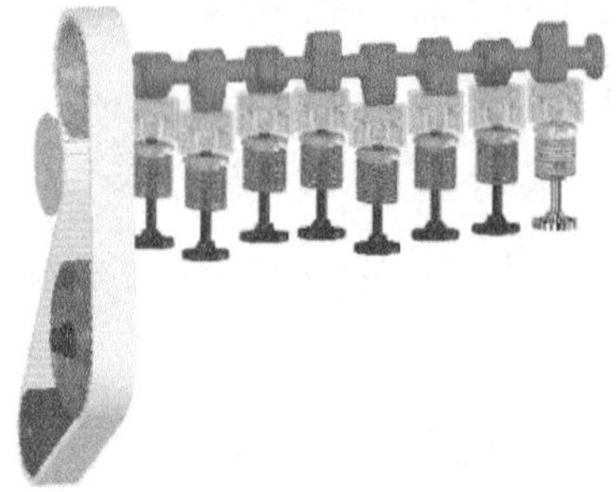 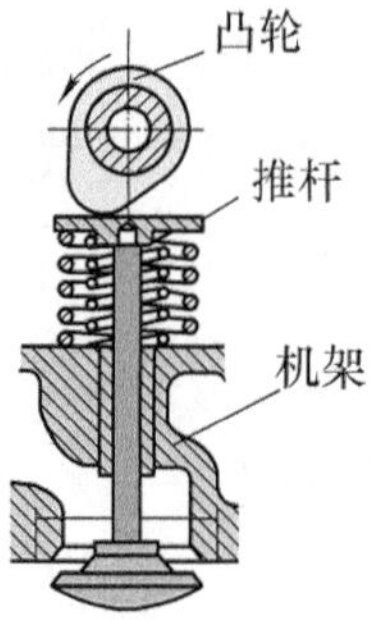 凸轮 推杆 机架
齿轮接触	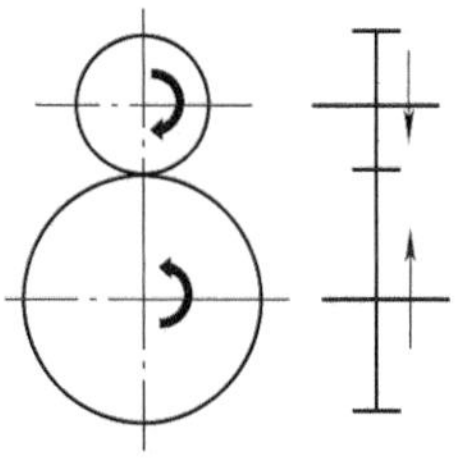 齿轮外啮合	 机械表
	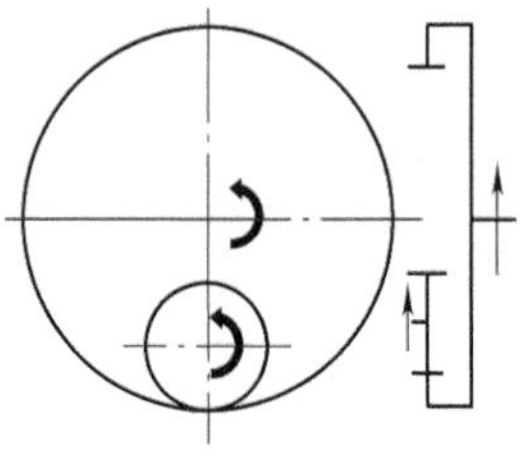 齿轮内啮合	 行星齿轮减速机
	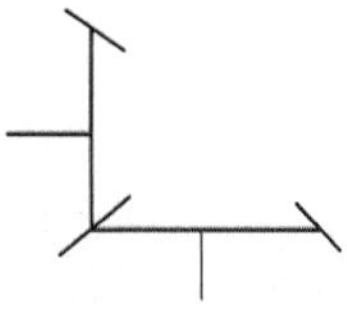 锥齿轮啮合	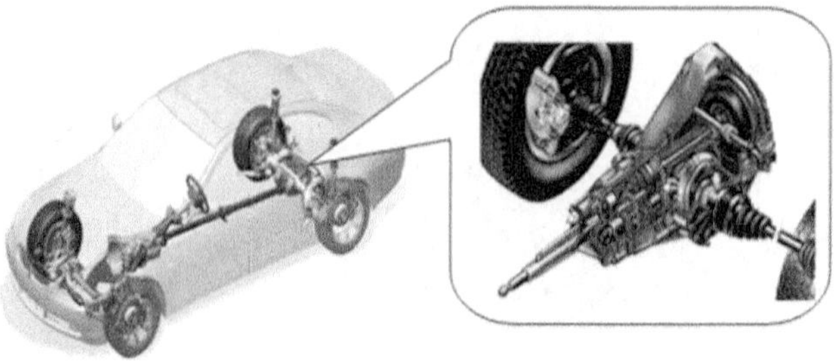 汽车驱动桥

机构中所有的运动副均为低副的机构称为低副机构；机构中至少有一个运动

副是高副的机构称为高副机构。

2. 运动副的应用特点

低副：接触面一般为平面或圆柱面，容易制造和维修，在承受载荷时单位面积压力较低，因而低副比高副的承载能力大；低副属于滑动摩擦，摩擦损失大，因而效率较低。此外，低副不能传递较复杂的运动。

高副：做点或线的接触，在承受载荷时单位面积压力较高，两构件接触处容易磨损，寿命短，制造和维修也困难。但高副能传递较复杂的运动。

四、机械分析的一般程序和基本方法

在实际生产中，经常要面临对现有机械设备和产品进行仿制、革新、使用、维护、维修等工作，这就需要对其进行种种分析。

本课程将以实物机械为对象，研究常用机构、通用零件与部件及一般机器分析的基本理论和方法。

1. 机械分析的一般程序

（1）机械传动系统的运动分析　分析机械传动系统中执行构件的运动形式、原动机的类型、所用机构的类型、功能、性能特点、运动特点、运动参数、几何参数及标准等。

（2）机械传动装置的结构分析　分析机械传动装置中各基本机构、零部件及组合的结构及其合理性，包括结构、工艺结构、装配结构等。

（3）通用零件与部件的工作能力分析　分析通用零件与部件的功能、特点、结构、材料、标准，并做载荷分析、受力分析、失效分析、承载能力核算，了解提高工作能力的措施。

（4）机械常用零部件的精度分析　根据整机及其零部件的功能要求，分析其尺寸精度、配合精度、几何精度、表面粗糙度。

2. 机械分析的基本方法

（1）理论和实践的紧密结合　将机械分析的理论与实际机构和机器的具体应用密切联系起来，并运用所学的原理进行观察和分析。

（2）抓住分析对象的共性　各种机构和机器具有许多共性的问题，在机械分析过程中，不仅应分析它们的特性，也要抓住它们之间的共性，从而可取得举一反三的效果，并培养创新意识。

（3）采用综合分析的方法　工程问题都是涉及多方面因素的综合性问题，故要综合运用所学的基本理论和方法来分析和解决有关的工程实际问题，在这一过程中往往需要采用分析、对比、判断等多种方法，以全面分析和解决问题。

课后练习

1. 我们通常用________一词作为机构和机器的总称。

2. 电动机属于机器的________部分。

3. 机构和机器的本质区别在于________________。

4. 运动副是指两构件________且又能产生一定形式的________的可动________。

5. 根据两构件的接触形式不同，运动副可分为________和________两大类。

6. 图 0-11 所示单缸内燃机中有哪几个运动副？

7. 图 0-12 所示凸轮机构中有几个运动副？它们各属于何种运动副？

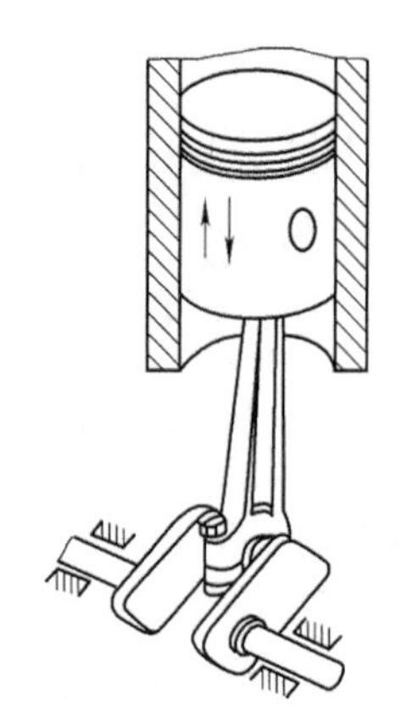

图 0-11 单缸内燃机

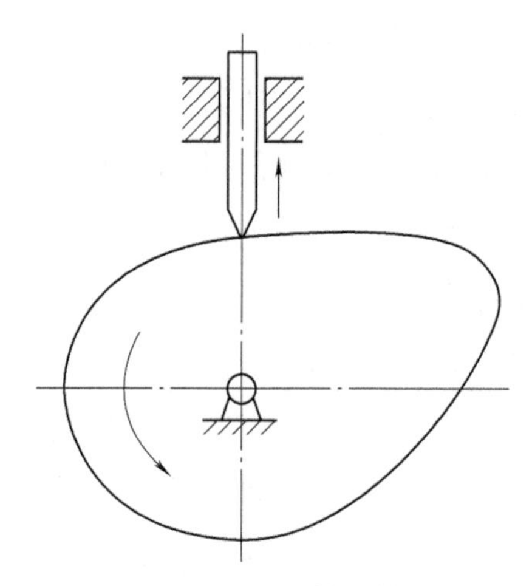

图 0-12 凸轮机构

单元 1
带　传　动

项目 1　带传动的组成、原理和类型

学习目标

知识目标：

1. 能分析带传动的组成、工作原理及类型。
2. 能叙述带传动的特点及应用场合。

技能目标：

能够计算带传动传动比。

综合职业能力目标：

利用学习资料，与小组成员讨论分析带传动的优缺点，合作制定带传动的选用方案。

课堂讨论

带传动是一种常见的机械传动装置，广泛应用于各种机器和机构中，如图1-1所示。讲一讲我们常见的一些利用带传动的机械设备，想一想它们使用的带是否完全相同。

图 1-1　带传动的应用

带传动的应用

问题与思考

在我们日常的生产生活中，经常遇到或见到利用带传动的机械设备，为什么选择带传动？

项目描述

发动机是汽车的动力源，汽车的其他附件如动力转向泵、交流发电机和空调压缩机电动机等都需要靠发动机的曲轴通过带传动驱动。根据转轴的不同，所采用的带传动的类型也不相同，本项目就是要带领大家认识带传动的组成、原理和类型。

带传动的组成、类型和工作原理

相关知识

带传动是利用带轮与传动带之间的摩擦力（或带轮与传动带之间的啮合）来传递运动和动力的一种机械传动。图 1-2 所示为输送带设备。

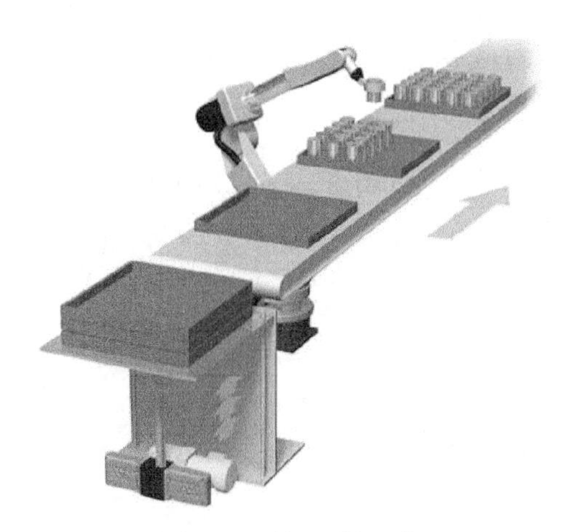

图 1-2 输送带设备

一、带传动的组成与工作原理

1. 带传动的组成

带传动是一种应用广泛的机械传动，主要由主动轮、从动轮和挠性带组成，如图 1-3 所示。

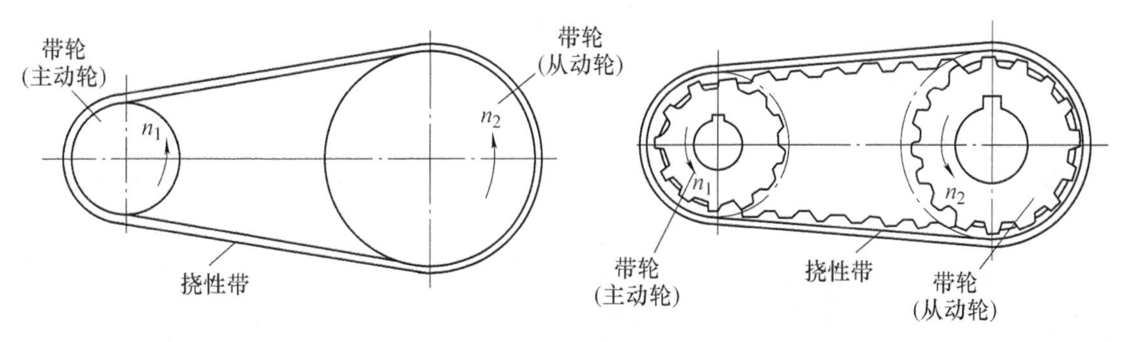

图 1-3 带传动

2. 带传动的工作原理

传动工作过程：原动机驱动主动带轮转动，通过带与带轮之间的摩擦力或啮合力，使从动带轮一起转动，从而实现运动和动力的传递。

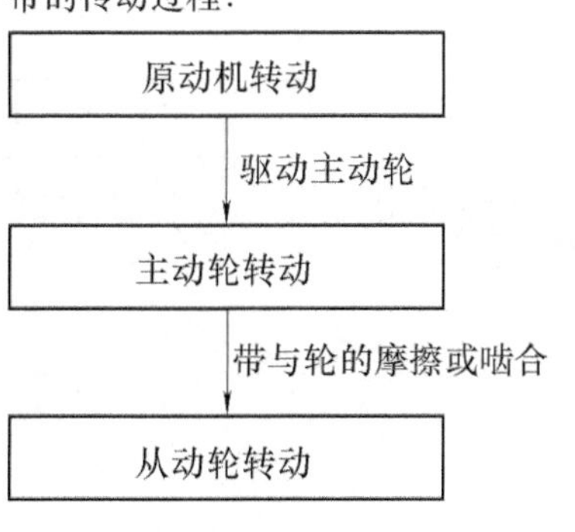

摩擦传动是通过带和带轮之间的摩擦力来传递动力（平带和V带）。

啮合传动是通过带和带轮之间的齿啮合来传递动力（同步带）。

综上，带传动的工作原理是利用

带轮与传动带之间的摩擦力或带轮与传动带之间的啮合来传递运动和动力。

3. 带传动的传动比 i

机构中瞬时输入角速度与输出角速度的比值称为机构的传动比。带传动的传动比就是主动轮转速 n_1 与从动轮转速 n_2 之比，通常用 i_{12} 表示，即

$$i_{12}=\frac{n_1}{n_2} \tag{1-1}$$

式中　n_1——主动轮的转速（r/min）；

　　　n_2——从动轮的转速（r/min）。

二、带传动的类型

带传动的类型

按不同的分类方法，带传动可分为不同的类型：按传动原理可分为摩擦型带传动和啮合型带传动；按用途可分为传动带和输送带；按传动带的截面形状可分为平带、V 带、多楔带、圆带、齿形带（同步带）。带传动的类型、特点及应用见表 1-1。

表 1-1　带传动的类型、特点及应用

类型		结构图示	安装图示	特点		应用
摩擦型带传动	平带		Q N	工作面为内表面，结构简单，带轮制造方便；平带质轻且挠曲性好	传动过载时存在打滑现象，传动比不准确	常用于高速、中心距较大、平行轴的交叉传动与相错轴的半交叉传动
摩擦型带传动	V 带			工作面为两侧面，承载能力大，是平带的 3 倍，使用寿命较长	传动过载时存在打滑现象，传动比不准确	一般机械常用 V 带传动

（续）

类型		结构图示	安装图示	特点		应用
摩擦型带传动	多楔带			兼有平带和V带的优点且弥补其不足	传动过载时存在打滑现象，传动比不准确	多用于结构紧凑的大功率传动中
	圆带			结构简单，制造方便，抗拉强度高，耐磨损、耐腐蚀，使用温度范围广，易安装，使用寿命长		通常用于小功率轻型机械传动，如缝纫机、牙科医疗器械、仪器等机械设备中
啮合型带传动	同步带			传动比准确，传动平稳，传动精度高，结构较复杂		常用于要求传动平稳、传动精度较高的机械传动，如数控机床、录像机、放映机等精密机械

知识拓展

打滑与弹性滑动

带传动在工作时，从紧边到松边，传动带所受的拉力是变化的，因此带的弹性变形也是变化的。带传动中因带的弹性变形变化而引起的带与带轮间的局部相对滑动，称为弹性滑动。带传动受力分析如图1-4所示。

传动带是弹性体，受到拉力后会产生弹性伸长，伸长量随拉力大小的变化而改变。带由紧边绕过主动轮进入松边时，带的拉力由 F_1 减小为 F_2，其弹性伸长量也减小。这说明带在绕过带轮的过程中，相对于轮面向后收缩，带与带轮轮面间出现局部相对滑动，导致带的速度逐步小于主动轮的圆周速度。

同样，当带由松边绕过从动轮进入紧边时，拉力增加，带逐渐被拉长，沿轮面产生向前的弹性滑动，使带的速度逐渐大于从动轮的圆周速度。

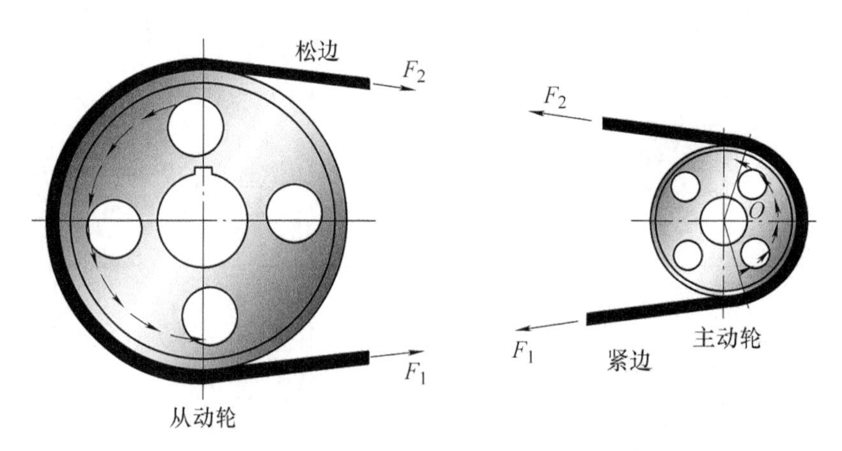

图 1-4 带传动受力分析

弹性滑动和打滑是两个截然不同的概念。打滑是指当过载时，带沿着轮面产生全面的滑动现象。一方面，打滑将造成带磨损加剧，从动轮转速急剧降低，带传动失效，应予以避免。另一方面，过载打滑可以防止薄弱零件的损坏，起到过载保护作用。小带轮与带接触面小，故带传动打滑总是先在小带轮上开始。弹性滑动与打滑的区别见表 1-2。

表 1-2 弹性滑动与打滑的区别

现象	发生部位	产生原因	可否避免
弹性滑动	发生在带绕出带轮前带与轮的部分接触长度上	带两边存在拉力差	不可避免
打滑	发生在带与轮的全部接触长度	过载	可避免

课后练习

1. 带传动一般由________、________和________组成。

2. 根据工作原理的不同，带传动分为________带传动和________带传动两大类。摩擦型带传动的工作原理：当主动轮回转时，依靠带与带轮接触面间产生的________来带动从动轮转动，从而来传递________和________。

3. 某车床的电动机转速为 1600r/min，从动轮的转速为 800r/min，试计算其传动比。

项目2 V带传动

学习目标

知识目标：

1. 能叙述V带及V带轮的结构特点。
2. 能简述V带传动的参数。

技能目标：

1. 能够掌握V带传动的布置、维护、张紧等操作技能。
2. 能通过查阅资料计算V带传动的传动比、包角、带长等参数。

综合职业能力目标：

利用学习资料，与小组成员讨论分析V带传动的失效形式，合作制定维修张紧方案。

课堂讨论

图1-5所示为农用手扶拖拉机，动力的传递采用了V带传动。带传动在工作时，带与带轮之间需要一定的张紧力，当带工作一段时间后，带被拉长而松弛就会发生打滑现象。那么，为了保证带的传动能力应该怎么做呢？

图1-5 V带传动应用

问题与思考

V 带的安装与维护需要注意哪些事项呢？

项目描述

V 带传动是靠 V 带的两侧面与轮槽侧面压紧产生摩擦力进行动力传递的，其结构紧凑，而且 V 带是无接头的传动带，所以传动较平稳，是带传动中应用最广的一种传动。本项目要求在掌握 V 带的结构、型号，V 带基准长度，V 带轮的结构、材料及传动特点等理论知识的基础上，对 V 带进行选择、安装与维护。

相关知识

V 带传动是由一条或数条 V 带和 V 带轮组成的摩擦传动。在 V 带传动中带的截面形状为等腰梯形。常用的 V 带有普通 V 带、窄 V 带、宽 V 带等（见图 1-6），其楔角（V 带两侧边的夹角）均为 40°。其中，普通 V 带应用最广，窄 V 带的使用也日见广泛。本节主要讨论普通 V 带传动。

普通V带

窄V带

宽V带

图 1-6　V 带

一、V 带及带轮

1. V 带的结构

标准 V 带都制成无接头的环形带，其横截面结构如图 1-7 所示。工作面是与轮槽相接触的两侧面，带与轮槽底面不接触。V 带由顶胶、抗拉体、底胶、包布层四部分组成。强力层的结构形式有帘布芯结构和绳芯结构两种，在 V 带中起承载作用。帘布芯结构的 V 带制造方便，抗拉强度大，应用较广；绳芯结构的 V 带柔韧性好，抗弯曲疲劳性能好，但抗拉强度低，适用于载荷不大、带轮直径较小和转速较高的场合。

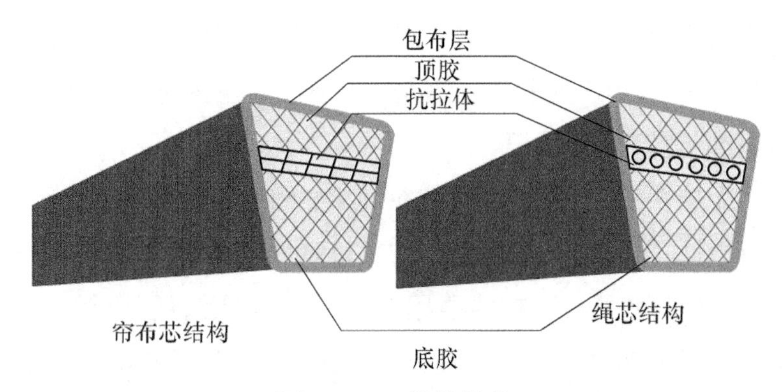

图 1-7 V 带的结构

2. 普通 V 带的截面尺寸

楔角 α 为 40°、相对高度（h/b_p）近似为 0.7 的梯形截面环形带称为普通 V 带，截面结构如图 1-8 所示，其截面参数包括顶宽、节宽、高度等。

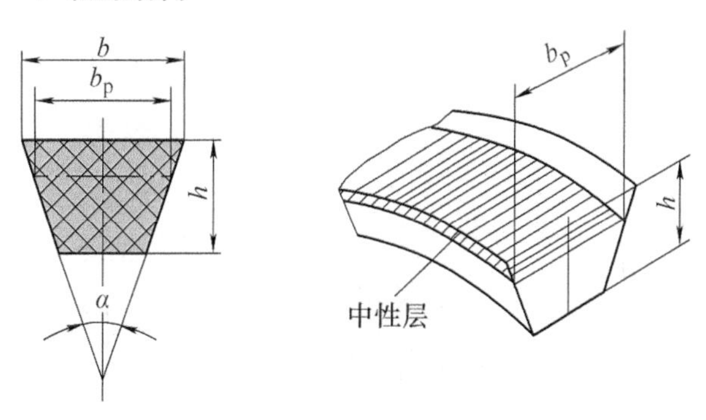

图 1-8 普通 V 带横截面

顶宽 b——V 带横截面中梯形轮廓的最大宽度；

节宽 b_p——当 V 带绕带轮弯曲时，其长度和宽度均保持不变的面层称为中性层，中性层的宽度称为节宽；

高度 h——梯形轮廓的高度；

相对高度 h/b_p——带的高度与其节宽之比。

普通 V 带截面尺寸见表 1-3。

表 1-3 普通 V 带截面尺寸（摘自 GB/T 11544—2012）

参数	V 带型号						
	Y	Z	A	B	C	D	E
节宽 b_p/mm	5.3	8.5	11	14	19	27	32
顶宽 b/mm	6	10	13	17	22	32	38
高度 h/mm	4	6	8	11	14	19	23
楔角 α/（°）	40						

普通 V 带已标准化，按截面尺寸由小到大分为 Y、Z、A、B、C、D、E 七种，

Y 型带截面尺寸最小，E 型带截面尺寸最大。在相同条件下，截面尺寸越大，带传递功率也越大。在生产中使用最多的是 A、B、C 三种型号的 V 带。

3. V 带的基准长度 L_d 及标记

V 带是一种无接头的环形带，V 带在规定的张紧力下，长度和宽度均保持不变的纤维层称为中性层，沿中性层量得的长度叫节线长度 L_d，又称基准长度或公称长度，其长度系列见表 1-4。它主要用于带传动的几何尺寸计算。

V 带的计算基准长度 L_{d0} 按设计（或按机械传动需要初定）中心距 a_0 进行计算，其计算公式为

$$L_{d_0}=2a_0+\frac{\pi}{2}\left(d_{d_1}+d_{d_2}\right)+\frac{\left(d_{d_2}-d_{d_1}\right)^2}{4a_0} \tag{1-2}$$

式中　a_0——设计中心距（mm）;

d_{d_1}——主动轮的基准直径（mm）;

d_{d_2}——从动轮的基准直径（mm）。

由式（1-2）计算出 V 带的计算基准长度 L_{d0} 后，需按基准长度系列进行圆整，根据表 1-4 取相近的基准长度 L_d。

普通 V 带的标记都是由型号、基准长度和标准编号三部分组成的。例如：A 型、基准长度为 1100mm、符合 GB/T 1171 的普通 V 带，标记为

A1100 GB/T 1171

带的标记通常压印在带的外表面上，以便选用识别。

4. V 带轮的结构

V 带轮通常由轮缘、轮辐和轮毂三部分组成，如图 1-9 所示。带轮的结构取决于带轮基准直径的大小。

（1）轮缘　轮缘上有轮槽，如图 1-10 所示，轮槽的槽形应与 V 带的型号一致。与 V 带中性层处在同一位置的轮槽宽度称为基准宽度 b_d，其大小等于 V 带节宽（$b_d=b_p$）。在基准宽度处的带轮直径称为基准直径 d_d。基准直径越小，带在带轮上弯曲变形越严重，弯曲应力越大，带的寿命越短。为了延长传

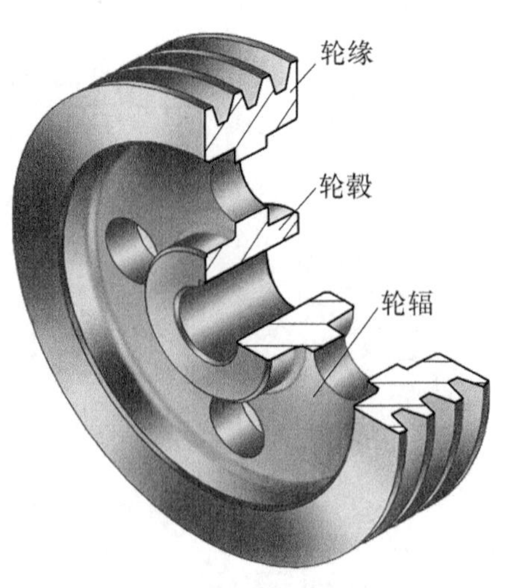

图 1-9　V 带轮的结构

动带的使用寿命，对各种型号的 V 带带轮都规定有最小基准直径 $d_{d_{min}}$。普通 V 带轮的基准直径 d_d 标准系列值见表 1-5。

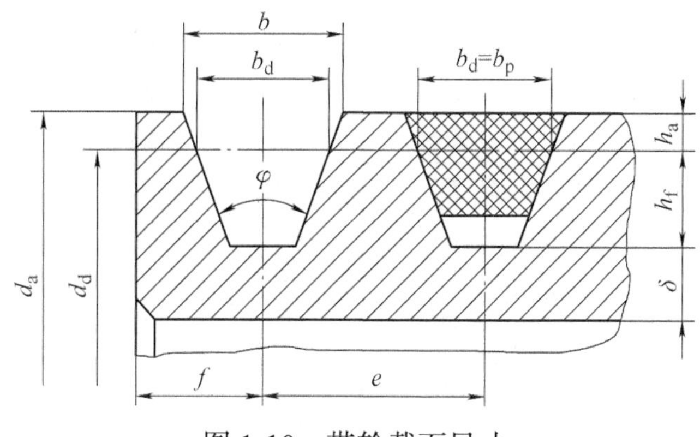

图 1-10　带轮截面尺寸

为了保证带传动时带和带轮槽工作面接触良好，V 带轮的轮槽角 φ 应按带的型号和带轮直径的不同做成 32°、34°、36°、38° 四种。小带轮上 V 带变形严重，对应的轮槽角要小些，大带轮的轮槽角则可大些。

表 1-4　普通 V 带基准长度

基准长度 L_d/mm	K_L						
	Y	Z	A	B	C	D	E
200	0.81						
224	0.82						
250	0.84						
280	0.87						
315	0.89						
355	0.92						
400	0.96	0.87					
450	1.00	0.89					
500	1.02	0.91					
560		0.94					
630		0.96	0.81				
710		0.99	0.83				
800		1.00	0.85				
900		1.03	0.87	0.82			
1 000		1.06	0.89	0.84			
1 120		1.08	0.91	0.86			
1 250		1.11	0.93	0.88			
1 400		1.14	0.96	0.90			
1 600		1.16	0.99	0.92	0.83		
1 800		1.18	1.01	0.95	0.86		

（续）

基准长度 L_d/mm	K_L						
	Y	Z	A	B	C	D	E
2 000			1.03	0.98	0.88		
2 240			1.06	1.00	0.91		
2 500			1.09	1.03	0.93		
2 800			1.11	1.05	0.95	0.83	
3 150			1.13	1.07	0.97	0.86	
3 550			1.17	1.09	0.99	0.89	
4 000			1.19	1.13	1.02	0.91	
4 500				1.15	1.04	0.93	0.90
5 000				1.18	1.07	0.96	0.92
5 600					1.09	0.98	0.95
6 300					1.12	1.00	0.97
7 100					1.15	1.03	1.00
8 000					1.18	1.06	1.02
9 000					1.21	1.08	1.05
10 000					1.23	1.11	1.07
11 200						1.14	1.10
12 500						1.17	1.12
14 000						1.20	1.15
16 000						1.22	1.18

表 1-5　普通 V 带轮的基准直径 d_d 标准系列值（摘自 GB/T 13575.1—2008）

槽型	Y	Z	A	B	C	D	E
$d_{d_{min}}$	20	50	75	125	200	355	500
d_d 的范围	20 ~ 125	50 ~ 630	75 ~ 800	125 ~ 1120	200 ~ 2000	355 ~ 2000	500 ~ 2500
推荐直径	≥ 28	≥ 71	≥ 100	≥ 140	≥ 200	≥ 355	≥ 500
d_d 标准系列值	20、22.4、25、28、31.5、35.5、40、45、50、56、63、71、75、80、85、90、95、100、106、112、118、125、132、140、150、160、170、180、200、212、224、236、250、265、280、300、315、335、355、375、400、425、450、475、500、530、560、600、630、670、710、750、800、900、1000、1060、1120、1250、（1350）、1400、1500、1600、（1700）、1800、2000、（2120）、2240、（2360）、2500						

注：括号内的直径尽量不用。

（2）轮辐　轮辐是连接轮缘和轮毂的部分。根据带轮的基准直径不同，轮辐的结构可制成实心式、腹板式、孔板式和椭圆轮辐式，如图 1-11 所示。

实心式　　腹板式　　孔板式　　椭圆轮辐式

图 1-11　V 带轮轮辐的常用结构

（3）轮毂　轮毂是带轮与轴相配合的部分，轮毂的内径要与轴径一致，选用过渡配合，以保证孔与轴的同轴度要求。

5. V 带轮的材料

普通 V 带轮的材料主要根据带速确定，当带速 $v \leqslant 20\text{m/s}$ 时，采用 HT150、HT200 等铸铁材料；当带速 v 为 20 ~ 45m/s 时，采用铸钢；功率较小的传动可采用铸铝合金或工程塑料等。

二、V 带传动的主要参数及其选用

在 V 带传动过程中，涉及的传动参数主要有：V 带传动的传动比 i、小带轮的包角 α_1、V 带的线速度 v、V 带轮的基准直径 d_d、中心距 a、V 带的根数 z 等。

1. V 带传动的传动比 *i*

根据带传动的传动比计算公式，对于 V 带传动，如果不考虑带与带轮间打滑因素的影响，其传动比计算公式可用主、从动轮的基准直径来表示：

$$i_{12}=\frac{n_1}{n_2}=\frac{d_{d_2}}{d_{d_1}} \tag{1-3}$$

式中　n_1——主动轮的转速（r/min）；

n_2——从动轮的转速（r/min）；

d_{d_1}——主动轮的基准直径（mm）；

d_{d_2}——从动轮的基准直径（mm）。

通常，V 带传动的传动比 $i \leqslant 7$，常用 2 ~ 7。

2. 中心距 *a*

带传动中，两带轮轴线之间的距离称为中心距，如图 1-12 所示。两带轮中心距越大，带的传动能力越高。但中心距太大，外廓尺寸也越大，传动时会引起

V 带发生颤动；中心距越小，小带轮的包角也越小，摩擦力也减小，从而影响带传动的有效拉力。此外，中心距小，带在单位时间内挠曲次数增多，带的寿命会降低。

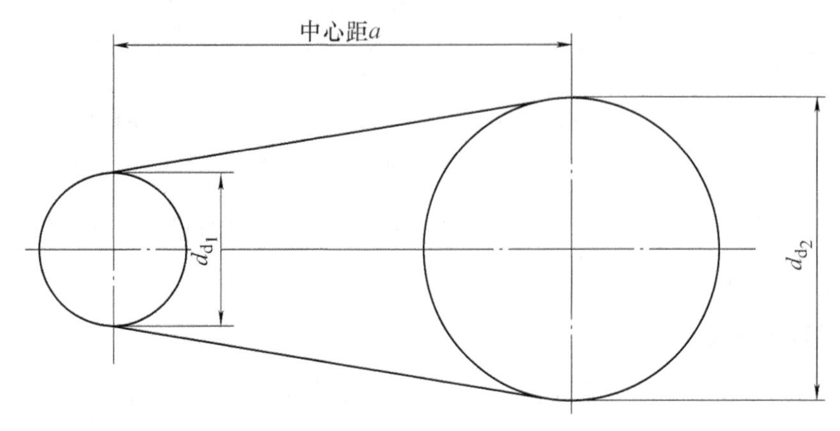

图 1-12　两轮中心距

一般设计（或按机械传动需要初定）中心距 a_0 按下列公式确定：

$$0.7(d_{d_1}+d_{d_2}) \leqslant a_0 \leqslant 2(d_{d_1}+d_{d_2}) \tag{1-4}$$

式中　d_{d_1}——主动轮的基准直径（mm）;

d_{d_2}——从动轮的基准直径（mm）。

V 带传动的实际中心距 a 可按下式计算：

$$a \approx a_0 + \frac{L_d - L_{d_0}}{2}$$

式中　L_d——V 带的基准长度（mm）;

L_{d0}——V 带的计算基准长度（mm）。

3. 小带轮的包角 α_1

包角是带与带轮接触弧所对应的圆心角，如图 1-13 所示。包角的大小反映了带与带轮轮缘表面间接触弧的长短。包角直接影响带传动的承载能力，若小带轮的包角过小则容易产生打滑。为了保证一定的传动能力，小带轮上的包角不得小于 120°。若 V 带传动包角不能满足此要求，可采取减小传动比或增大两带轮中心距的措施使小带轮的包角满足要求。小带轮上的包角可按下式计算：

$$\alpha_1 \approx 180° - \left(\frac{d_{d_2} - d_{d_1}}{a}\right) \times 57.3° \tag{1-5}$$

式中　d_{d_1}——主动轮的基准直径（mm）；

d_{d_2}——从动轮的基准直径（mm）；

a——中心距（mm）。

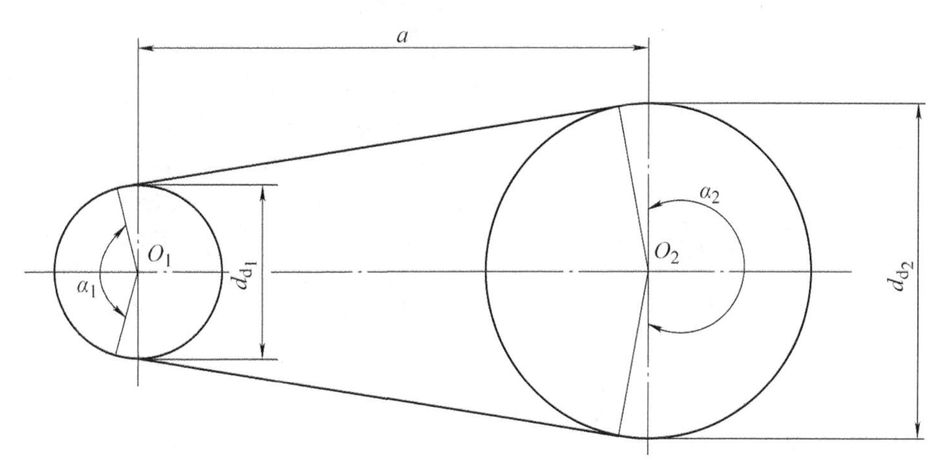

图 1-13　带轮的包角

4. V 带的线速度 v

V 带传动中，带速不能太大也不能太小。带速过大，V 带做圆周运动时，离心惯性力增大，V 带拉长，带与带轮间压力减小，导致摩擦力减小，传动能力降低，有效圆周力减小，还会引起打滑。带速过小，当传递相同功率时，所需有效圆周拉力过大，也易引起打滑。一般带速控制在 5m/s ≤ v ≤ 25m/s 之间。不考虑弹性滑动影响，带速等于大、小带轮的圆周线速度，即

$$v = v_1 = v_2 = \frac{\pi d_{d_1} n_1}{60 \times 1000} = \frac{\pi d_{d_2} n_2}{60 \times 1000} \tag{1-6}$$

式中　n_1——主动轮的转速（r/min）；

n_2——从动轮的转速（r/min）；

d_{d_1}——主动轮的基准直径（mm）；

d_{d_2}——从动轮的基准直径（mm）。

5. V 带的根数 z

V 带的根数影响带的传动能力，V 带的根数多，传动的功率大，所以带传动中所需带的根数应按具体的传递功率大小而定。但 V 带的根数过多，会影响每根 V 带受力的均匀性，在 V 带传动过程中，通常应将 V 带的根数控制在 7 根以内。

三、V 带传动的安装维护及张紧装置

1. V 带传动的安装

V 带传动的安装见表 1-6。

表 1-6　V 带传动的安装

序号	图例	安装要求
1	15	带套在带轮上不宜过松或过紧。带过松，不能保证足够的张紧力，传动时易打滑；带过紧，张紧力过大，传动中带磨损加剧，寿命缩短 安装 V 带时，应先将中心距缩小后再将 V 带套到带轮上，然后逐渐调整中心距，直至带张紧。正确的检查方法是：用拇指在每条带中部施加 20N 左右的垂直压力，带下沉 15mm 左右，则张紧程度合适
2	β<20′　β<20′ 理想位置　允许位置	V 带安装时，要求两带轮轴线相互平行，两带轮对应 V 形槽的对称平面重合，误差不超过 20′。带轮安装在轴上不得摇晃摆动，以免在传动中 V 带发生扭曲和工作面过早磨损，缩短带的寿命
3	正确　错误　错误	选择 V 带时，型号及基准长度不能搞错，保证带在带轮槽中的正确位置，V 带顶面应与带轮外缘表面平齐或略高出一些，底面与槽底间应有一定间隙，以保证 V 带与轮槽工作面之间充分接触。如果 V 带高出轮槽顶面过多，则工作面的实际接触面积减小，使传动能力降低；如果 V 带低于轮槽顶面过多，会使 V 带底面与轮槽底面接触，从而导致 V 带传动因两侧工作面接触不良使摩擦力锐减，甚至丧失

2. V 带传动的维护

V 带传动的维护见表 1-7。

表 1-7　V 带传动的维护

序号	维护内容
1	带传动装置应安装防护罩，避免传动件外露，防止 V 带与酸、碱、油等化学物质接触及因日光暴晒而过早老化
2	带传动无须润滑，禁止往带上加润滑油或润滑脂，及时清理带轮槽及带上的污物
3	定期检查并及时调整，若发现一组带中个别 V 带有疲劳撕裂（裂纹）等现象，应及时更换所有 V 带。不同类型、不同新旧的 V 带不能同组使用
4	传动带的工作温度不应超过 60℃
5	如果传动装置要闲置一段时间不用，应将传动带放松

3. V 带传动的张紧装置

V 带工作一段时间后就会由于塑性变形而松弛，使初拉力减小，传动能力下降，这时必须重新张紧，带传动装置才能正常工作。常用的张紧方式可分为调整中心距方式和张紧轮方式。

（1）调整中心距方式　调整中心距是通过增大两带轮轴线间的距离，以增大初拉力，实现张紧目的，有定期张紧和自动张紧两种方法。具体方法及应用见表 1-8。

表 1-8　调整中心距张紧法

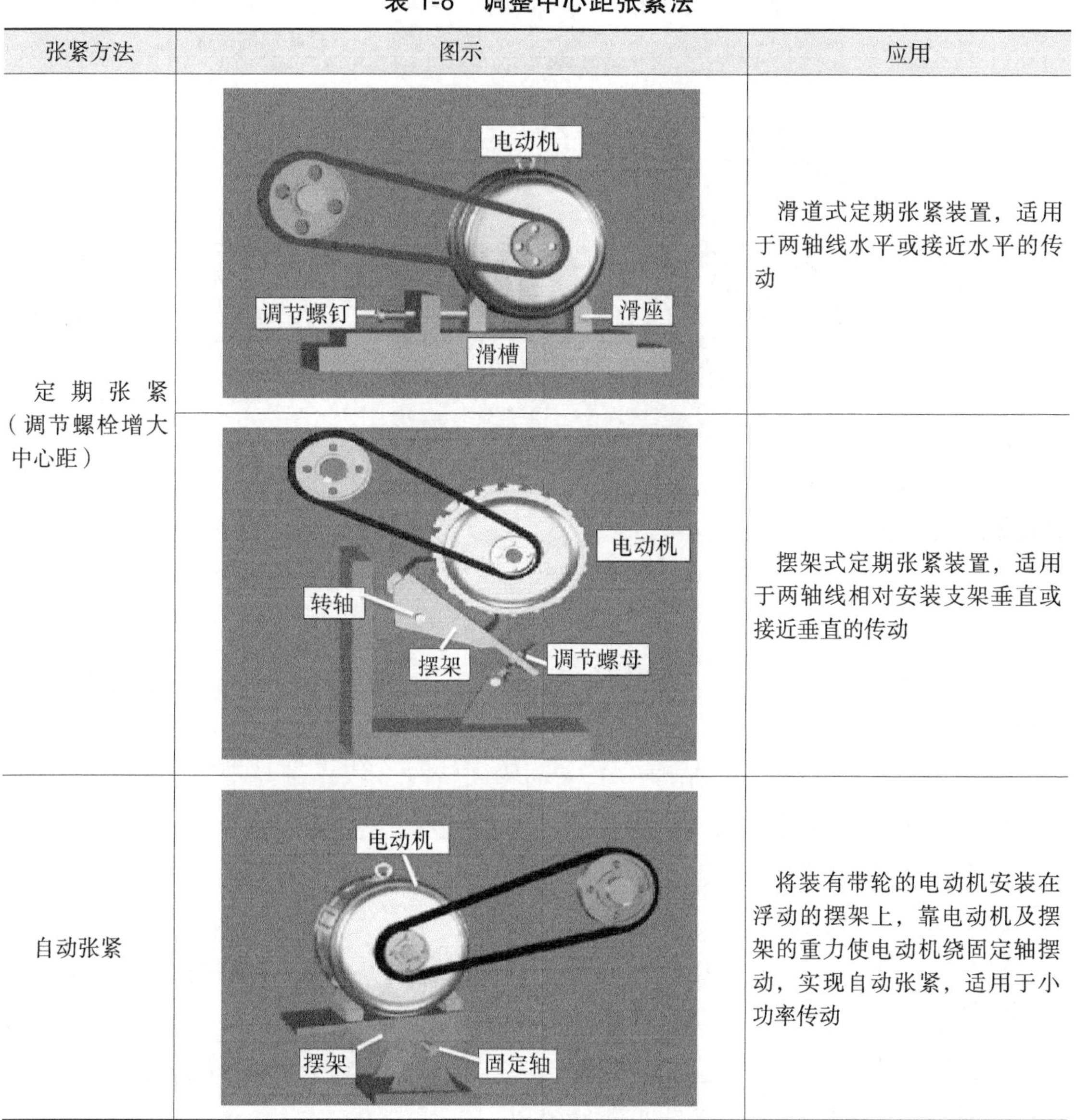

张紧方法	图示	应用
定期张紧（调节螺栓增大中心距）	电动机 调节螺钉 滑座 滑槽	滑道式定期张紧装置，适用于两轴线水平或接近水平的传动
	电动机 转轴 摆架 调节螺母	摆架式定期张紧装置，适用于两轴线相对安装支架垂直或接近垂直的传动
自动张紧	电动机 摆架 固定轴	将装有带轮的电动机安装在浮动的摆架上，靠电动机及摆架的重力使电动机绕固定轴摆动，实现自动张紧，适用于小功率传动

（2）张紧轮方式　张紧轮是为改变带轮的包角或控制带的张紧力而压在带上的随动轮。当两带轮中心距不能调整时，使用张紧轮定期将带张紧，具体张紧方

法及应用见表 1-9。

表 1-9 张紧轮张紧法

张紧方法	图示	应用
定期调节张紧轮		张紧轮一般应放在松边的内侧，使带只受单向弯曲。同时，张紧轮应尽量靠近大轮，以保证小带轮有较大的包角。这种紧张方法适用于 V 带固定中心张紧轮的轮槽尺寸与带轮的轮槽相同的情况
自动张紧轮		利用平衡锤使张紧轮张紧带。当平带传动时，张紧轮安放在平带松边外侧，并靠近小带轮处，这样可增大小带轮包角。这种张紧方法适用于平带传动

课后练习

1. 带传动一般由________、________和________组成。

2. 根据工作原理的不同，带传动可分为________带传动和________带传动两大类。

3. 摩擦型带传动的工作原理：当主动轮回转时，依靠带与带轮接触面间产生的________带动从动轮转动，从而传递________和________。

4. V 带传动过载时，传动带会在带轮上________，可以防止________的损坏，起________作用。

5. V 带是一种________接头的环形带，其工作面是与轮槽相接触的________，带与轮槽底面________。

6.V 带结构主要有________结构和________结构两种，其中分别由________、________、________和________四部分组成。

7. 已知 V 带传动的主动轮基准直径 $d_{d1} = 120\text{mm}$，从动轮基准直径 $d_{d2} = 300\text{mm}$，中心距 $a = 800\text{mm}$。试计算传动比 i_{12}，并验算小带轮的包角 α_1。

项目3 同步带传动

学习目标

知识目标：

1. 能叙述同步带传动的组成及工作原理。
2. 能分析同步带传动的特点及应用。

技能目标：

能根据标准选用合适的同步带及同步带轮型号。

综合职业能力目标：

利用学习资料，与小组成员讨论分析同步带传动的特点及失效形式，合作制定保养维修方案。

课堂讨论

图1-14所示的纺织机、有线文字传真机、发动机都采用了同种类型的带传动。你知道它们采用的是哪种类型的带传动吗？

a) 纺织机

b) 有线文字传真机

c) 发动机

图1-14 带传动

问题与思考

同步带传动与 V 带传动相比有哪些优缺点？

项目描述

同步带传动早在 1900 年已有人研究并多次申请专利，但其实用化却是在第二次世界大战以后。由于同步带是一种兼有链、齿轮、V 带优点的传动零件，随着第二次世界大战后工业的发展而得到重视，于 1940 年由美国尤尼罗尔（Uniroyal）橡胶公司首先加以开发。1946 年辛加公司把同步带用于缝纫机针和缠线管的同步传动上，取得显著效益，并被逐渐引用到其他机械传动上。同步带传动的开发和应用，至今仅 70 余年，但在各方面已取得迅速发展。本项目要求加深对同步带的认识，能根据应用场合选用合适的同步带。

相关知识

同步带传动是一种在带的工作面及带轮的外周上均制有啮合齿，由带齿和轮齿的相互啮合实现传动的传动方式。其综合了带传动、链传动和齿轮传动的优点。它的基本特点是带的工作面是齿的侧面，在工作时带的凸齿与与带轮齿槽相啮合。由于它是一种啮合传动，所以在传动中带和轮之间没有相对滑动，从而使主、从动轮间能做无滑差的同步传动，因而得名同步带传动，其带称为同步带，其轮称为同步带轮。

一、同步带传动的组成与特点

1. 同步带传动的组成

同步带传动一般由同步带轮和紧套在两轮上的同步带组成，如图 1-15 所示。

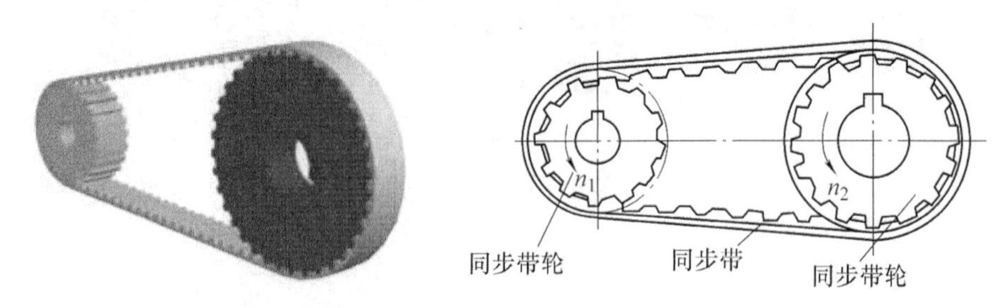

图 1-15　同步带传动

2. 同步带传动的特点

同步带传动依靠同步带齿与同步带轮齿之间的啮合实现传动，两者无相对滑动，兼有带传动、链传动和齿轮传动的特点。与摩擦型带传动相比，同步带传动具有表 1-10 所列特点。

表 1-10　同步带传动特点

优点	说明	适用范围	缺点
在工作时无滑动，有准确的传动比	同步带传动是一种啮合传动，虽然同步带是弹性体，但由于其中承受负载的承载绳具有在拉力作用下不伸长的特性，故能保持带节距不变，使带与轮齿槽能正确啮合，实现无滑动的同步传动，获得精确的传动比	主要用于要求传动比准确的中、小功率传动中，如计算机、录音机、数控机床、汽车、纺织机械、办公机械、仪器仪表等	在安装时，中心距等方面要求极其严格，制造工艺复杂、制造成本高
传动效率高，节能效果好	由于同步带做无滑动的同步传动，故有较高的传动效率，一般可达 0.98。它与 V 带传动相比，有明显的节能效果		
传动平稳，具有缓冲、减振能力，噪声低	由于同步带是弹性体，因此能吸收振动。传动噪声比齿轮传动小，也没有链传动那样的上下抖动		
能适应高速运转	由于同步带重量轻，传动离心力小，所以允许线速度高，最高速度可达 80m/s		
传动比范围大，结构紧凑	同步带传动的传动比一般可达到 10 左右，而且在大传动比情况下，其结构比 V 带传动紧凑。因为同步带传动是啮合传动，其带轮直径比依靠摩擦力来传递动力的 V 带带轮要小得多。此外，同步带不需要大的张紧力，使带轮轴和轴承的尺寸都可减小。所以与 V 带传动相比，在同样的传动比下，同步带传动具有较紧凑的结构		
维护保养方便，运转费用低	由于同步带中承载绳采用伸长率很小的玻璃纤维、钢丝等材料制成，故在运转过程中带伸长很小，不需要像 V 带、链传动等需经常调整张紧力。此外，同步带在运转中也不需要任何润滑，所以维护保养很方便，运转费用比 V 带、链、齿轮要低得多		

二、同步带和同步带轮

1. 同步带的结构

同步带一般由带背、承载绳、带齿和包布层组成，如图 1-16 所示。

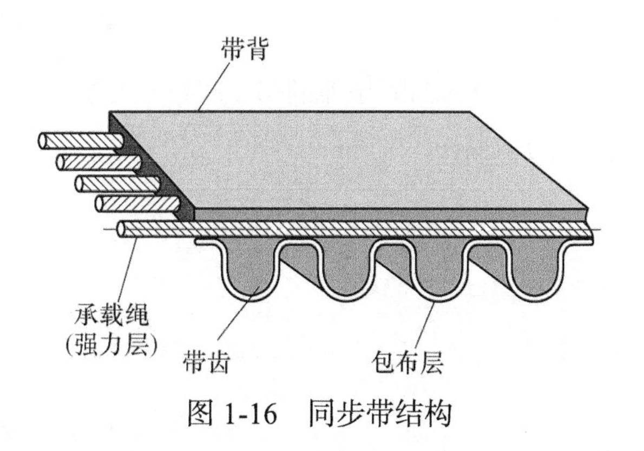

图 1-16　同步带结构

2. 同步带的尺寸

同步带尺寸是指同步带的节距、带齿的参数、带宽和带长等，其中节距是区分同步带型号最基本的尺寸。

如图 1-17 所示，在规定的张紧力下，相邻两齿中心线的直线距离称为节距，用 P_b 表示。节距越大，带的各部分尺寸就越大，其承载能力也越强。当同步带垂直于其底边弯曲时，在带中保持原长度不变的任意一条周线称为节线，其长度称为节线长，用 L_p 表示，节线长为带的公称带长。

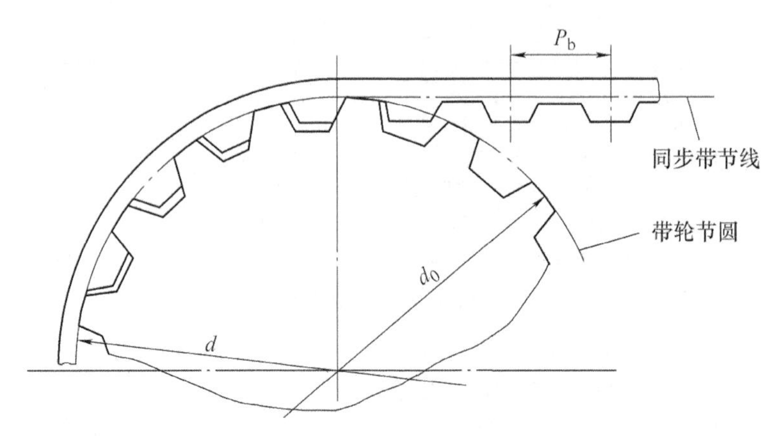

图 1-17　同步带的参数

3. 同步带的类型

同步带从结构上可分为单面带和双面带。常用的同步带齿有梯形齿和弧形齿两种。同步带类型如图 1-18 所示。

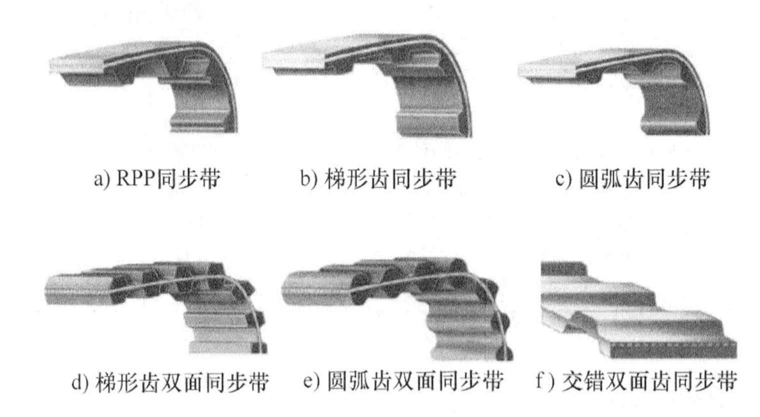

图 1-18　同步带类型

双面带的带齿排列分为对称齿型（DⅠ）和交错齿型（DⅡ）两种类型，如图 1-19 所示。

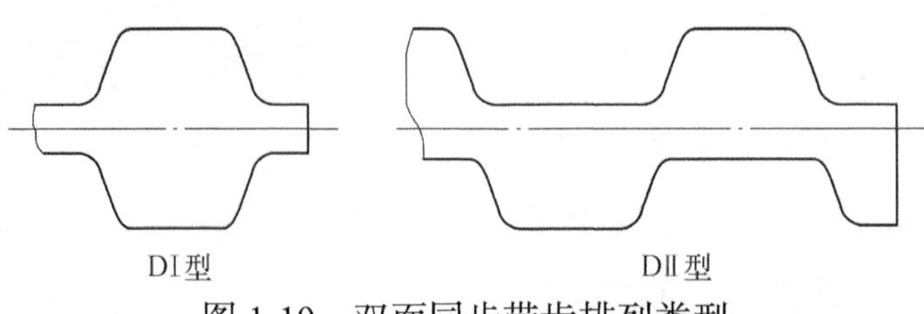

图 1-19　双面同步带齿排列类型

梯形齿同步带已标准化，具体型号及参数见表 1-11。

表 1-11 梯形齿同步带型号及参数（摘自 GB/T 11616—2013）（单位：mm）

型号	名称	节距	齿高	带高
MXL	最轻型	2.032	0.51	1.14
XXL	超轻型	3.175	0.76	1.52
XL	特轻型	5.080	1.27	2.30
L	轻型	9.525	1.91	3.60
H	重型	12.700	2.29	4.30
XH	特重型	22.225	6.35	11.20
XXH	最重型	31.750	9.53	15.70

4. 同步带轮

与常用的同步带相对应的同步带轮的齿形也有梯形齿和圆弧齿两大类，其中梯形齿可以是渐开线齿廓或直齿边廓，推荐使用渐开线齿廓。为了防止同步带从带轮上脱落，带轮侧边应装挡圈。梯形齿同步带轮也有国家标准，即 GB/T 11361—2018。

带轮一般采用铸铁或钢制成，由齿圈、挡圈和轮毂组成，如图 1-20 所示。

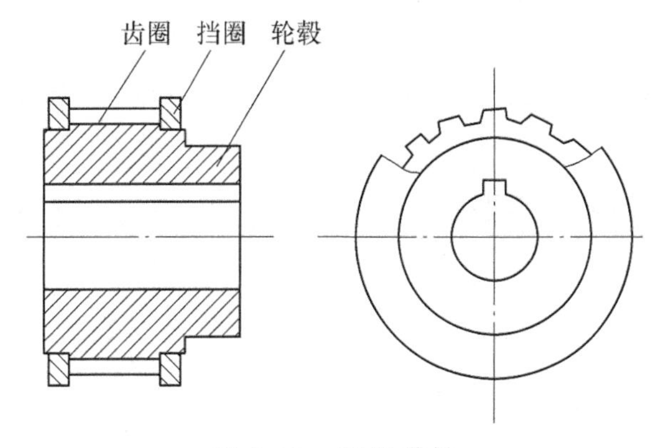

图 1-20 同步带轮

带轮齿数少，则结构紧凑，但齿数太少易弯曲和疲劳破坏。

三、同步带传动分类及应用

按不同的分类方法，同步带传动分为不同的类型，按用途分类及应用见表 1-12。

表 1-12 同步带按用途分类及应用

类型	适用范围	应用举例
一般用途同步带	齿形呈梯形，适用于中、小功率传动	复印机、各种仪器、办公机械和医疗机械等
高转矩同步带	齿形呈圆弧状，适用于大功率的场合	运输机械（飞机、汽车）、石油机械和数控机床等传动中
特殊用途同步带	用于耐温、耐油、低噪声和特殊尺寸等场合	工业缝纫机用的、汽车发动机的同步带传动

课后练习

1. 同步带传动一般由________和紧套在两轮上的________组成。

2. 同步带传动依靠同步带齿与同步带轮齿之间的________实现传动，两者无相对滑动，兼有________、________和________的特点。

3. 同步带一般由________、________、________和________组成。

4. 在规定的张紧力下，相邻两齿中心线的直线距离称为________。

5. 当同步带垂直于其底边弯曲时，在带中保持原长度不变的任意一条周线称为________。

6. 同步带从结构上分为________带和________带。常见的同步带齿有______齿和________齿两种。

7. 带轮一般采用铸铁或钢制成，由________、________和________组成。

单元2
螺旋传动

项目1　螺纹的种类和应用

知识目标：

1. 了解螺纹的种类。
2. 了解螺纹的主要几何参数。
3. 了解螺纹的结构特点与应用。

技能目标：

认识螺纹的种类和应用。

综合职业能力目标：

结合生产实际，通过网络、课本等学习资料，采用小组合作的方式，认识螺纹的种类。

课堂讨论

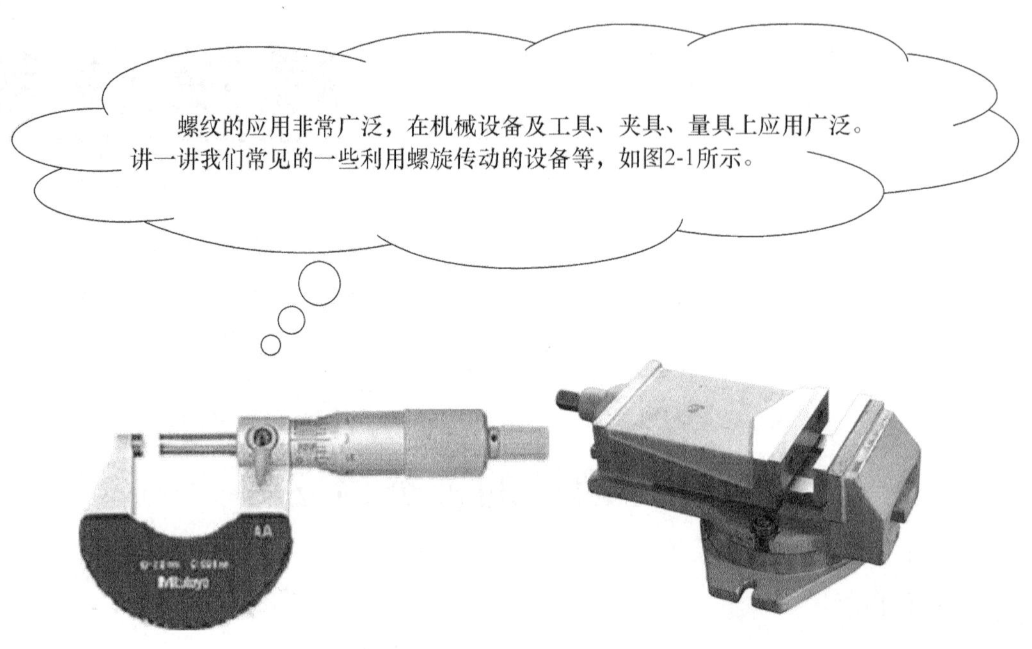

图 2-1　螺旋传动的应用

问题与思考

在我们日常的生产生活中，经常遇到或见到利用螺纹连接的设备，为什么选择螺纹连接?

项目描述

在机械加工中螺纹连接是常用的连接方式，本项目中，了解机械制图等课程中有关螺纹的教学内容，更好地认识螺纹的种类和应用。

相关知识

某一平面图形沿圆柱（或圆锥）表面上的螺旋线运动，形成的具有相同断面的连续凸起和沟槽称为螺纹。图 2-2 所示为螺纹夹具。

螺纹的分类和应用见表 2-1。

螺纹是零件上一种常见的标准结构要素，在圆柱(或圆锥)表面上形成的螺纹称为外螺纹，在圆柱(或圆锥)内表面上形成的螺纹称为内螺纹。

图 2-2 螺纹夹具

表 2-1 螺纹的分类和应用

序号	分类方式	图形符号
1	按螺纹牙型分类	三角形螺纹
		矩形螺纹
		梯形螺纹

（续）

序号	分类方式	图形符号
1	按螺纹牙型分类	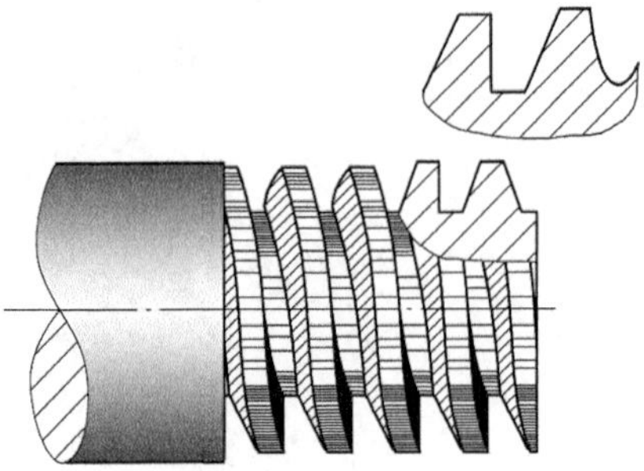 锯齿形螺纹
2	按螺旋线的方向分类	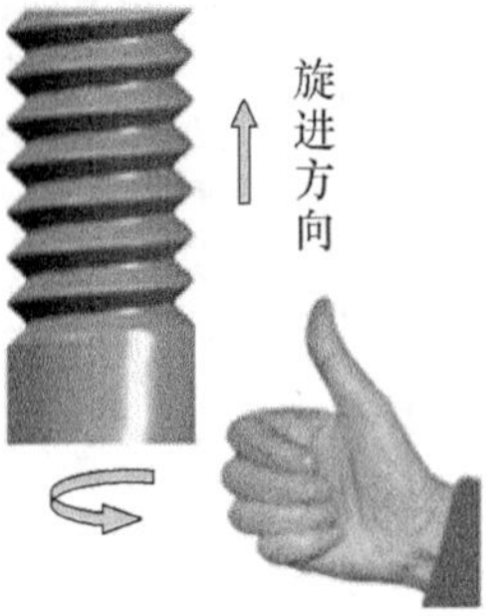 旋进方向 右旋螺纹
		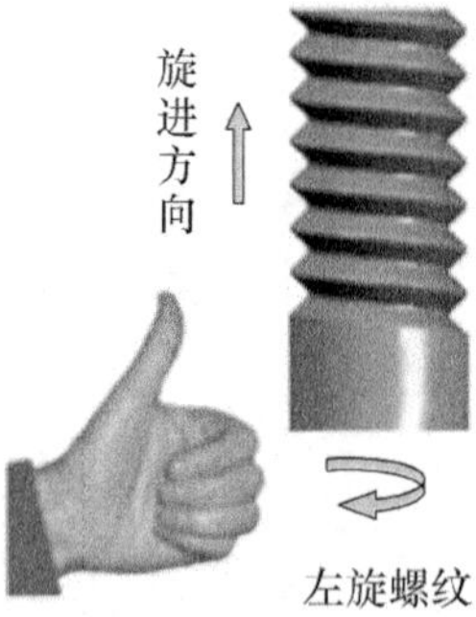 旋进方向 左旋螺纹 左旋螺纹
3	按螺旋线的线数分类	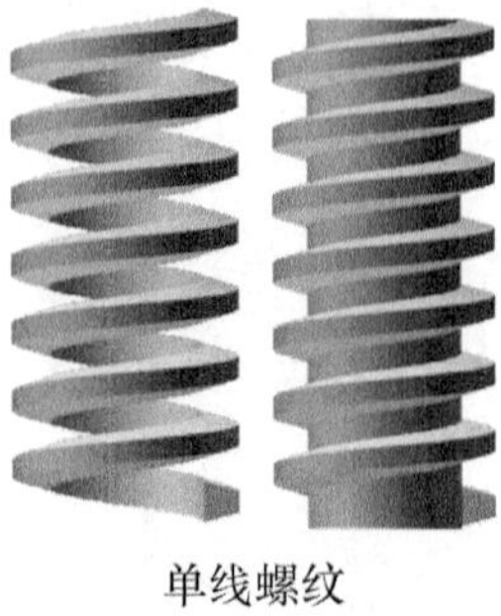 单线螺纹

（续）

序号	分类方式	图形符号
3	按螺旋线的线数分类	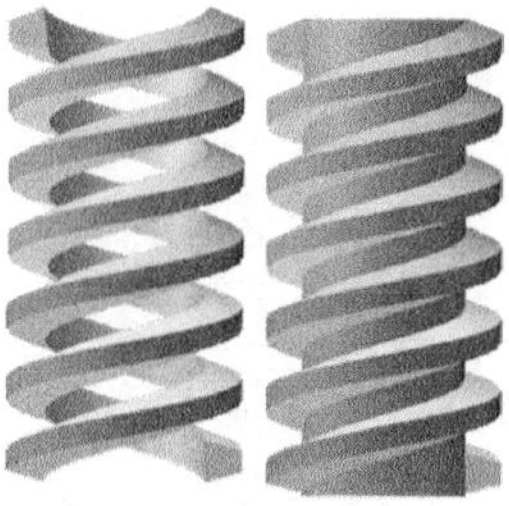 多线螺纹
4	按螺旋线形成的表面分类	 内螺纹
		 外螺纹
5	按用途来分类	 粗牙普通螺纹
		 细牙普通螺纹

（续）

序号	分类方式	图形符号
5	按用途来分类	管螺纹
		专门用途螺纹

课后练习

1. 简述螺纹的概念。
2. 简述螺纹的分类方法。

项目 2　普通螺纹的主要参数

学习目标

知识目标：

1. 认识螺纹的主要几何参数。
2. 分析螺纹的结构，理解螺纹的概念。

技能目标：

掌握螺距、导程等螺纹的重要几何参数。

综合职业能力目标：

结合生产实际，通过网络、课本等学习资料，采用小组合作的方式，认识螺纹的结构。

课堂讨论

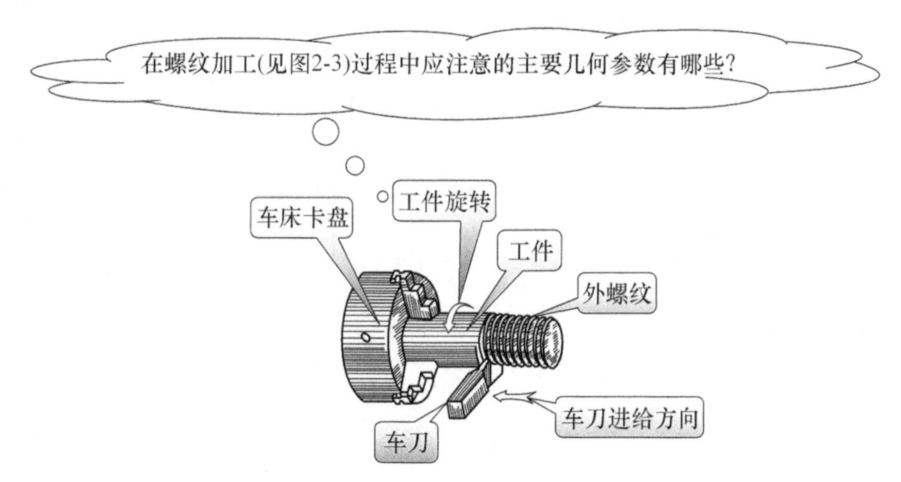

图 2-3 螺纹加工

问题与思考

结合螺纹加工图样分析螺纹结构，找出导程、螺距和线数之间的关系。

项目描述

普通螺纹模型如图 2-4 所示，普通螺纹主要的几何参数有大径、小径、中径、公称直径、线数、螺距、导程、旋向、螺纹升角、牙型角与牙侧角等。

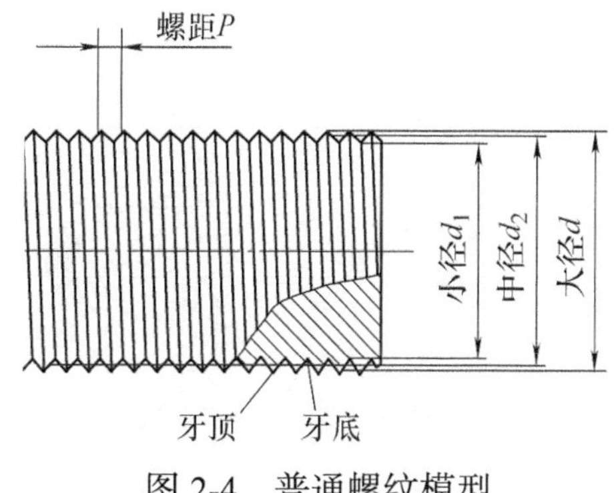

图 2-4 普通螺纹模型

相关知识

1. 螺纹大径（D，d）

普通螺纹的大径是指与外螺纹牙顶或内螺纹牙底相切的假想圆柱的直径。内螺纹的大径用代号 D 表示，外螺纹的大径用代号 d 表示。螺纹的公称直径是指代表螺纹尺寸的直径，普通螺纹的公称直径是大径。内、外螺纹如图 2-5 所示。

2. 螺纹小径（D_1，d_1）

普通螺纹的小径是指与外螺纹牙底或内螺纹牙顶相切的假想圆柱的直径。

3. 螺纹中径（D_2，d_2）

普通螺纹的中径是指一个假想圆柱的直径，该圆柱的素线通过牙型上的沟槽和凸起宽度相等的地方，该假想圆柱称为中径圆柱。内螺纹的中径用代号 D_2 表示，外螺纹的中径用代号 d_2 表示。

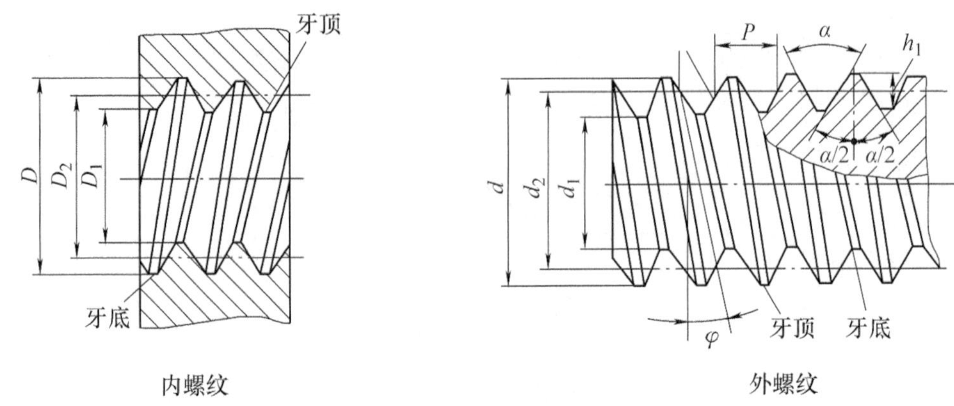

图 2-5　内外螺纹

4. 螺距（*P*）

螺距是指相邻两牙在中径线上对应两点间的轴向距离。

5. 导程（Ph）

导程是指同一条螺旋线上的相邻两牙在中径线上对应两点间的轴向距离（见图 2-6）。单线螺纹的导程就等于螺距，多线螺纹的导程等于螺旋线数与螺距的乘积。

$$\mathrm{Ph} = nP$$

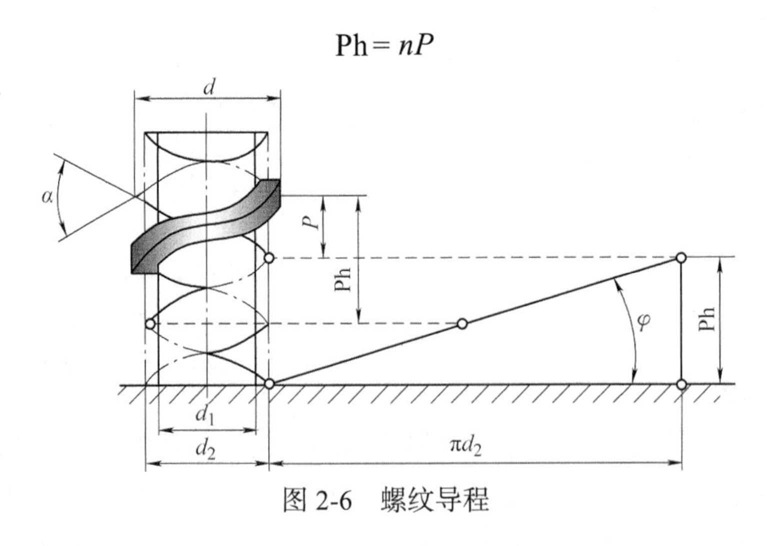

图 2-6　螺纹导程

6. 导程角（*φ*）

普通螺纹的导程角是指在中径圆柱上，螺旋线的切线与垂直于螺纹轴线的平面的夹角。

7. 牙型角（*α*）

牙型角是指在螺纹牙型上，两相邻牙侧间的夹角。普通螺纹的牙型半角是牙型角的一半，即 $\alpha/2$。牙侧角是指在螺纹牙型上，牙侧与螺纹轴线的垂线间的夹角。

8. 牙型高度（h_1）

牙型高度是指在螺纹牙型上，牙顶到牙底在垂直于螺纹轴线方向上的距离。

课后练习

下图所示螺纹旋向为________。φ 是________，P 是________，α 是________，d 和 D 是螺纹大径，d_1 和 D_1 是________，d_2 和 D_2 是________。

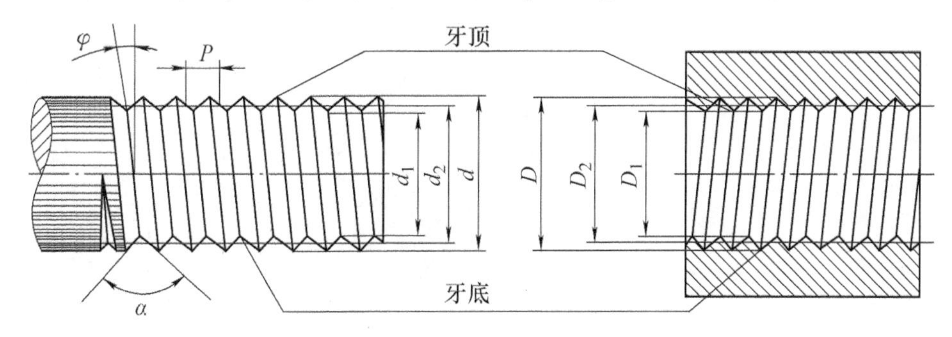

项目3 螺纹的代号标注

学习目标

知识目标：

1. 掌握普通螺纹的标记方法。
2. 了解梯形螺纹和锯齿形螺纹的标记方法。

技能目标：

学会普通螺纹的标记方法。

综合职业能力目标：

结合生产实际，通过网络、课本等学习资料，采用小组合作的方式，学习螺纹标记方法。

课堂讨论

螺纹标注是指用特定的符号在需要用螺纹的地方进行标注的方法。螺纹按用途可分为联接螺纹和传动螺纹两类，常见的标注包括普通螺纹和管螺纹。图2-7所示为螺纹标记示例。

图 2-7　螺纹标记

问题与思考

螺纹标记有哪些注意事项？

项目描述

本项目就是要带领大家学习螺纹的标记方法。

相关知识

在图样上螺纹需要用规定的螺纹代号标记。除管螺纹外，普通螺纹代号的标注格式为：特征代号 公称直径 × 螺距（或“Ph 导程 *P* 螺距”）- 公差带代号 - 旋合长度 - 旋向代号。管螺纹的标注格式为：特征代号 - 尺寸代号 - 旋向代号。其中，右旋螺纹省略不注，左旋用“LH”表示。图 2-8 所示为螺纹代号标记示例。

图 2-8　螺纹代号标记

一、特征代号

螺纹的特征代号见表 2-2。

表 2-2　螺纹的特征代号

<table>
<tr><th colspan="2">类型</th><th colspan="2">特征代号</th><th>用途及说明</th></tr>
<tr><td rowspan="2">普通螺纹</td><td>粗牙</td><td rowspan="2" colspan="2">M</td><td rowspan="2">最常用的一种联接螺纹，当直径相同时，细牙螺纹的螺距比粗牙螺纹的螺距小，粗牙螺纹不注螺距</td></tr>
<tr><td>细牙</td></tr>
<tr><td rowspan="5">管螺纹</td><td>55° 非密封管螺纹</td><td colspan="2">G</td><td rowspan="5">管道联接中的常用螺纹，螺距及牙型均较小，其尺寸代号以 in 为单位，近似地等于管子的孔径，螺纹的大径应从有关标准中查出。代号 G 表示 55° 非密封管螺纹，R 表示圆锥外螺纹（其中 R_1 表示与圆柱内螺纹配合，R_2 表示与圆锥内螺纹配合），Rc 表示圆锥内螺纹，Rp 表示圆柱内螺纹
密封管螺纹在一定压力下能保持管道连接处内外界的密封</td></tr>
<tr><td rowspan="4">55° 密封管螺纹</td><td colspan="2">Rp</td></tr>
<tr><td rowspan="2">R</td><td>R_1</td></tr>
<tr><td>R_2</td></tr>
<tr><td colspan="2">Rc</td></tr>
<tr><td colspan="2">梯形螺纹</td><td colspan="2">Tr</td><td rowspan="2">常用的两种传动螺纹，用于传递运动和动力。梯形螺纹可传递双向动力，锯齿形螺纹用来传递单向动力</td></tr>
<tr><td colspan="2">锯齿形螺纹</td><td colspan="2">B</td></tr>
</table>

二、代号标注

在图样上螺纹需要用规定的螺纹代号标注，除管螺纹外，螺纹代号的标注格式为：特征代号 公称直径 × 螺距（单线时）旋向 导程（*P* 螺距）（多线时），管螺纹的标注格式为：特征代号 + 尺寸代号 + 旋向。其中，右旋螺纹省略不注，左旋用“LH”表示。

1. 普通螺纹的尺寸标注

普通螺纹的牙型代号为 M，有粗牙和细牙之分，粗牙螺纹的螺距可省略不注；中径和顶径的公差带代号相同时，只标注一次；右旋螺纹可不注旋向代号，左旋螺纹旋向代号为 LH。

2. 管螺纹的尺寸标注

管螺纹分为用螺纹密封管螺纹和非螺纹密封管螺纹。管螺纹的尺寸引线必须指向大径，其标记组成如下：密封管螺纹代号：特征代号 尺寸代号 旋向代号。

非密封管螺纹代号：特征代号 尺寸代号 公差等级代号－旋向代号（内螺纹不标记公差等级代号）。需要注意的是，管螺纹的尺寸代号并不是指螺纹的大径，其参数可由相关手册中查出。

三、标记标注

当螺纹精度要求较高时，除标注螺纹代号外，还应标注螺纹公差带代号和螺纹旋合长度。

螺纹标记的标注格式为：螺纹代号＋螺纹公差带代号（中径、顶径）＋旋合长度。

有关标注内容的说明：

1）公差带代号由数字加字母表示（内螺纹用大写字母，外螺纹用小写字母），如 7H、6g 等。应特别指出，7H、6g 等代表螺纹公差，而 H7、g6 代表圆柱体公差代号。

2）旋合长度规定为短（用 S 表示）、中（用 N 表示）、长（用 L 表示）三种。在一般情况下，不标注螺纹旋合长度，其螺纹公差带按中等旋合长度（N）确定。在必要时，可加注旋合长度代号 S 或 L，如“M20 − 5g6g − L”。在特殊需要时，可注明旋合长度的数值，如“M20 − 5g6g − 30”。

标注方法：

除管螺纹外，在视图上螺纹标记的标注同线性尺寸标注方法相同；而管螺纹是用指引线的形式，指引线应从大径上引出，并且不应与剖面线平行。

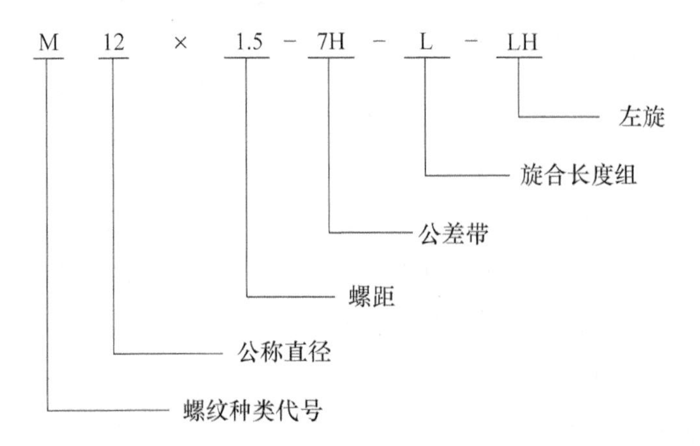

标注说明：

1）M16 − 5g6g 表示粗牙普通螺纹，公称直径为 16mm，螺纹公差带中径 5g、大径 6g，旋合长度按中等长度考虑，右旋。

2）M16×1 — 6G－LH 表示细牙普通螺纹，公称直径为 16mm，螺距为 1mm，螺纹公差带中径、大径均为 6G，旋合长度按中等长度考虑，左旋。

3）G1 表示寸制非密封管螺纹，尺寸代号为 1，右旋。

4）Rc 1/2 表示寸制螺纹密封圆锥内螺纹，尺寸代号为 1/2，右旋。

5）Tr20×8（P4）表示梯形螺纹，公称直径为 20mm，双线，导程为 8mm，螺距为 4mm，右旋。

6）B20×2LH 表示锯齿形螺纹，公称直径为 20mm，单线，螺距为 2mm，左旋。

课后练习

1. 简述普通螺纹代号的标注格式。

2. Tr20×8（P4）表示梯形螺纹，公称直径________，双线，导程________，螺距________，右旋。

项目 4 螺旋传动的应用形式

学习目标

知识目标：

1. 了解普通螺旋传动的分类和运动形式。
2. 能判定普通螺旋传动的运动方向。
3. 认识差动螺旋传动、滚珠螺旋传动。

技能目标：

认识螺旋传动的应用形式。

综合职业能力目标：

结合生产实际，通过网络、课本等学习资料，采用小组合作的方式，认识螺旋传动的应用形式。

课堂讨论

介绍一下日常常见的螺旋传动，如图2-9所示。

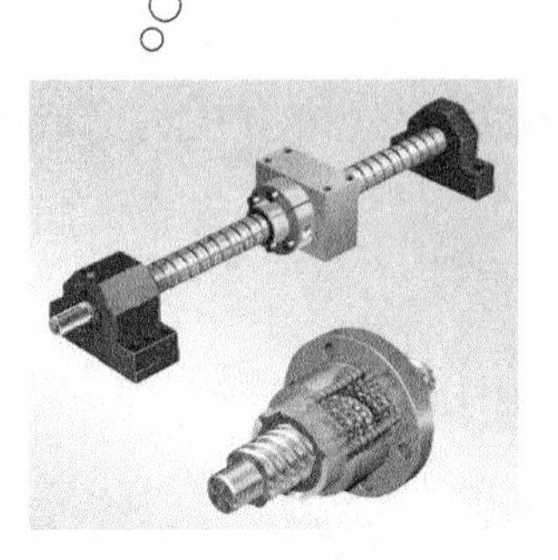

图 2-9　螺旋传动

问题与思考

螺旋传动是如何进行工作的？

项目描述

本项目就是要带领大家通过认识螺旋传动，掌握螺传动的工作原理，了解普通螺旋传动的分类和运动形式，能判定普通螺旋传动的运动方向，并认识差动螺旋传动、滚珠螺旋传动。

相关知识

螺旋传动是靠螺旋与螺纹牙面旋合实现回转运动与直线运动转换的机械传动，如图 2-10 所示。螺旋传动按其在机械中的作用可分为：传力螺旋传动、传导螺旋传动、调整螺旋传动。

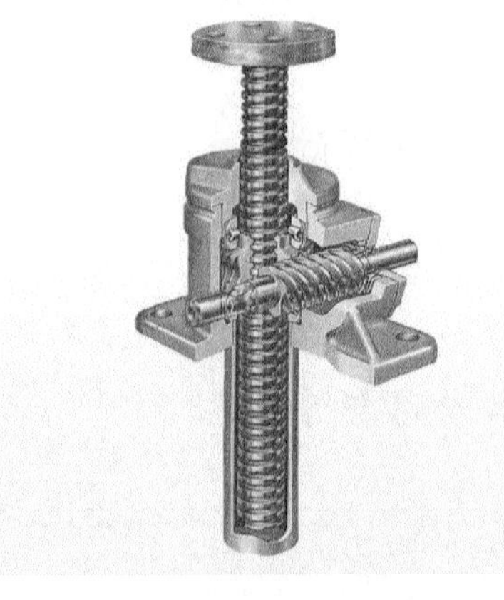

图 2-10　螺旋传动

螺旋传动的类型

一、普通螺旋传动

普通螺旋传动是由螺杆和螺母组成的简单螺旋副实现的传动。

1. 普通螺旋传动的应用形式

1）螺母固定不动，螺杆回转并做直线运动，如图 2-11 所示。

2）螺杆固定不动，螺母回转并做直线运动，如图 2-12 所示。

3）螺杆回转，螺母做直线运动，如图 2-13 所示。

4）螺母回转，螺杆做直线运动，如图 2-14 所示。

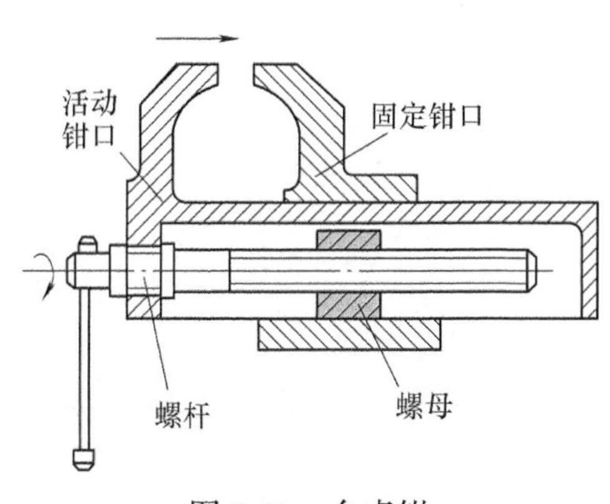

图 2-11 台虎钳

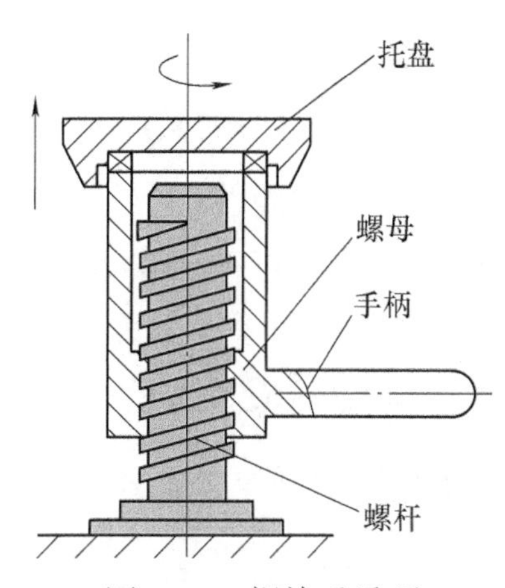

图 2-12 螺旋千斤顶

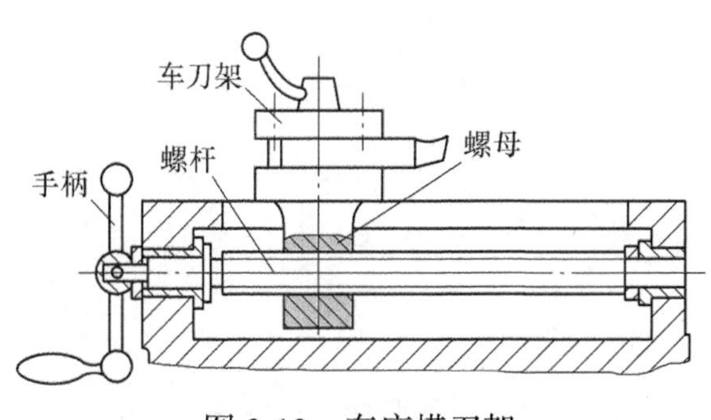

图 2-13 车床横刀架

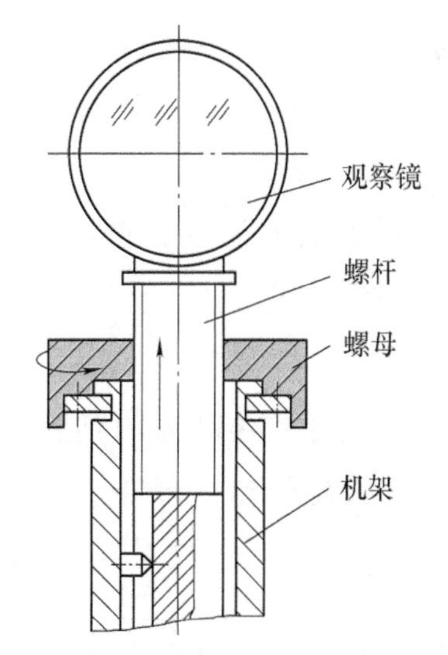

图 2-14 观察镜螺旋调整装置

2. 普通螺旋传动直线移动方向的判定

1）螺母（螺杆）不动，螺杆（螺母）回转并移动，如图 2-15 所示。

2）螺杆（螺母）回转，螺母（螺杆）移动，如图 2-16 所示。

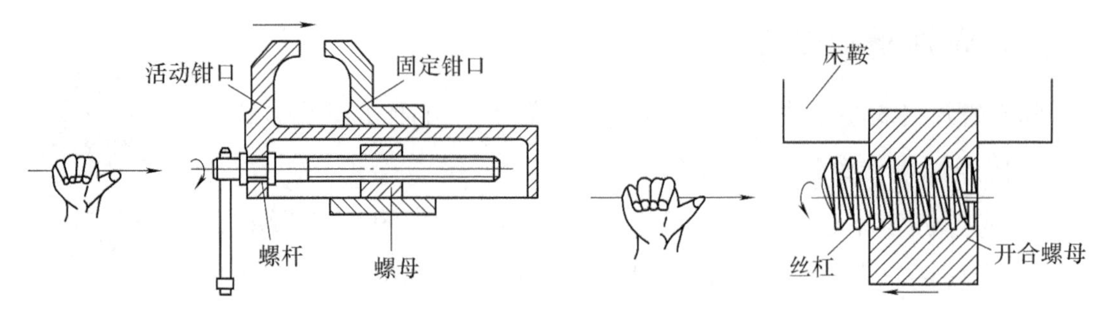

图 2-15　普通螺旋传动移动方向 1　　图 2-16　普通螺旋传动移动方向 2

3. 普通螺旋传动直线移动距离的计算

$$L = N\mathrm{Ph} \tag{2-1}$$

式中　L ——螺杆（螺母）移动距离（mm）；

N ——回转周数；

Ph ——螺纹导程（mm）。

二、差动螺旋传动

差动螺旋传动是由两个螺旋副组成的使活动的螺母与螺杆产生差动（不一致）的螺旋传动。

1. 差动螺旋传动原理

如图 2-17 所示，螺杆上有两段不同导程的螺纹（Ph_1 和 Ph_2），分别与固定螺母（机架）和活动螺母组成两个螺旋副，这两个螺旋副组成的传动，使活动螺母与螺杆产生不一致的螺旋传动，这种传动称为双螺旋传动。

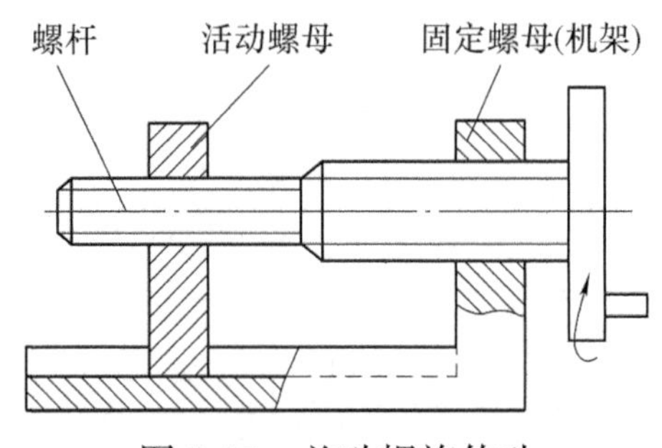

图 2-17　差动螺旋传动

2. 差动螺旋传动方向判断

差动螺旋传动：螺杆上两螺纹（固定螺母与活动螺母）旋向相同，即

$$L = N(\mathrm{Ph}_1 - \mathrm{Ph}_2)$$

结果为正，活动螺母实际移动方向与螺杆移动方向相同；结果为负，活动螺母实际移动方向与螺杆移动方向相反。

螺杆移动方向按普通螺旋传动螺杆移动方向确定。

三、滚珠螺旋传动

滚珠螺旋传动是用滚动体在螺纹工作面间实现滚动摩擦的螺旋传动（见图 2-18），又称滚珠丝杠传动。滚动体通常为滚珠，也有用滚子的。滚动螺旋传动的摩擦系数、效率、磨损、寿命、抗爬行性能、传动精度和轴向刚度等虽比静压螺旋传动稍差，但远比滑动螺旋传动为好。滚动螺旋传动的效率一般在 90% 以上。它不自锁，具有传动的可逆性；但结构复杂，制造精度要求高，抗冲击性能差。它已广泛地应用于机床、飞机、船舶和汽车等要求高精度或高效率的场合。

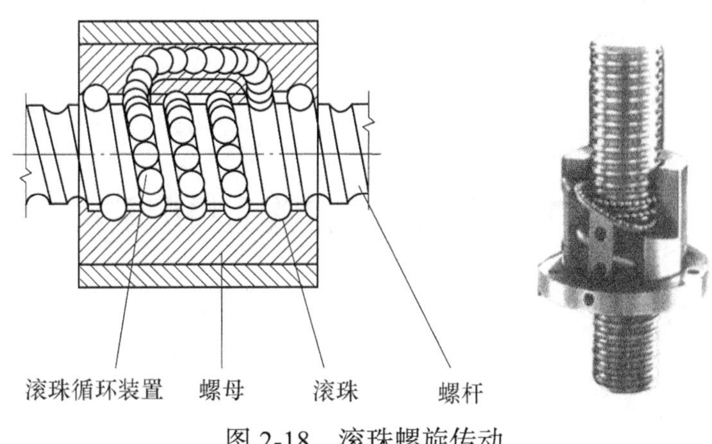

图 2-18 滚珠螺旋传动

课后练习

1. 简述螺旋传动的应用形式。

2. 简述普通螺旋传动直线移动方向的判定。

单元3 链 传 动

项目1 链传动的类型和应用

知识目标：

1. 能分析链传动的组成和类型。
2. 能叙述链传动的应用。

技能目标：

能够计算链传动的传动比。

综合职业能力目标：

利用学习资料，与小组成员讨论分析链传动的优缺点，合作制定利用链传动的合理方案。

课堂讨论

链传动广泛应用于机床、起重运输机械等设备中，如图3-1所示。讲一讲我们常见的一些利用链传动的机械设备。

图 3-1 链传动应用

问题与思考

在我们日常的生产生活中，经常遇到或见到利用链传动的机械设备，为什么选择链传动？

项目描述

叉车升降部分用液压缸和链条传动，它的工作原理就是利用液压缸将液压能转变为机械能，做直线往复运动，通过链传动传递动力和运动，完成叉车的升降动作。本项目就是要带领大家通过认识叉车的升降部分，了解链传动的类型和应用。

相关知识

链传动适用于中心距较大、要求平均传动比准确或工作条件恶劣（如温度高、有油污、淋水等）的场合。链传动广泛应用于化工机械、矿山机械、农业机械、机床及摩托车中。图 3-2 所示为链传动在摩托车上的应用。

图 3-2 链传动在摩托车上的应用

一、链传动的组成

图 3-3 所示为链传动的组成，从图中可以看出链传动由主动链轮、从动链轮和链条组成。

工作原理：以链条作为中间挠性件，靠链与链轮轮齿的啮合来传递运动和动力。

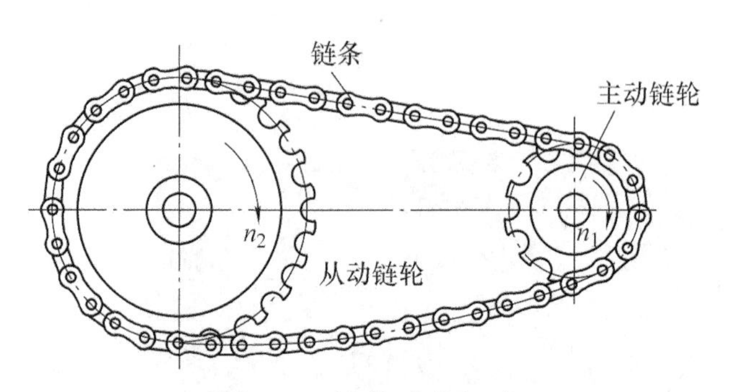

图 3-3　链传动的组成

链传动的传动比：

$$i_{12} = \frac{n_1}{n_2} = \frac{z_2}{z_1} \tag{3-1}$$

式中　n_1——主动链轮的转速（r/min）；

n_2——从动链轮的转速（r/min）；

z_1——主动链轮的齿数；

z_2——从动链轮的齿数。

二、链传动的特点

1. 优点（和带传动相比）

链传动没有滑动和打滑，能保持准确的平均传动比；传动尺寸紧凑；不需很大张紧力，轴上载荷较小；效率较高；能在湿度大、温度高的环境中工作。

2. 优点（和齿轮传动相比）

链传动能吸振与缓和冲击；结构简单，加工成本低廉，安装精度要求低；适合较大中心距的传动；能在恶劣环境中工作，如图 3-4 所示。

图 3-4　坦克履带

3. 缺点

链传动只能用于平行轴间的同向回转传动；瞬时速度不均匀；在高速时平稳性差;不适宜载荷变化很大和急速反转的场合;有噪声;成本高，磨损后易发生跳齿。

三、链的类型

按用途不同，链可分为三种：

1）传动链。在一般机械中用于传递动力和运动，如图3-5所示。

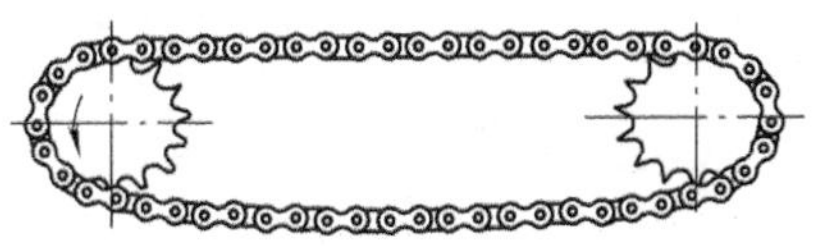
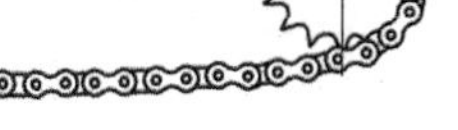

a) 传动链　　b) 滚子链　　c) 齿形链

图3-5　传动链、滚子链和齿形链

2）起重链。用于起重机械中提升重物，如图3-6所示。

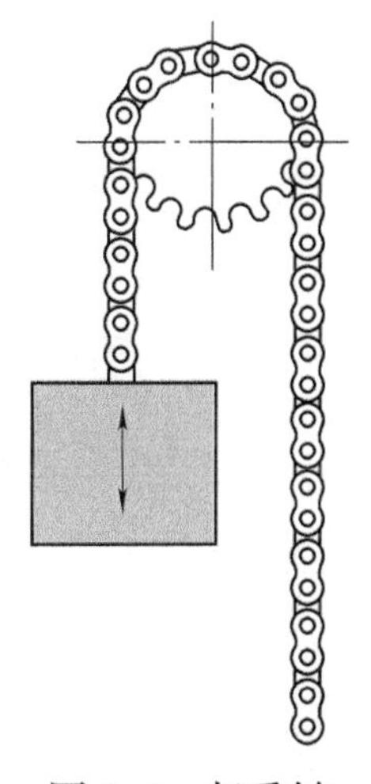

图3-6　起重链

3）输送链。用于运输机械驱动输送带等，如图3-7所示。

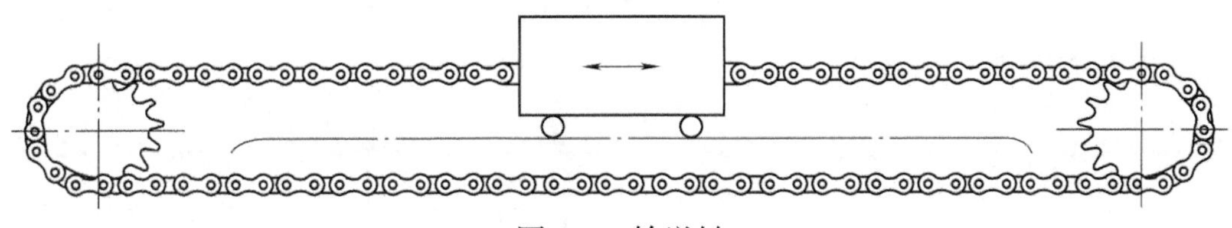

图3-7　输送链

四、链传动的应用

链传动适用于两轴相距较远、工作条件恶劣的场合，如农业机械、建筑机械、石油机械、采矿机械、起重机械、金属切削机床、摩托车、自行车等。链传动适用于中低速传动：传动比≤ 8，$P \leqslant 100\text{kW}$，$v \leqslant 15\text{m/s}$，无声链最大线速度可达 40m/s（不适用于冲击与急促反向等情况）。

课后练习

1. 链传动由________、________和________组成。
2. 按用途不同，链可以分为________、________和________三种类型。
3. 传动链按照结构特点，主要有________和________两种。
4. 简述链传动的工作原理。
5. 简述链传动的特点。

项目 2　链传动的布置与张紧

知识目标：

1. 能叙述套筒滚子链与链轮的结构与类型。
2. 能分析链传动的失效形式。

技能目标：

能够掌握链传动的布置、张紧、润滑等操作技能。

综合职业能力目标：

利用学习资料，与小组成员讨论分析链传动的失效形式，合作制定保养维修方案。

课堂讨论

认真观察自行车上的链传动，如图3-8所示。讲一讲链传动的滚子链与链轮的类型。

图 3-8 自行车

问题与思考

在链传动的设计计算中，滚子链有哪些特点？

项目描述

滚子链是一种用于传送机械动力的链条，是链传动的一种类型，广泛应用于家庭、工业和农业机械，其中包括输送机、绘图机、印刷机、汽车、摩托车及自行车。它由一系列短圆柱滚子连接在一起，由一个链轮驱动，是一种简单、可靠、高效的动力传递装置。本项目应掌握滚子链的组成、接头形式和标记等。图 3-9 所示为滚子链。

图 3-9 滚子链

相关知识

滚子链通常是指短节距传动用精密滚子链，它应用最广，产量最多。滚子链有单排与多排之分，适用于小功率传动。滚子链的基本参数是节距 p，它等于滚子链链号乘以 25.4/16（mm）。图 3-10 所示为双排滚子链。

图 3-10　双排滚子链

一、滚子链

1. 滚子链的结构

图 3-11 所示为滚子链结构示意图，其组成包括内链板、外链板、销轴、套筒、滚子。

图 3-12 所示为链传动实体，销轴与外链板、套筒与内链板间是过盈配合，销轴与套筒、滚子与套筒间是间隙配合，滚子与链轮相对滚动。

2. 滚子链的主要参数及标记

（1）节距　节距是链条的相邻两销轴中心线之间的距离，以符号 p 表示，如图 3-13 所示。

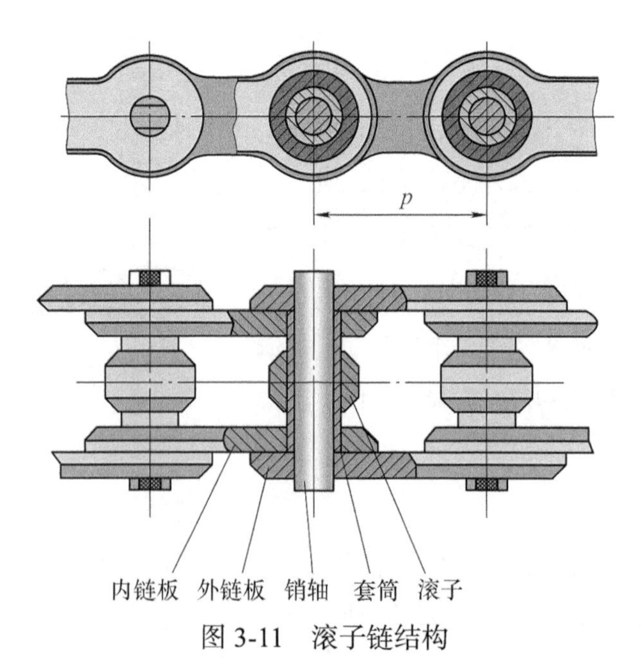

图 3-11　滚子链结构

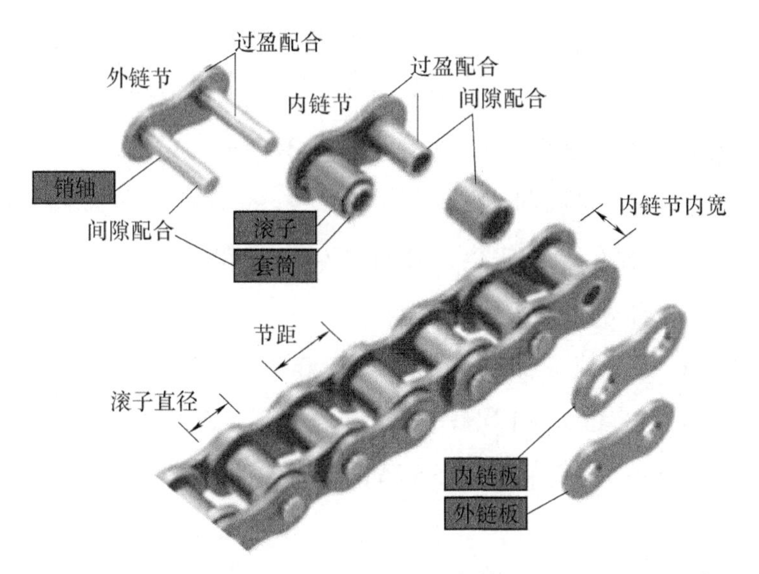

图 3-12 链传动实体

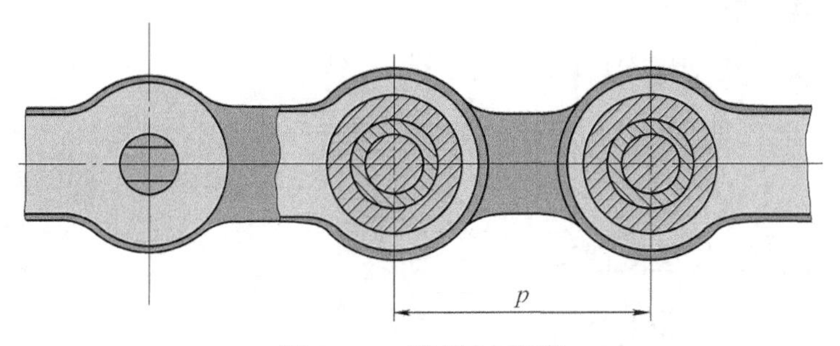

图 3-13 滚子链节距

链的节距越大，承载能力越强，但链传动的结构尺寸也会相应越大，传动的振动、冲击和噪声也越严重。

（2）节数 滚子链的长度用节数来表示。链节数应尽量选取偶数。

当链节数为偶数时，可用开口销或弹簧卡来固定，如图 3-14a、b 所示；当链节数为奇数时，需用一个过渡链节。此时，若不允许再增加链节，则可用过渡链节换掉其中的一个内链节，如图 3-14c 所示。

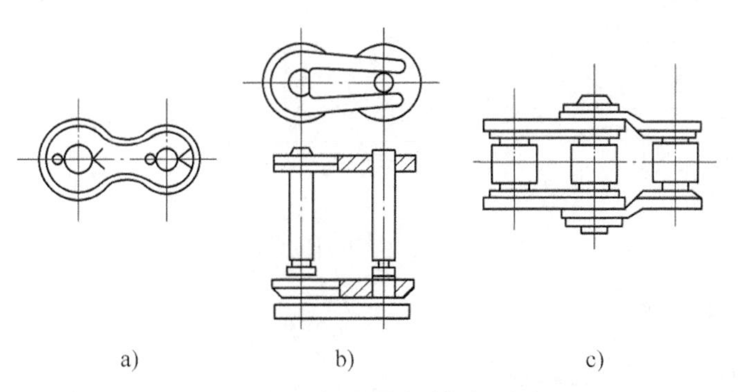

图 3-14 滚子链的接头形式

过渡链节的弯链板工作时受到附加的弯曲应力，因此应尽量避免使用奇数链节。

（3）链条速度　链条速度不宜过大，一般不大于 15m/s。

（4）滚子链的标记　我国目前使用的滚子链的国家标准为《传动用短节距精密滚子链、套筒链、附件和链轮》（GB/T 1243—2006），分为 A 和 B 两个系列。常用的是 A 系列。滚子链的标记方法为：

链号 - 排数 × 链节数　标准编号。

例如，08A-1×88 GB/T 1243—2006　表示：A 系列、单排、节距为 8×25.4/16 = 12.7（mm）、链节数为 88 节的滚子链。

二、滚子链链轮

1. 链轮的参数和齿形

链轮是链传动的主要零件，其齿形已经标准化，如图 3-15 所示。

图 3-15　链轮

链轮设计的主要内容包括确定链轮的结构、尺寸，选择链轮的材料和热处理方式。图 3-16 所示为链轮的主要尺寸。

链轮的基本参数包括配用链条的节距 p、滚子的最大外径 d_1、排距 p_t、齿数 z；链轮毂孔的直径应小于其最大许用直径 d_{kmax}。

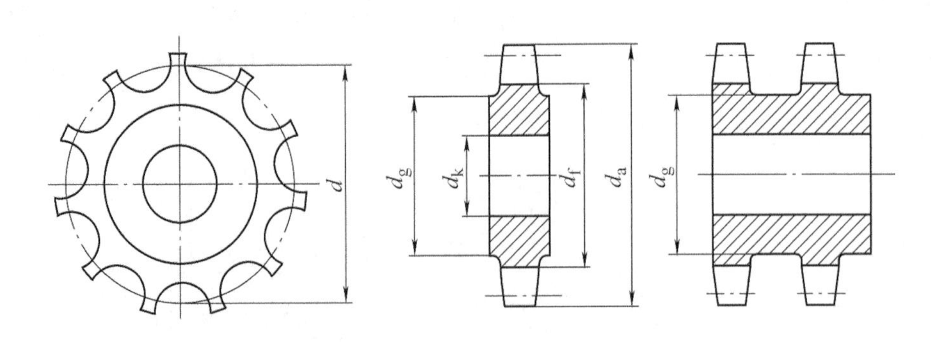

图 3-16　链轮的主要尺寸

链轮的参数和齿形：

1）齿形一般由三段圆弧组成。

2）小链轮齿数一般应大于 17，大链轮齿数一般应小于 120。

链轮较常用的齿形是一种三圆弧一直线的齿形，如图 3-17 所示。图中，齿廓上的 a-a、a-b、c-d 段为 3 段圆弧，半径依次为 r_1、r_2 和 r_3；b-c 段为直线段。

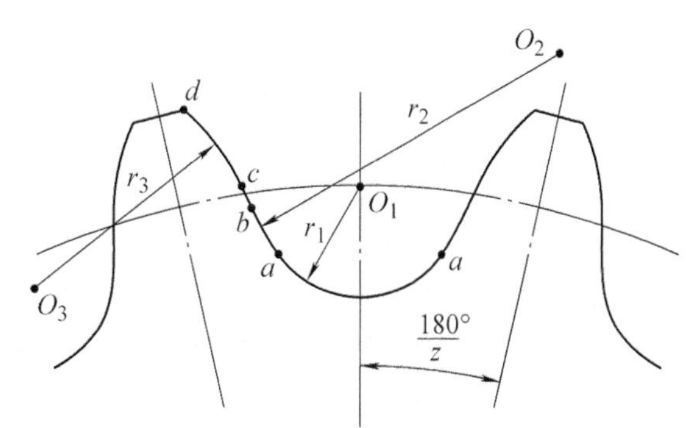

图 3-17　链轮的常用齿形

2. 链轮的材料

链轮材料可采用灰铸铁、低碳钢、中碳钢、低碳合金钢、中碳合金钢等。齿面一般都要经过热处理。

材料应具有足够的强度和较好的耐磨性，且小链轮的材料应优于大链轮，轮齿面一般都要经过热处理，使之达到一定的硬度。

三、链传动的失效形式

链传动常见的失效形式见表 3-1。

表 3-1　链传动常见的失效形式

失效形式	说明	图示
链板疲劳	链在松边拉力和紧边拉力的反复作用下，经过一定的循环次数，链板会发生疲劳破坏。正常润滑条件下，疲劳强度是限定链传动承载能力的主要因素	链板疲劳断裂
铰链的磨损	当铰链磨损后链节变长，容易引起跳齿或脱链。开式传动、环境条件恶劣或润滑密封不良时，极易引起铰链磨损，从而急剧降低链条的使用寿命	静拉断断口　疲劳断口 销轴断裂
滚子、套筒的冲击疲劳	链传动的啮入冲击首先由滚子和套筒承受。在反复多次冲击下，经过一定的循环次数，滚子、套筒会发生冲击疲劳破坏。这种失效形式多发生于中、高速闭式链传动中	

（续）

失效形式	说明	图示
销轴与套筒工作面的胶合	当润滑不当或速度过高时，在链节啮入时受到的冲击能量增大，工作表面的温度过高，销轴和套筒的工作表面会发生胶合。胶合限定了链传动的极限转速	滚子表面疲劳点蚀
链的静力拉断	在低速（$v < 0.6$m/s）、重载或严重过载的传动中，当载荷超过链条的静力强度时导致链条被拉断	链板静力拉断

四、链传动的布置、张紧及润滑

1. 布置

1）两链轮在同一垂直平面内，两轴线平行。

2）两链轮中心线与水平面夹角尽可能小，$\varphi < 45°$，避免 $\varphi = 90°$。

3）一般紧边在上，润滑剂加在松边。

2. 张紧

链传动张紧的目的主要是避免在链条的垂度过大时产生啮合不良和链条的振动现象，同时也为了增加链条与链轮的啮合包角。

张紧的方法很多，最常见的是移动链轮以增大两轮的中心距，但如果中心距不可调，也可采用张紧轮张紧，如图 3-18a、b 所示。张紧轮应装在松边靠近小链轮处以增加小链轮包角，保证同时啮合齿数。不论是带齿的还是不带齿的张紧轮，其分度圆直径最好与小链轮的分度圆直径相近。此外，还可以用压板或托板张紧，如图 3-18c、d 所示。特别是中心距大的链传动，用托板控制垂度更为合理。当链距变长时，可去掉 1～2 个链节。

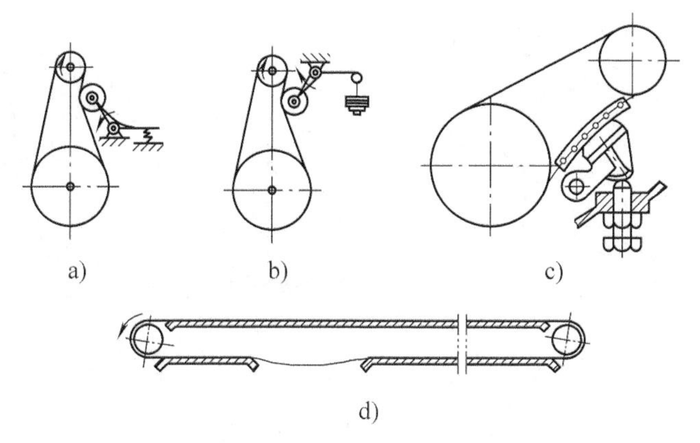

图 3-18 链条的张紧装置

3. 润滑

链传动的润滑至关重要。良好的润滑能显著降低链条铰链的磨损，延长使用寿命。

链传动的润滑方式有四种：

1）人工定期用油壶或油刷给油，如图 3-19 所示。

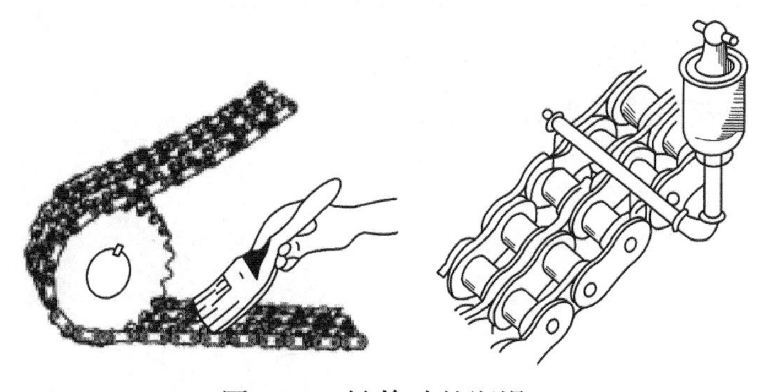

图 3-19 链传动的润滑 1

2）用油杯通过油管向松边内外链板间隙处滴油，如图 3-20 所示。

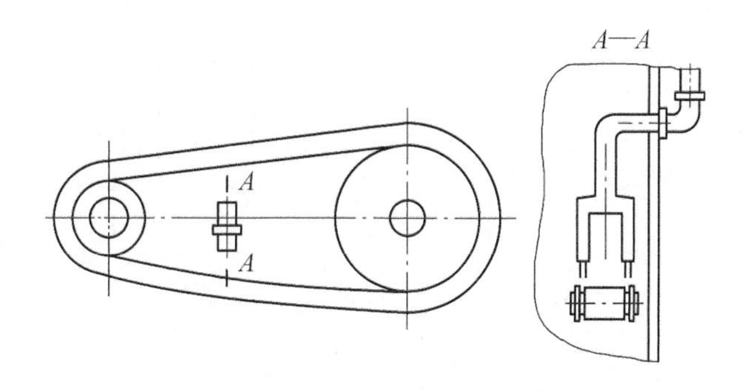

图 3-20 链传动的润滑 2

3）油浴润滑或用甩油盘将油甩起，以进行飞溅润滑，如图 3-21 所示。

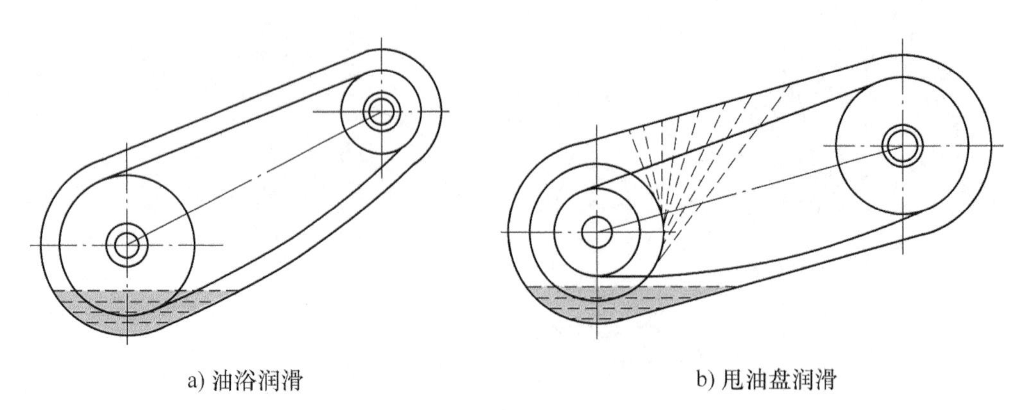

a) 油浴润滑　　b) 甩油盘润滑

图 3-21　链传动的润滑 3

4）用油泵经油管向链条连续供油，循环油可起润滑和冷却的作用。

课后练习

1. 链传动的失效形式有________、________、________、________、________。

2. 链传动只能布置在铅垂面内，不能布置在________。

3. 两轮中心线最好水平或与水平面夹角________。

4. 链传动与带传动相比，具有哪些特点？

5. 链传动的布置主要考虑哪些因素？

单元4 齿轮传动

项目1　齿轮传动的类型和应用

知识目标：

1. 能分析齿轮传动的类型及特点。
2. 能叙述齿轮的结构、材料及润滑。
3. 能分析齿轮的失效形式。

技能目标：

能够计算齿轮传动的传动比。

综合职业能力目标：

利用学习资料，与小组成员讨论分析齿轮传动的类型及特点，合作制定预防齿轮失效的合理方案。

课堂讨论

思考讨论图4-1中的仪表设备是通过什么机构来进行动力和运动的传递？

图 4-1　常见仪表设备

问题与思考

在我们日常的生产生活中，经常遇到或见到利用齿轮传动的仪器设备，为什么选择齿轮传动呢？

项目描述

在机械加工中车床是常用的机械加工设备，它的主要运动和动力的传递就来自齿轮传动。本项目就是要带领大家通过认识车床，了解齿轮传动的类型及特点。

相关知识

齿轮传动是利用齿轮副来传递运动和动力的一种机械传动，可以用来传递空间任意两轴间的运动，而且传动准确可靠、效率高。齿轮副中一对齿轮的轮齿依次交替接触，从而实现一定规律的相对运动的过程和形态，称为啮合。齿轮传动属于啮合传动。

齿轮传动的组成

车床是主要用车刀对旋转的工件进行车削加工的机床，如图4-2所示。在车床上还可用钻头、扩孔钻、铰刀、丝锥、板牙和滚花工具等进行相应的加工。齿轮传动是车床传递运动和动力的主要方式。

图 4-2　车床

一、齿轮传动的类型

齿轮传动的分类及应用场合

1. 齿轮传动的常用类型

齿轮传动的类型很多，常用类型见表 4-1。

表 4-1　齿轮传动的常用类型

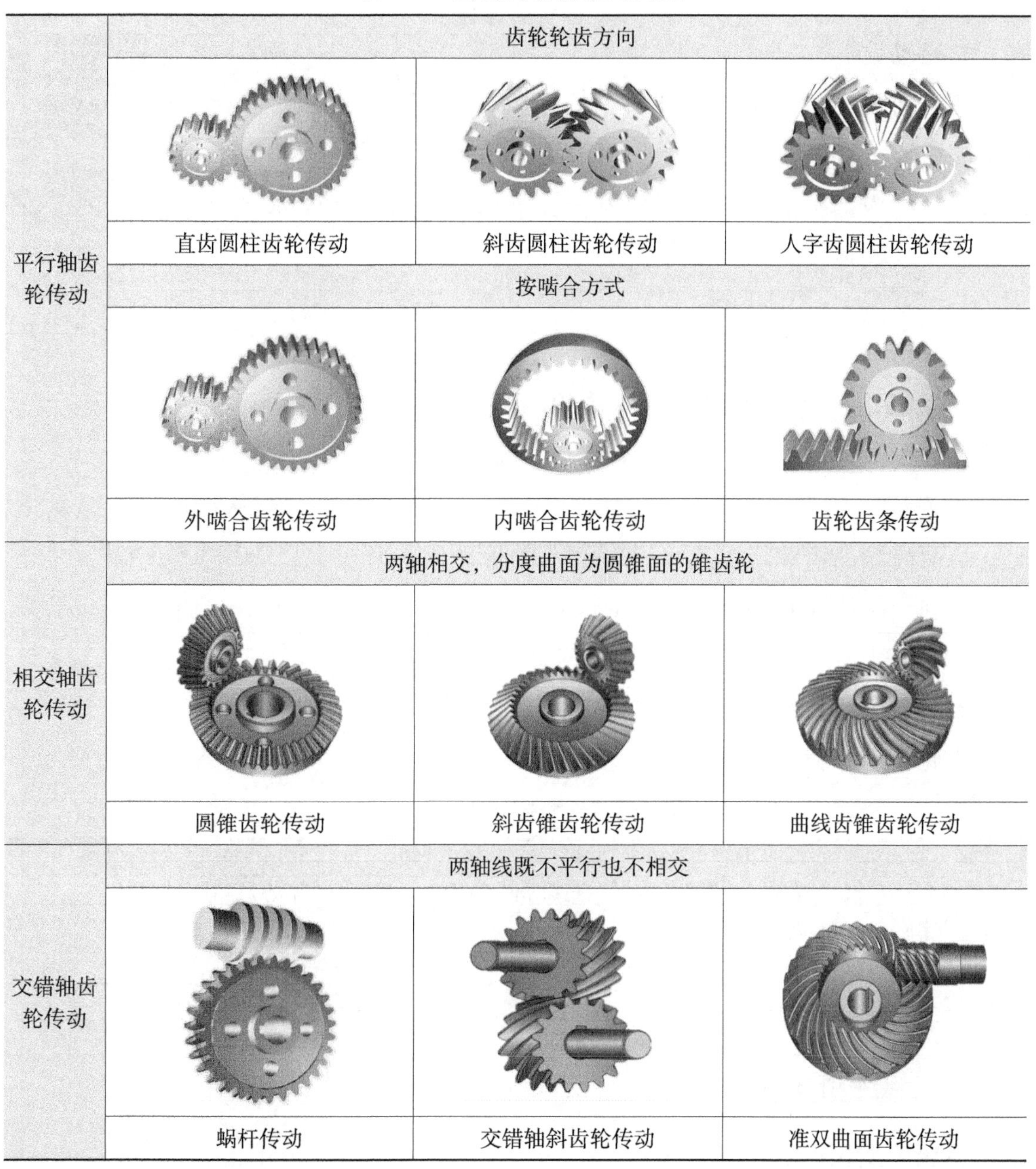

平行轴齿轮传动	齿轮轮齿方向		
	直齿圆柱齿轮传动	斜齿圆柱齿轮传动	人字齿圆柱齿轮传动
	按啮合方式		
	外啮合齿轮传动	内啮合齿轮传动	齿轮齿条传动
相交轴齿轮传动	两轴相交，分度曲面为圆锥面的锥齿轮		
	圆锥齿轮传动	斜齿锥齿轮传动	曲线齿锥齿轮传动
交错轴齿轮传动	两轴线既不平行也不相交		
	蜗杆传动	交错轴斜齿轮传动	准双曲面齿轮传动

2. 齿轮传动的其他类型

齿轮传动的其他类型见表 4-2。

表 4-2　齿轮传动的其他类型

类型	按齿廓曲线				按速度高低			按传动比		按封闭形式	
名称	渐开线齿轮传动	摆线齿轮传动	圆弧齿轮传动	抛物线齿轮传动	高速齿轮传动	中速齿轮传动	低速齿轮传动	定传动比齿轮传动	变传动比齿轮传动	开式齿轮传动	闭式齿轮传动

二、齿轮传动的应用特点

1. 传动比

在一对齿轮传动中，主动齿轮的齿数为 z_1、转速为 n_1，从动齿轮的齿数为 z_2、转速为 n_2，主动齿轮每转过一个齿，从动齿轮也转过一个齿，单位时间内主动齿轮与从动齿轮转过的齿数应相等，即 $n_1z_1=n_2z_2$，由此可得齿轮传动的传动比为

$$i_{12}=\frac{n_1}{n_2}=\frac{z_2}{z_1} \tag{4-1}$$

式中　n_1，n_2——主动齿轮、从动齿轮的转速（r/min）；

　　　z_1，z_2——主动齿轮、从动齿轮的齿数。

式（4-1）说明：齿轮传动的传动比是主动齿轮转速 n_1 与从动齿轮转速 n_2 之比，与两齿轮的齿数成反比。一对齿轮的传动比不宜过大，否则会使结构尺寸过大，不利于制造和安装。通常一对圆柱齿轮的传动比 i_{12}=5~8，一对锥齿轮的传动比 i_{12}=3~5。

2. 齿轮传动的应用特点

齿轮传动的应用特点见表 4-3。

表 4-3　齿轮传动的应用特点

优点	缺点
能保证瞬时传动比的恒定，平稳性较高，传递运动准确可靠	工作中有振动、冲击、噪声
传递功率速度范围较大	不能实现无级变速
结构紧凑，工作可靠	齿轮安装要求较高
传动效率高，使用寿命长	不适用于中心距较大的场合

三、齿轮的结构

齿轮的结构形式一般有四种。

1. 齿轮轴

当齿轮的齿根圆到键槽底面的距离 e 很小时，如圆柱齿轮 $e \leqslant$ 2.5mm、锥齿

轮的小端 $e \leqslant 1.6\text{m}$，为了保证轮毂键槽足够的强度，应将齿轮与轴做成一体，形成齿轮轴。图 4-3 所示为圆柱齿轮齿轮轴和锥齿轮齿轮轴。

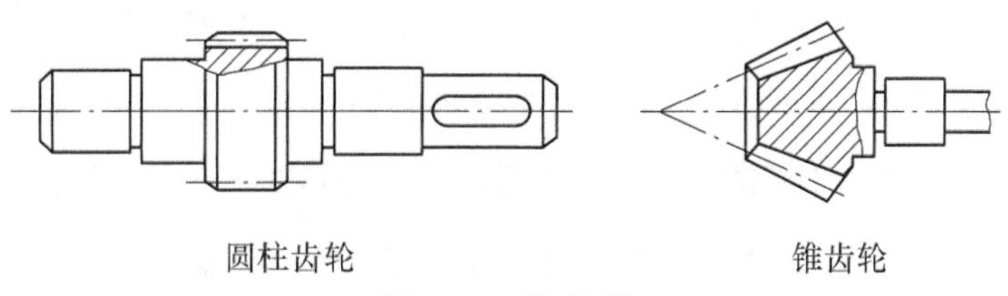

图 4-3 齿轮轴

2. 实心式齿轮

当齿顶圆直径 $d_a \leqslant 200\text{mm}$ 或高速传动且要求低噪声时，可采用实心结构。图 4-4 所示为实心式圆柱齿轮和实心式锥齿轮。实心齿轮和齿轮轴可以用热轧型材或锻造毛坯加工。

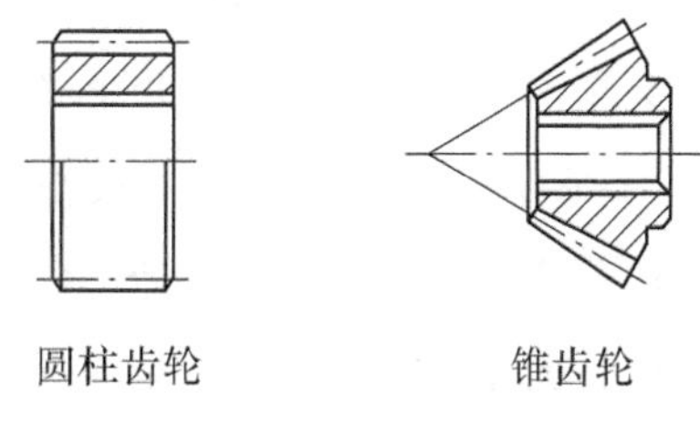

图 4-4 实心式齿轮

3. 腹板式齿轮

当齿顶圆直径 $d_a \leqslant 500\text{mm}$ 时，可采用腹板式结构，以减轻重量、节约材料。图 4-5 所示为腹板式圆柱齿轮和腹板式锥齿轮，通常多选用锻造毛坯，也可用铸造毛坯及焊接结构。有时为了节省材料或解决工艺问题等，而采用组合装配式结构，用过盈组合和螺栓联接组合。

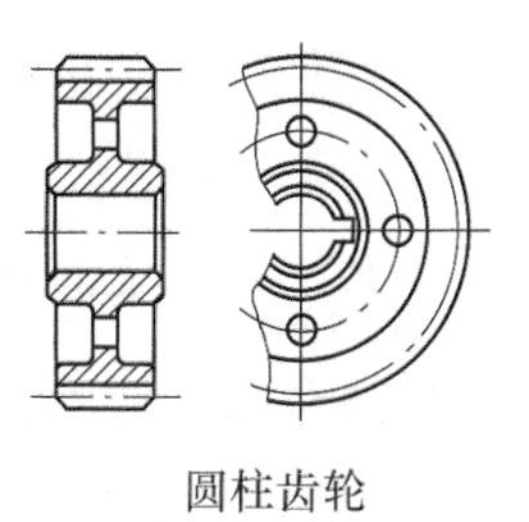

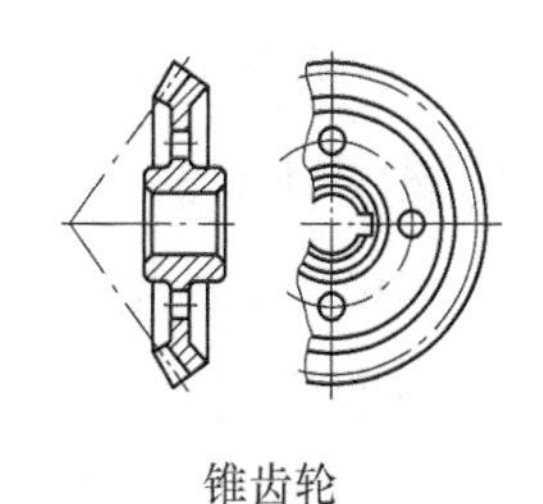

图 4-5 腹板式齿轮

4. 轮辐式齿轮

当齿顶圆直径 $d_a > 500\text{mm}$ 时，采用轮辐式结构。图 4-6 所示为轮辐式圆柱齿轮。受锻造设备的限制，轮辐式齿轮多为铸造齿轮。轮辐剖面形状可以采用椭圆形（轻载）、十字形（中载）及工字形（重载）等。

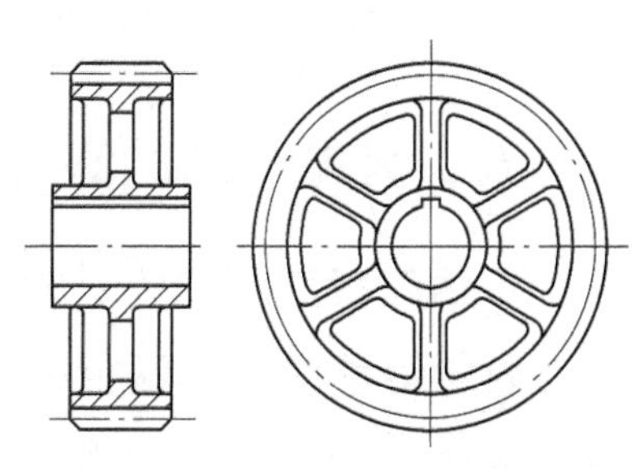

图 4-6 轮辐式圆柱齿轮

四、齿轮的常用材料及热处理

齿轮材料的种类很多，在选择时应考虑的因素也很多。

1）齿轮材料必须满足工作条件的要求。例如，用于飞行器上的齿轮，要满足质量小、传递功率大和可靠性高的要求，因此必须选择力学性能高的合金钢；矿山机械中的齿轮传动，一般功率很大、工作速度较低、周围环境中粉尘含量极高，因此往往选择铸钢或铸铁等材料；家用及办公用机械的功率很小，但要求传动平稳、低噪声或无噪声及能在少润滑状态下正常工作，因此常选用工程塑料作为齿轮材料。总之，工作条件的要求是选择齿轮材料时首先应考虑的因素。

2）应考虑齿轮尺寸的大小、毛坯成型方法及热处理和制造工艺。大尺寸的齿轮一般采用铸造毛坯，可选用铸钢或铸铁做齿轮材料；中等或中等以下尺寸而又要求较高的齿轮常选用锻造毛坯，也可选择锻钢制作；当尺寸较小而又要求不高时，可选用圆钢做毛坯。齿轮表面硬化的方法有：渗碳、渗氮和表面淬火。在采用渗碳工艺时，应选用低碳钢或低碳合金钢做齿轮材料；渗氮钢和调质钢能采用渗氮工艺；在采用表面淬火时，对材料没有特别的要求。

3）正火碳钢，不论毛坯的制作方法如何，只能用于制作载荷平稳和轻度。冲击下工作的齿轮，不能承受大的冲击载荷；调质碳钢可用于制作在中等冲击载荷下工作的齿轮。

4）合金钢常用于制作高速、重载并在冲击载荷下工作的齿轮。

5）飞行器中的齿轮传动，要求齿轮尺寸尽可能小，应采用表面硬化处理的高强度合金钢。

6）金属制的软齿面齿轮，配对两轮齿面的硬度差应保持为30~50HBW或更多。当小齿轮与大齿轮的齿面具有较大的硬度差（如小齿轮齿面为淬火并磨制，大齿轮齿面为正火或调质），且速度又较高时，较硬的小齿轮齿面对较软的大齿轮齿面会起较显著的冷作硬化效应，从而提高了大齿轮齿面的疲劳极限。因此，当配对的两齿轮齿面具有较大的硬度差时，大齿轮的接触疲劳许用应力可提高约20%，但应注意硬度高的齿面，粗糙度值也要相应地减小。

五、齿轮传动的润滑

1. 齿轮传动润滑的目的

齿轮传动时，相啮合的齿面间有相对滑动，因此就会产生摩擦和磨损，增加动力消耗，降低传动效率。对齿轮传动进行润滑，就是为了避免金属直接接触，减少摩擦磨损，同时还可以起到散热和防锈蚀的目的。

2. 齿轮传动的润滑方式

开式及半开式齿轮传动或速度较低的闭式齿轮传动，通常采用人工周期性加油润滑。通用的闭式齿轮传动，常采用图4-7所示的浸油润滑和喷油润滑。

当齿轮的圆周速度$v<12$m/s时，常将大齿轮的轮齿浸入油池中进行浸油润滑。齿轮浸入油中的深度可视齿轮的圆周速度大小而定，对圆柱齿轮通常不宜超过一

个齿高，但一般不应小于 10mm；对锥齿轮应浸入全齿宽，至少应浸入齿宽的 1/2。在多级齿轮传动中，可借带油轮将油带到未进入油池内的齿轮的齿面上，图 4-8 所示为用带油轮带油进行润滑的方式。

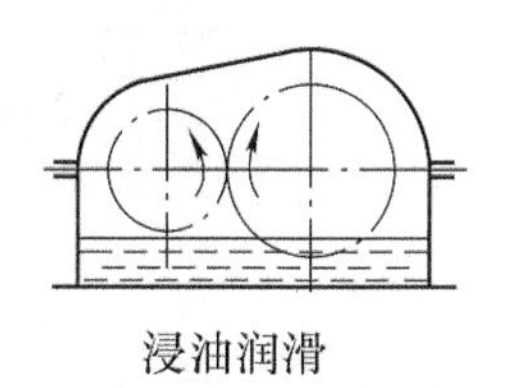

喷油润滑

图 4-7　齿轮润滑

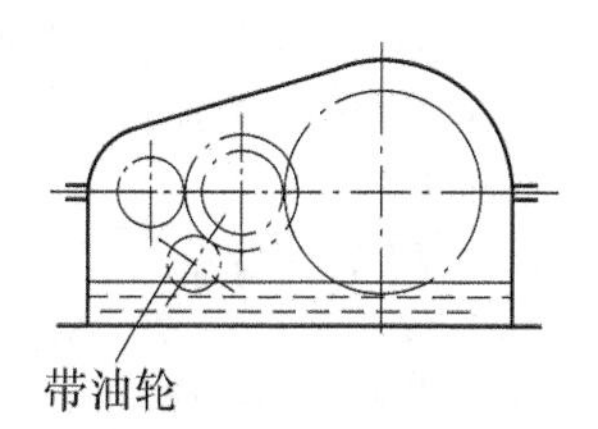

图 4-8　用带油轮带油

当齿轮的圆周速度 $v > 12\text{m/s}$ 时，应采用喷油润滑，即由油泵或中心油站以一定的压力供油，借喷嘴将润滑油喷到轮齿的啮合面上。当 $v \leqslant 25\text{m/s}$ 时，喷嘴位于轮齿啮入边或啮出边均可；当 $v > 25\text{m/s}$ 时，喷嘴应位于轮齿啮出的一边，以便借润滑油及时冷却刚啮合过的轮齿，同时对轮齿进行润滑。

3. 润滑油的选择

齿轮传动常用的润滑剂为润滑油或润滑脂。在选用时，应根据齿轮的工作情况（转速高低、载荷大小、环境温度等）选择润滑剂的黏度、牌号。

六、齿轮传动的失效

在齿轮传动过程中，若齿轮发生折断、齿面损坏等现象，使齿轮失去了正常的工作能力，称为齿轮传动的失效。齿轮传动的失效主要是轮齿失效，其主要形式有轮齿折断、齿面点蚀、齿面胶合、齿面磨损、齿面塑变（塑性变形），见表 4-4。

表 4-4　齿轮主要失效形式

形式	失效原因	发生部位	失效后果	改善措施	图例
轮齿折断	疲劳折断：属静强度破坏 过载折断：轮齿受冲击载荷或短时间过载，突然折断。多见于脆性材料齿轮	局部折断：齿宽较大的直齿轮或斜齿轮 整体折断：齿宽较小的直齿轮	轮齿折断常常突然发生，后果是传动失效。不但会使齿轮传动和机器不能工作，甚至会造成重大事故	1）增大齿根厚度，提高齿面硬度，从而提高齿根的抗弯强度 2）增大齿面过渡圆角半径，降低表面粗糙度，减少加工损伤，从而减少应力集中 3）提高轮齿精度，提高轮齿支撑刚度，从而改善载荷分布	

（续）

形式	失效原因	发生部位	失效后果	改善措施	图例
齿面点蚀	轮齿在节圆附近的一对齿受力，载荷大 滑动速度低，形成油膜条件差 接触疲劳产生麻点	偏向齿根的节线附近 闭式齿轮传动的主要破坏形式	振动、噪声增大，传动不平稳，承载能力下降	1）提高齿面硬度 2）提高润滑油黏度 3）减小齿面粗糙度	
齿面胶合	齿面间压力大，瞬时速度大，润滑效果差，在高温高压下，相啮合两接触的齿面黏合在一起，在齿轮继续运动时黏着点被撕破，齿面出现撕裂沟痕	靠近齿顶或齿根部	引起强烈的磨损和发热，传动不平稳，导致齿轮报废	1）采用抗胶合性能好的齿轮材料 2）采用极压润滑油 3）提高齿面硬度，减小表面粗糙度	
齿面磨损	1）由于硬的颗粒进入齿面引起的磨粒磨损 2）由于两齿面存在相互相对滑动摩擦引起的研磨磨损	整个齿廓	1）齿形破坏，传动精度降低，间隙增大，有噪声，有冲击 2）轮齿变薄，易折断	1）改开式传动为闭式传动 2）提高齿面硬度，降低表面粗糙度 3）注意润滑油的清洁，定期更换	
齿面塑变	在过大的应力作用下，轮齿表面材料处于屈服状态，在齿面切向力作用下产生材料塑性流动，即塑性变形		齿形被破坏，传动不平稳，齿厚减薄，抗弯能力下降，轮齿易折断	1）提高齿面的硬度 2）采用高黏度的或加有极压添加剂的润滑油均有助于减缓或防止齿轮产生塑性变性	

知识拓展

提高轮齿对上述几种失效形式的抵抗能力，除上面所说的办法外，还有减小轮齿表面粗糙度值，适当选配主、从动齿轮的材料及硬度，进行适当的磨合（跑合），以及选用合适的润滑剂及润滑方法等。轮齿的失效形式很多，除上述五种主要形式外，还可能出现齿面熔化、齿面烧伤、电蚀、异物啮入和由于不同原因产生的多种腐蚀和裂纹等，这方面的知识可参看有关资料。

课后练习

1. 齿轮传动是利用主动齿轮、从动齿轮之间轮齿的________来传递运动和动力的。

2. 齿轮传动与带传动、链传动、摩擦传动相比，具有功率范围________，传动效率________，传动比________，使用寿命________等一系列特点，所以应用广泛。

3. 齿轮传动的传动比是指主动齿轮与从动齿轮转速之比，与齿数成反比，用公式表示为________。

4. 齿轮传动获得广泛应用的原因是能保证瞬时传动比________，工作可靠性________，传递运动________等。

5. 按轮齿的方向分类，齿轮可分为________圆柱齿轮传动、________圆柱齿轮传动和人字齿圆柱齿轮传动。

6. 齿轮传动的定义是什么?

7. 齿轮传动的类型有哪些?

8. 齿轮的结构和常用材料有哪些?

9. 齿轮传动的失效形式有哪些?

项目2 渐开线齿轮的基本参数和几何尺寸的计算

学习目标

知识目标：

1. 能叙述齿轮传动对齿廓曲线的基本要求，理解渐开线的形成。

2. 能叙述渐开线标准直齿圆柱齿轮各部分名称、基本参数和几何尺寸计算。

3. 掌握渐开线直齿圆柱齿轮的正确啮合条件。

技能目标：

能够计算渐开线标准直齿圆柱齿轮的几何尺寸。

综合职业能力目标：

利用学习资料，与小组成员讨论渐开线标准直齿圆柱齿轮，分析应用特点。

课堂讨论

图 4-9　齿轮传动

问题与思考

如何计算渐开线标准直齿圆柱齿轮的几何尺寸？

项目描述

车床主轴箱的主要任务是将主电动机传来的旋转运动经过一系列的变速机构使主轴得到所需的正反两种转向的不同转速，同时主轴箱分出部分动力将运动传给进给箱。主轴箱中所有的动力和运动传动都是由齿轮传动来完成的。本项目就是要带领大家通过认识车床主轴箱，了解渐开线标准直齿圆柱齿轮的基本参数和几何尺寸的计算。

图4-10所示为主轴箱内齿轮传动示意图。主轴箱中的主轴是车床的关键零件。主轴在轴承上运转的平稳性直接影响工件的加工质量，一旦主轴的旋转精度降低，机床的使用价值就会降低。

图 4-10　主轴箱

相关知识

一、渐开线齿廓

1. 渐开线的形成与性质

如图 4-11 所示，在某平面上，动直线 AB 沿一固定圆做纯滚动，此动直线 AB 上任意一点 K 的运动轨迹 CK 称为该圆的渐开线，该圆称为渐开线的基圆，其半径以 r_b 表示，直线 AB 称为渐开线的发生线。渐开线的性质见表4-5。

以渐开线为齿廓曲线的齿轮称为渐开线齿轮，同一基圆的两条相反（对称）渐开线组成的齿轮称为渐开线齿轮，如图4-12所示。

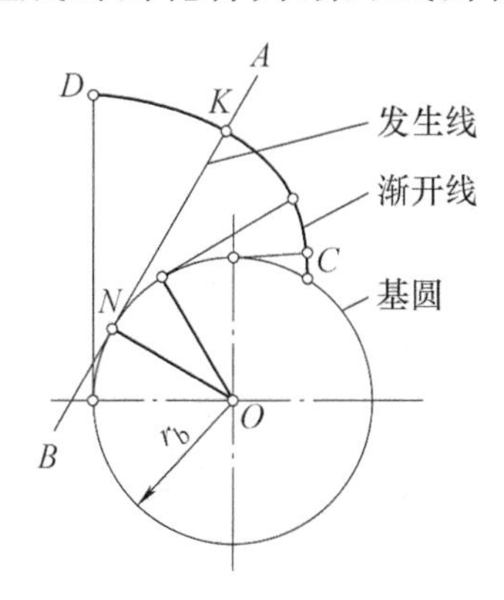

图4-11 渐开线的形成

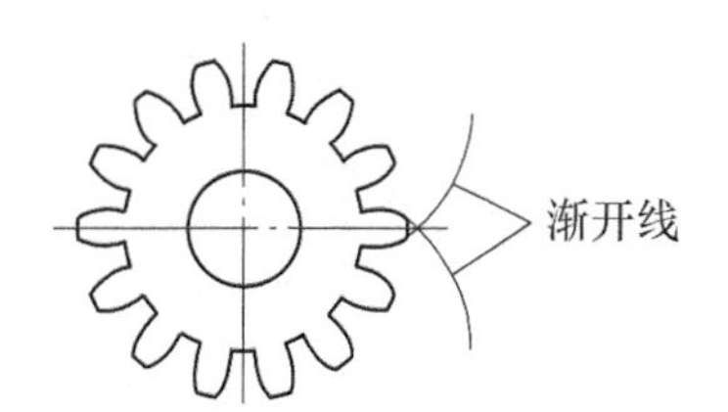

图4-12 渐开线齿轮

表4-5 渐开线的性质

性质	说明
发生线在基圆上滚过的线段长度等于基圆上被滚过的一段弧长	因为是纯滚动而无滑动，所以 $NK = NC$
渐开线上任意一点 K 的法线 NK 必切于基圆	发生线上的 NK 一定与渐开线上 K 点处的切线相垂直，所以 NK 是渐开线上 K 点的法线。又因为发生线上的 NK 是与基圆相切的，所以渐开线上任意点的法线必与基圆相切
渐开线上各点的曲率半径不相等	NK 为渐开线上 K 点的曲率半径，K 点离基圆越远，其曲率半径越大、曲率越小，渐开线越趋于平直。反之，曲率半径越小，曲率越大，渐开线越弯曲。基圆上点的曲率半径为0
渐开线的形状取决于基圆的大小	基圆相同，渐开线形状完全相同。基圆越小，渐开线越弯曲；基圆越大，渐开线越趋于平直。当基圆半径趋于无穷大时，渐开线形成一条直线，则齿轮成为齿条
同一基圆形成的任意两条反向渐开线间的公法线长度处相等	公法线长度是指两异侧齿面相切的两平行平面间的距离，在切点上公法线是两异侧齿面的法线，又是齿轮基圆的切线
基圆内无渐开线	发生线是在基圆（发生圆）上做滚动，所以基圆内无渐开线
渐开线上各点压力角不相等，越远离基圆压力角越大，基圆上的压力角等于零	压力角是作用力方向与运动方向的夹角，渐开线齿廓在不同半径处的压力角是不同的，国家标准规定渐开线圆柱齿轮分度圆上的压力角为20°

2. 渐开线齿廓的啮合特性

图4-13所示为一对渐开线齿廓在任意点 K 啮合，K 称为啮合点。过 K 点作两齿廓的公法线 N_1N_2，根据渐开线性质该公法线就是两基圆的公切线。当两齿廓转到 K' 点啮合时，过 K' 点所作公法线也是两基圆的公切线。因此，不论齿轮在哪一点啮合，啮合点总是在这条公法线上，故该公法线也称为啮合线。该线与

连心线 O_1O_2 的交点 C 是一固定点，称为节点，分别以轮心 O_1、O_2 为圆心，以 O_1C、O_2C 为半径所作的两个相切的圆称为节圆，过节点 C 作两节圆的公切线 tt（即 C 点处的运动方向）与啮合线 N_1N_2 所夹的锐角 α 称为啮合角。只有当齿轮啮合时才产生节点、节圆和啮合角，单个齿轮不存在节点、节圆和啮合角。

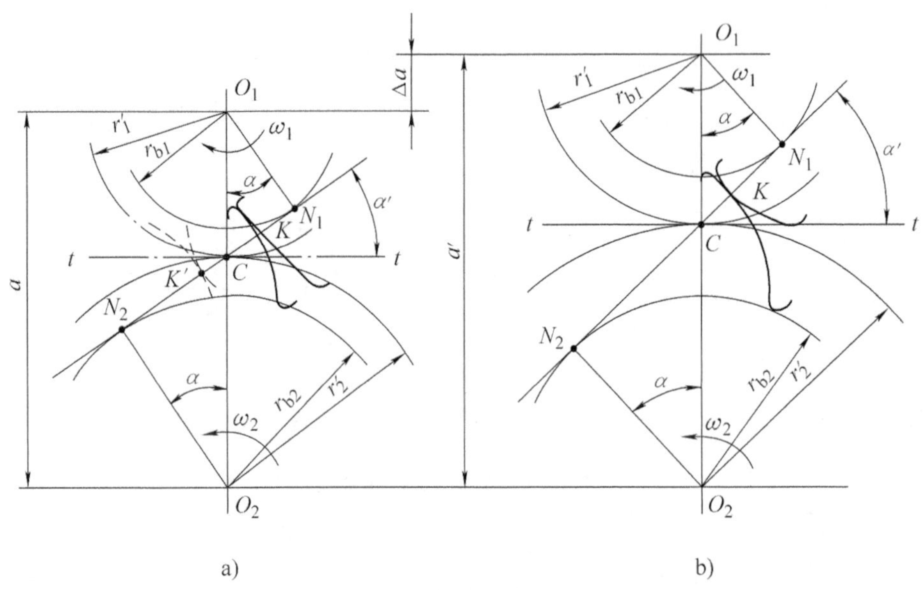

图 4-13　渐开线齿轮的啮合传动

渐开线齿廓的啮合特性见表 4-6。

表 4-6　渐开线齿廓的啮合特性及说明

啮合特性	说明
能保证瞬时传动比的恒定	瞬时传动比是指主动齿轮角速度 ω_1 与从动齿轮角速度 ω_2 之比，对于渐开线齿轮传动来说，瞬时传动比也等于主动齿轮和从动齿轮基圆半径的反比。由于两啮合齿轮的基圆半径是定值，所以渐开线齿轮传动的瞬时传动比能保持恒定不变
具有传动的可分离性	当一对渐开线齿轮制成之后，其基圆半径是不会改变的，即使两轮的中心距稍有改变，其瞬时传动比仍能保持不变，这种性质说明渐开线齿轮具有可分离性。实际上，制造、安装误差或轴承磨损常常导致中心距微小改变，但由于其具有可分离性，所以仍能保持良好的传动性能，如图 4-13b 所示

二、渐开线标准直齿圆柱齿轮各部分名称

图 4-14 所示为渐开线标准直齿圆柱齿轮的局部，其主要几何要素见表 4-7。

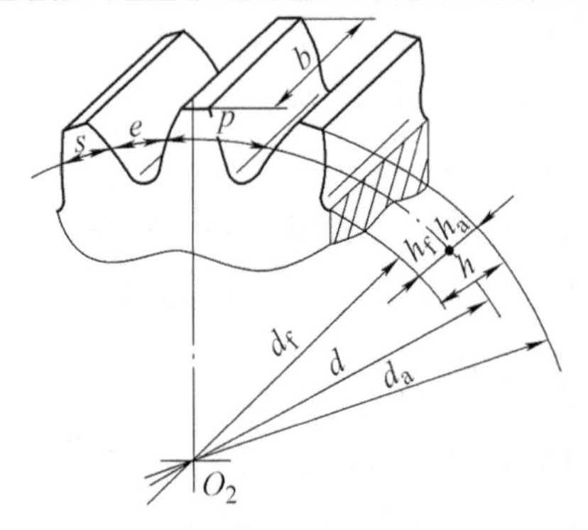

图 4-14　渐开线标准直齿圆柱齿轮的局部

表 4-7 渐开线标准直齿圆柱齿轮主要几何要素

名称	定义	代号
齿顶圆	通过齿轮顶部的圆周	d_a
齿根圆	通过齿轮根部的圆周	d_f
分度圆	齿轮上具有标准模数和标准压力角的圆	d
齿厚	在端平面（垂直于齿轮轴线的平面）上，一个齿的两侧端面齿廓之间的分度圆弧长	s
槽宽	在端平面上，一个齿槽的两侧端面齿廓之间的分度圆弧长	e
齿距	两个相邻且同端面齿廓之间的分度圆弧长	p
齿宽	齿轮有齿部位沿分度圆柱面直素线方向量取的宽度	b
齿顶高	齿顶圆与分度圆之间的径向距离	h_a
齿根高	齿根圆与分度圆之间的径向距离	h_f
齿高	齿顶圆与齿根圆之间的径向距离	h

三、渐开线标准直齿圆柱齿轮的基本参数

图 4-15 所示为标准直齿圆柱齿轮，标准直齿圆柱齿轮的参数有 5 个：齿数 z、模数 m、压力角 α、齿顶高系数 h_a^*、顶隙系数 c^*。其中，m、α、h_a^*、c^* 已标准化。如果 m、α、h_a^*、c^* 是标准值，且 $s=e$，称为标准齿轮。

图 4-15 标准直齿圆柱齿轮

1. 模数 m

齿距 p 与圆周率 π 的商称为模数，即 $m=p/\pi$，单位为 mm。为了便于齿轮的设计和制造，模数已经标准化，我国规定的标准模数系列值见表 4-8。

表 4-8 标准模数系列值（摘自 GB/T 1357—2008） （单位：mm）

第 I 系列	1	1.25	1.5	2	2.5	3	4	5	6
	8	10	12	16	20	25	32	40	50
第 II 系列	1.125	1.375	1.75	2.25	2.75	3.5	4.5	5.5	（6.5）
	7	9	11	14	18	22	28	35	45

注：优先采用第 I 系列法向模数。应避免选用第 II 系列中的法向模数 6.5。

模数是进行齿轮几何尺寸计算的一个基本参数。齿数相同的齿轮，模数 m（p 越大）越大，齿轮尺寸也大，齿轮的抗弯能力越高，承载能力越强；分度圆直径相等的齿轮，模数越大，承载能力也越强，如图 4-16 所示。

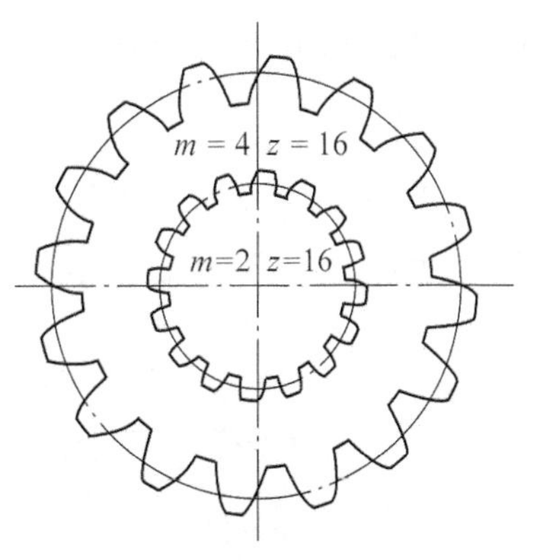

图 4-16 模数大小与齿轮尺寸大小的比较

2. 压力角 α

压力角是齿轮的又一个重要的基本参

数，就单个齿轮而言，在端平面上过端面齿廓上任意一点的径向直线与齿廓在该点处的切线所夹的锐角，用 α 表示，如图 4-17 所示，K 点的压力角为 α_K。渐开线齿廓上各点的压力角不相等，K 点离基圆越远，压力角越大，基圆上的压力角 $\alpha=0°$。

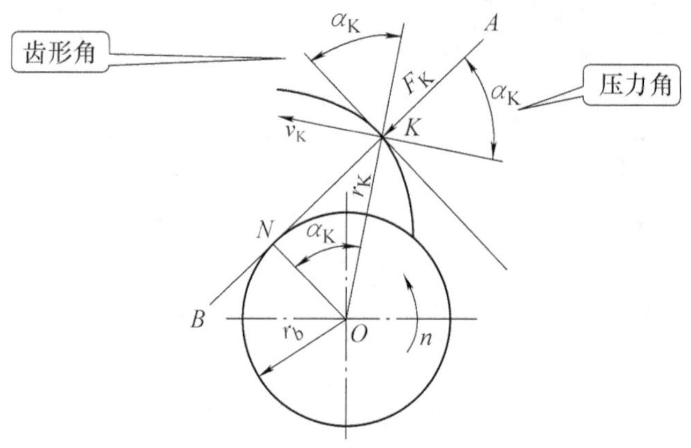

图 4-17　齿轮轮齿的齿形角与压力角的关系

在齿轮传动中，齿廓曲线和分度圆交点处的速度方向与该点的法线方向（力的作用线方向）所夹的锐角称为分度圆压力角，分度圆压力角越小，渐开线齿轮传动越省力。通常所说的压力角是指分度圆上的压力角。国家标准规定渐开线圆柱齿轮的压力角 $\alpha=20°$。渐开线圆柱齿轮分度圆上的压力角 α 的大小，可用下式表示：

$$\cos\alpha=\frac{r_b}{r} \tag{4-2}$$

式中　α——分度圆上的压力角（°）；

r_b——基圆半径（mm）；

r——分度圆半径（mm）。

分度圆上压力角的大小对齿轮的形状有影响。如图 4-18 所示，当分度圆半径 r 不变时，压力角减小，基圆半径 r_b 增大，轮齿的齿顶变宽，齿根变瘦，承载能力降低；压力角增大，基圆半径 r_b 减小，轮齿的齿顶变尖，齿根变厚，其承载能力增大，但传动较费力。综合考虑，我国标准规定渐开线圆柱齿轮分度圆上的压力角 $\alpha=20°$。也就是采用渐开线上压力角为 20° 左右的一段作为齿轮的齿廓曲线，而不是任意的渐开线。

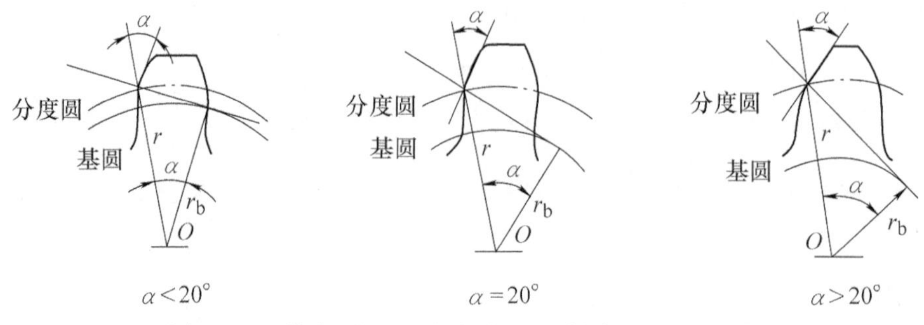

图 4-18　分度圆上压力角大小对轮齿形状的影响

3. 齿数 z

一个齿轮的轮齿总数用 z 表示，当模数一定时齿数越多齿轮的几何尺寸越大，如图 4-19 表示。

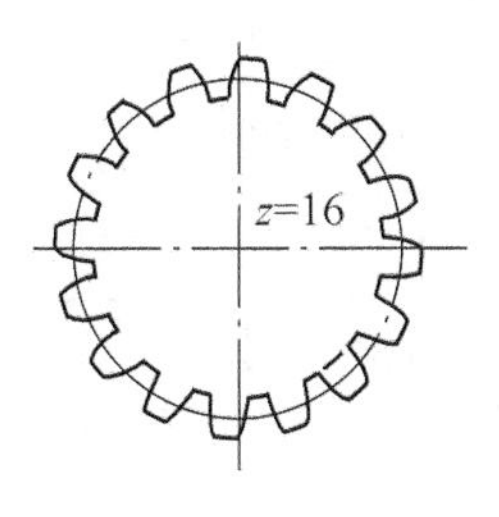

图 4-19 齿数

4. 齿顶高系数 h_a^*

为了使齿轮齿形匀称，齿顶高和齿根高与模数成正比，对于标准齿轮，规定 $h_a = h_a^* m$。h_a^* 称为齿顶高系数。我国标准规定，正常齿 $h_a^* = 1$。

5. 顶隙系数 c^*

当一对齿轮啮合时，为使一个齿轮的齿顶面不与另一个齿轮的齿槽底面相抵触，轮齿的齿根高应大于齿顶高，即应留有一定的径向间隙，称为顶隙，用 c 表示，如图 4-20 所示。对于标准齿轮，规定 $c = c^* m$。c^* 称为顶隙系数，我国标准规定：正常齿 $c^* = 0.25$。

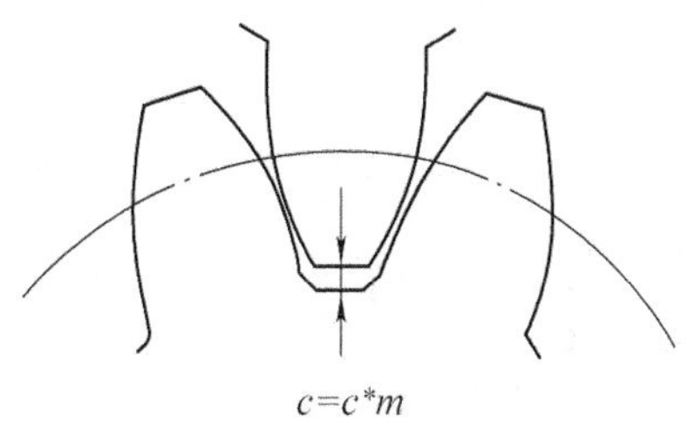

图 4-20 一对齿轮啮合时的顶隙

四、外啮合标准直齿圆柱齿轮的几何尺寸计算

外啮合标准直齿圆柱齿轮各部分的尺寸与模数有一定关系，计算公式见表 4-9。

表 4-9 外啮合标准直齿圆柱齿轮的几何尺寸计算公式

名称	代号	计算公式
压力角	α	标准齿轮为 20°
齿数	z	通过传动比计算确定
模数	m	通过传动比计算或结构设计确定
齿厚	s	$s=p/2=\pi m/2$
槽宽	e	$e=p/2=\pi m/2$
齿距	p	$p=\pi m$
齿顶高	h_a	$h_a=h_a^* m=m$
齿根高	h_f	$h_f=(h_a^*+c^*)m=1.25m$
齿高	h	$h=h_a+h_f=2.25m$
分度圆直径	d	$d=mz$
齿顶圆直径	d_a	$d_a=d+2h_a=m(z+2)$

（续）

名称	代号	计算公式
齿根圆直径	d_f	$d_f=d-2h_f=m(z-2.5)$
基圆直径	d_b	$d_b=d\cos\alpha$
标准中心距	a	$a=(d_1+d_2)/2=m(z_1+z_2)/2$

五、渐开线直齿圆柱齿轮传动的正确啮合条件

两渐开线直齿圆柱齿轮正确啮合的条件（见图 4-21）：

1）两齿轮的模数必须相等，即 $m_1=m_2$。

2）两齿轮分度圆上的压力角必须相等，即 $\alpha_1=\alpha_2$。

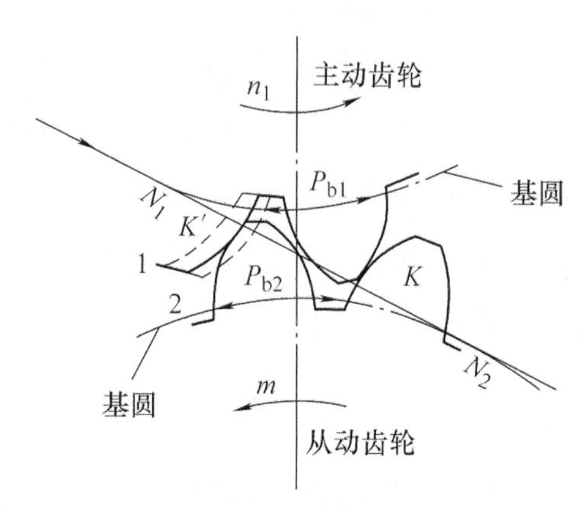

图 4-21　渐开线齿轮的正确啮合条件

六、直齿圆柱内啮合齿轮简介

图 4-22 所示为直齿圆柱内啮合齿轮的一部分，它与外啮合齿轮相比，具有以下不同点：

1）内齿轮的齿顶圆小于分度圆，齿根圆大于分度圆。

2）内齿轮的齿廓是内凹的，其齿厚和槽宽分别对应于外齿轮的齿槽和齿厚。

3）为了使内齿轮齿顶的齿廓全部为渐开线，其齿顶圆必须大于基圆 。

当要求齿轮传动轴平行、回转方向一致且传动结构紧凑时，可采用内啮合齿轮传动，如图 4-23 所示。

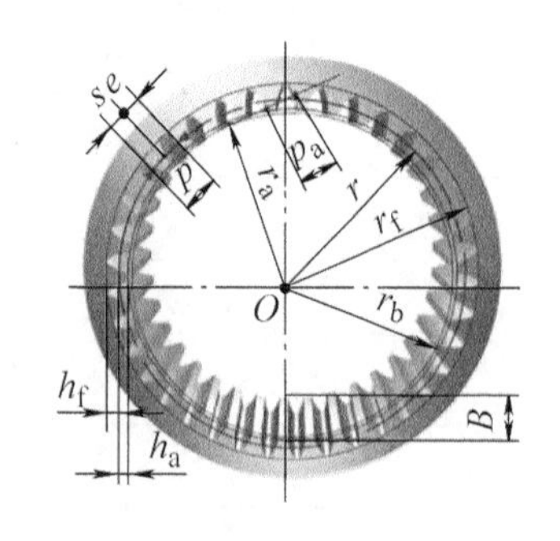

图 4-22　直齿圆柱内啮合齿轮

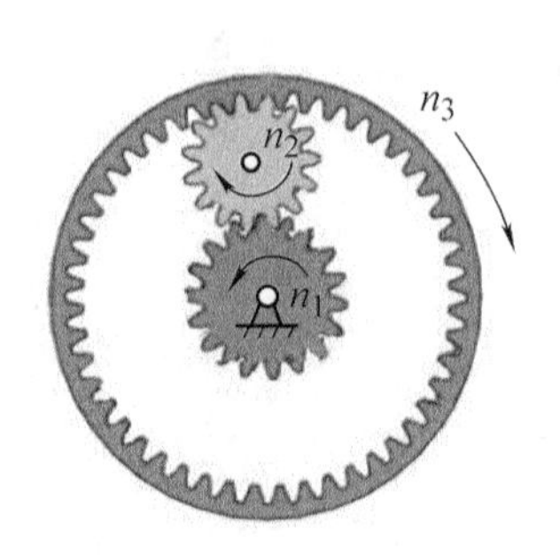

图 4-23　直齿圆柱内啮合齿轮传动

课后练习

1. 齿数相同的齿轮，模数越大，齿轮尺寸________，轮齿承载能力________。

2. 国家标准规定，渐开线圆柱齿轮分度圆上的齿形角等于________。

3. 国家标准规定，正常齿的齿顶高系数________。

4. 模数已经标准化，在标准模数系列表中选取模数时，应优先采用________系列的模数。

5. 直齿圆柱齿轮的正确啮合条件是：两齿轮的模数必须________；两齿轮分度圆上的齿轮角必须________。

6. 已知一对外啮合标准直齿圆柱齿轮的标准中心距 a=160mm，齿数 z_1=20，z_2=60，求模数和分度圆直径。

7. 已知一正常齿制标准直齿圆柱齿轮的齿数 z=25，齿顶圆直径 d_a=135mm，求该齿轮的模数。

项目 3　其他类型齿轮传动

学习目标

知识目标：

1. 掌握斜齿圆柱齿轮、齿条和直齿锥齿轮的结构。

2. 能叙述斜齿圆柱齿轮传动、齿轮齿条传动和直齿锥齿轮传动的应用特点。

3. 掌握斜齿圆柱齿轮和直齿锥齿轮的正确啮合条件。

技能目标：

能进行齿条移动速度计算。

综合职业能力目标：

利用学习资料，与小组成员讨论斜齿圆柱齿轮、齿条和直齿锥齿轮的结构，分析斜齿圆柱齿轮传动、齿轮齿条传动和直齿锥齿轮传动的应用特点。

课堂讨论

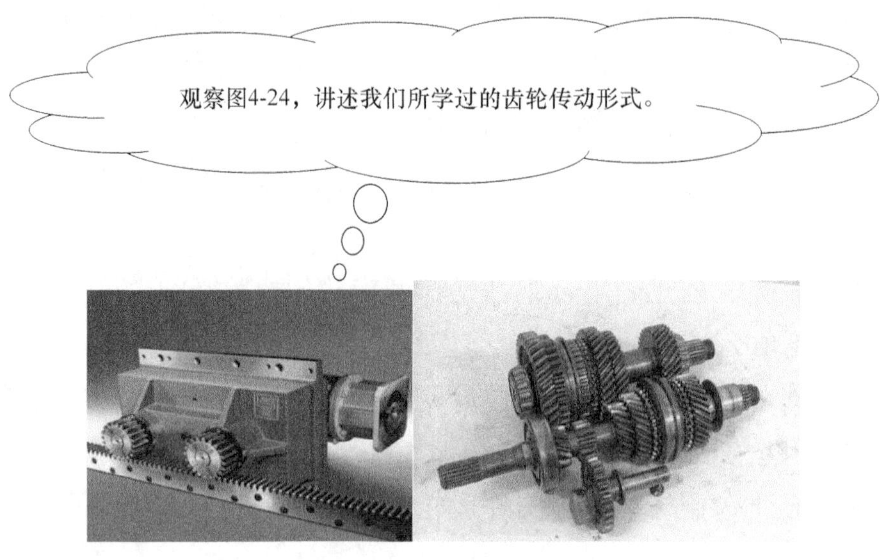

图 4-24　齿轮传动形式

问题与思考

我们通过学习了解了齿轮传动的类型，这些类型的齿轮传动都有哪些特点？它们的正确啮合条件有哪些？

项目描述

在生产加工中，数控设备的应用越来越多。自动送料装置是数控机床常用的辅助装置，它的工作原理就是利用液压、气动或齿轮齿条传动。本项目就是带领大家通过了解采用齿轮齿条传动的自动送料装置，了解各种常见类型的齿轮传动的特点及正确的啮合条件。

相关知识

一、斜齿圆柱齿轮传动

1. 斜齿圆柱齿轮齿廓曲面的形成

对于直齿圆柱齿轮，其端面的齿形等于任何一个与其轴线垂直的截面的齿形，所以齿轮的基圆应该是基圆柱，发生线应是发生面，K 点应是一条与轴线平

行的直线 KK。图 4-25 所示为当发生面沿基圆柱做纯滚动时，直线 KK 在空间运动的轨迹——渐开面，这就是直齿圆柱齿轮的齿面。

斜齿圆柱齿轮的齿面形成原理与直齿轮相似，所不同的是形成渐开面的直线 KK 相对于轴线方向偏转了一个角度 β_b，如图 4-26 所示。当发生面绕基圆柱做纯滚动时，斜直线 KK 的空间轨迹就形成了斜齿轮的齿廓曲面——渐开螺旋面。斜齿轮端面上的齿廓仍是渐开线。斜线 KK 与发生面在基圆柱上的切线 AA 之间的夹角 β_b 称为基圆螺旋角。β_b 角越大，轮齿越偏斜。当 β_b=0° 时，斜齿轮就演变为直齿轮了。所以，直齿轮是当斜齿轮的螺旋角等于 0° 时的特例。

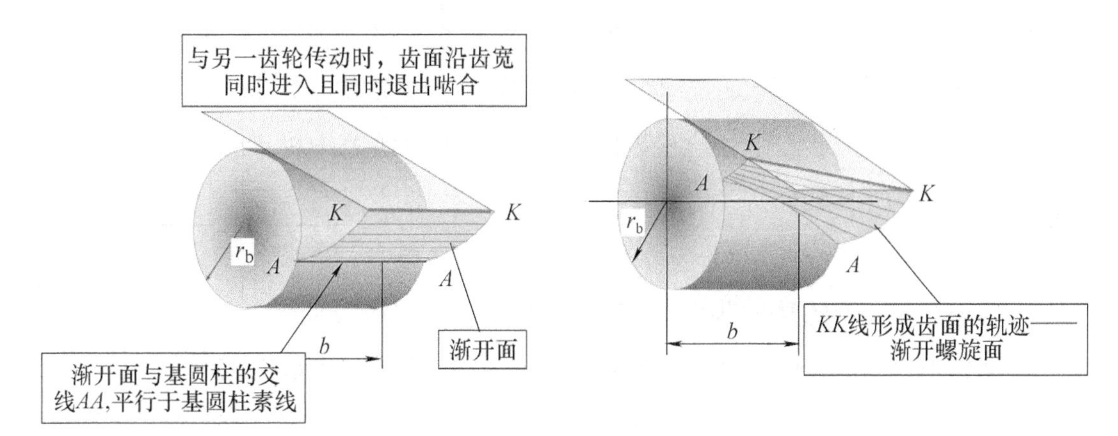

图 4-25 直齿轮齿廓的形成

图 4-26 斜齿轮齿廓的形成

2. 斜齿圆柱齿轮的啮合特性

一对渐开线斜齿轮啮合时，相互啮合的齿面是沿斜线接触的，所以斜齿圆柱齿轮啮合时，其瞬时接触线为一条斜线，而且两齿面开始进入啮合时是点接触，然后接触线逐渐延长，再由长变短至退出啮合。由于理论上两齿面的啮合过程的初始接触是点接触，所以在斜齿轮的啮合传动中，齿面接触冲击造成的噪声比直齿圆柱齿轮的噪声小，传动也比较平稳。故斜齿圆柱齿轮传动克服了直齿圆柱齿轮传动的缺点，使其能够适用于高速、重载的传动场合。

3. 斜齿圆柱齿轮的主要参数

由于斜齿轮的齿面为渐开螺旋面，故其端面齿廓与法向齿廓是不同的，因此，端面和法向的参数也不同。斜齿轮切齿刀具的选择及轮齿的切制以法向为准，其法向参数取标准值。但斜齿轮的几何尺寸计算却按端面参数进行，为此必须建立端面参数与法向参数之间的换算关系。

端面是指垂直于齿轮轴线的平面，用 t 做标记。法向平面是指与轮齿齿线垂直的平面，用 n 表示，如图 4-27 所示。

（1）斜齿圆柱齿轮的螺旋角　斜齿圆柱齿轮与直齿圆柱齿轮一样，也有齿顶圆柱面、齿根圆柱面、分度圆柱面等，它们与齿廓相交的螺旋线的螺旋角是不同的。图 4-27 所示为斜齿圆柱齿轮分度圆柱面的展开图。斜齿圆柱齿轮螺旋角 β 是指螺旋线与轴线的夹角。斜齿圆柱齿轮各个圆柱面的螺旋角不同，平时所说的螺旋角均指分度圆上的螺旋角，用 β 表示。β 越大，轮齿倾斜程度越大，因而传动平稳性越好，但轴向力也越大，所以一般取 β=8°~30°，常用 β=8°~15°。

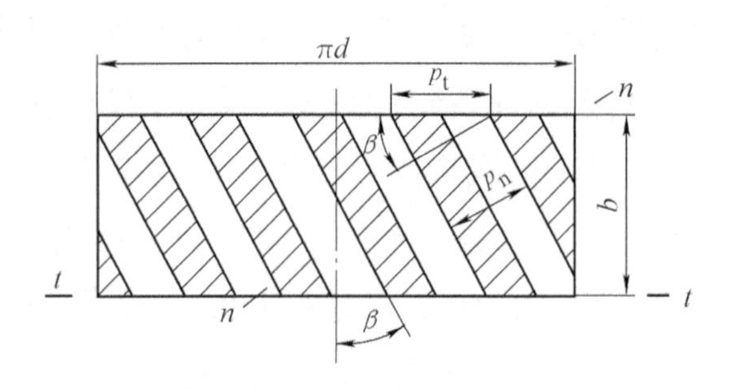

图 4-27　斜齿圆柱齿轮端面和法向平面的关系

（2）模数　国家标准规定，斜齿圆柱齿轮的法向模数为标准值。

根据图 4-27 所示几何关系可知：

$$p_n = p_t \cos\beta$$

式中　p_n、p_t——齿轮的法向齿距、端面齿距。

因为 $p_n=\pi m_n$，$p_t=\pi m_t$，所以斜齿轮的法向模数与端面模数的关系为

$$m_n = m_t \cos\beta$$

（3）压力角　在斜齿圆柱齿轮上法向压力角（α_n）和端面压力角（α_t）是不同的，国家标准规定法向压力角取标准值，即 α_n=20°。

（4）旋向　斜齿圆柱齿轮轮齿的螺旋线方向（即 β 角的旋向）分为左旋和右旋。判别方法为：将齿轮轴线垂直放置，轮齿自左至右上升者为右旋，反之为左旋，如图 4-28 所示。

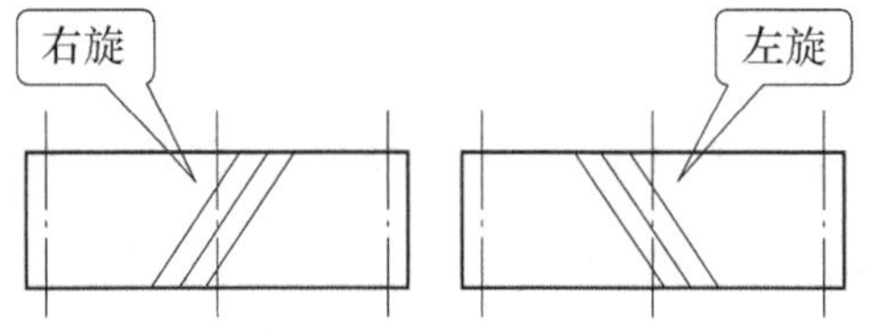

图 4-28　斜齿圆柱齿轮轮齿的螺旋方向判定

4. 斜齿圆柱齿轮的正确啮合条件

当一对外啮合斜齿圆柱齿轮用于平行轴传动时，正确的啮合条件如下：

1）两齿轮法向模数相等，即：$m_{n_1}=m_{n_2}=m$。

2）两齿轮法向压力角相等，即：$\alpha_{n_1}=\alpha_{n_2}=\alpha$。

3）两齿轮螺旋角相等、旋向相反，即：$\beta_1=-\beta_2$。

5. 斜齿圆柱齿轮传动的优缺点

与直齿圆柱齿轮相比，斜齿圆柱齿轮传动具有以下优、缺点：

1）由于重合度大，所以传动平稳、冲击和噪声都较小、啮合性能好；承载

能力强，可用于大功率传动。

2）斜齿轮不产生根切的最少齿数比直齿轮少，使齿轮机构的尺寸更加紧凑。

3）斜齿轮的制造成本及所用机床均与直齿轮相同。

4）由于有螺旋角，所以工作时会产生轴向分力，从而增加了轴承的负荷，对传动不利。

二、齿轮齿条传动

图4-29所示为齿轮齿条传动，是齿轮传动的一种特殊方式。齿轮齿条传动可以将齿轮的回转运动转换为齿条的往复直线运动，或将齿条的往复直线运动转换为齿轮的回转运动。

图4-29 齿轮齿条传动

1. 齿条

齿条就像一个直径无限大的齿轮，当齿轮的圆心位于无穷远处时，其上各圆的直径趋向于无穷大，齿轮上的基圆、分度圆、齿顶圆等成为基线、分度线、齿顶线等相互平行的直线，渐开线齿廓也变成了直线齿廓，齿轮即演化成为齿条，如图4-30所示。

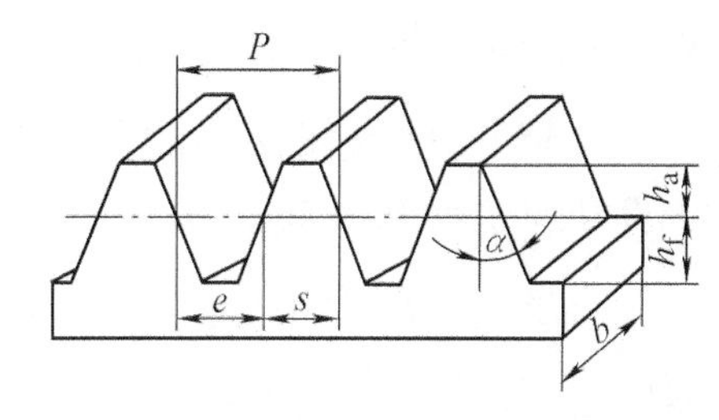

图4-30 齿条

齿条分为直齿条和斜齿条，与齿轮相比齿条有以下特点：

1）齿条齿廓线上各点的压力角均为标准值（20°），并且等于齿条齿廓的倾斜角。

2）齿条的两侧齿廓是由对称的斜直线组成的，因此在平行于齿顶线的各条直线上具有相同的齿距和模数。对标准齿条来说，只有其分度线（中线）上的齿厚等于槽宽，即$s=e$。

2. 齿条移动速度计算

齿条的移动速度公式为

$$v=n_1\pi d_1=n_1\pi m z_1 \tag{4-3}$$

式中 v——齿条的移动速度（mm/min）；

n_1——齿轮的转速（r/min）；

d_1——齿轮分度圆直径（mm）；

m——齿轮的模数（mm）；

z_1——齿轮的齿数。

齿轮回转一周，齿条移动距离：$L=\pi d_1=\pi m z_1$

三、直齿锥齿轮传动

直齿锥齿轮传动机构属于空间齿轮机构，用于传递两相交轴之间的运动和动力且轴交角最常用的是 90°。其轮齿分布在一个圆锥体上，齿廓从大端到小端逐渐变小。由于这个特点，相对应于圆柱齿轮的各有关“圆柱”在这里就都变为“圆锥”了，故有节圆锥、分度圆锥、基圆锥、齿顶圆锥和齿根圆锥等。显然，锥齿轮大端和小端的参数是不同的。为了计算和测量方便，规定大端上的参数为标准值。锥齿轮的轮齿分布在圆锥面上，有直齿、斜齿、曲齿 3 种，其中直齿锥齿轮应用最为广泛，如图 4-31 所示。

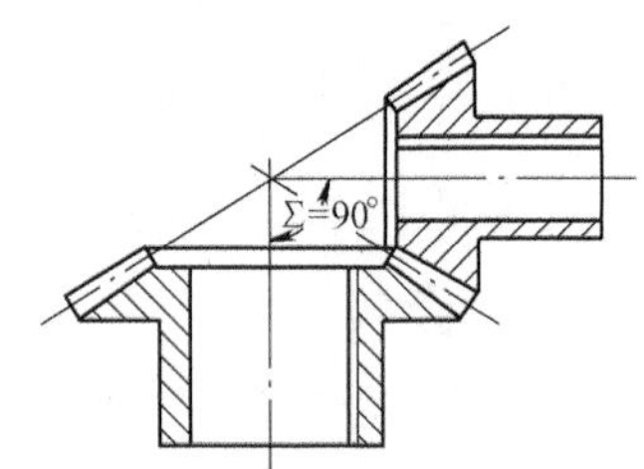

图 4-31　直齿锥齿轮传动

为保证直齿锥齿轮的正确啮合，应满足的条件是：两互相啮合的锥齿轮的大端模数和压力角分别相等且为标准值，即 $m_1=m_2=m$、$\alpha_1=\alpha_2=\alpha$。

课后练习

1. 斜齿圆柱齿轮比直齿圆柱齿轮承载能力强，传动平稳性________，工作寿命________。

2. 当一对外啮合斜齿圆柱齿轮用于平行轴传动时，正确的啮合条件为：两齿轮________模数相等、________角相等、螺旋角________、螺旋方向________。

3. 齿轮齿条传动的主要目的是将齿轮的　　运动转变为齿条的________运动。

4. 斜齿圆柱齿轮螺旋角 β 越大，轮齿倾斜程度越________，传动平稳性越________，但轴向力也越________。

5. 直齿圆柱齿轮的正确啮合条件是：________；________。

6. 在齿轮传动中，齿面疲劳点蚀是由于________的反复作用而产生的，点蚀通常首先出现在________。

7. 齿轮传动的润滑方式主要根据齿轮的________选择。闭式齿轮传动采用浸油润滑时的油量根据________确定。

8. 简述你所了解的齿轮传动的正确啮合条件。

单元5

蜗 杆 传 动

项目1　蜗杆传动结构和应用

知识目标：

1. 能叙述蜗杆传动的组成。
2. 分析蜗杆的类型，掌握蜗轮、蜗杆的结构。

技能目标：

能判定蜗轮回转方向。

综合职业能力目标：

利用学习资料，与小组成员讨论蜗杆传动的组成结构，分析蜗杆传动的特点与应用。

课堂讨论

蜗轮蜗杆传动广泛应用于机床、起重运输机械等设备中，如图5-1所示。讲一讲生活中常见的利用蜗杆传动的设备。

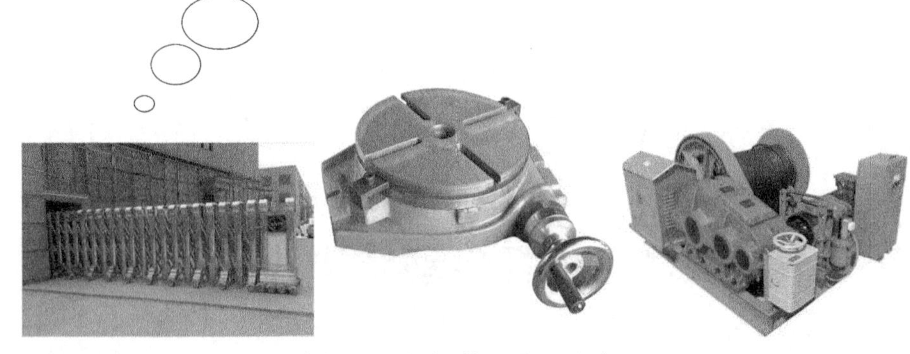

图 5-1　蜗杆传动应用举例

问题与思考

在我们日常的生产生活中，经常遇到或见到利用蜗杆传动的仪器设备，为什么选择蜗杆传动？

项目描述

在机械加工中回转工作台是常用的加工辅助设备，它的工作原理就是利用蜗杆传动。本项目就是要带领大家通过认识回转工作台，了解蜗杆传动的原理及组成。

回转工作台是镗床、钻床、铣床和插床等的重要附件，用于加工有分度要求的孔、槽和斜面，加工时转动工作台，则可加工圆弧面和圆弧槽等。机构主要由工作台面和底座组成。台面和底座之间蜗杆副，速比为90∶1或120∶1，用以传动和分度，蜗杆从底座伸出的一端装有细分刻度盘和手轮。转动手轮即可驱动台面，并由台面外圆周上的刻度（以度为单位）与细分刻度盘读出角度。

相关知识

蜗杆传动主要用于传递空间垂直交错两轴间的运动和动力。蜗杆传动具有传动比大、结构紧凑等优点。图 5-2 所示为回转工作台。

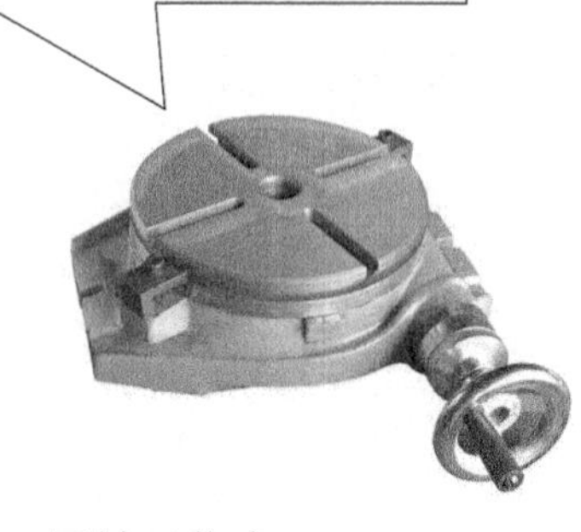

图 5-2　回转工作台

一、蜗杆传动的组成

图5-3a所示为蜗杆传动的组成，从图中可以看出蜗杆传动由蜗轮和蜗杆组成，通常由蜗杆（主动件）带动蜗轮（从动件）转动，并传递运动和动力。其两轴线在空间一般交错成90°。图5-3b所示为蜗杆减速器。

a) 蜗杆传动的组成

b) 蜗杆减速器

图5-3 蜗杆传动

1. 蜗杆

蜗杆传动相当于两轴交错成90°的螺旋齿轮传动，只是小齿轮的螺旋角很大，而直径却很小，因而在圆柱面上形成了连续的螺旋面齿，这种只有一个或几个螺旋齿的斜齿轮就是蜗杆。

蜗杆通常与轴合为一体，结构如图5-4所示。

蜗杆的分类：

1）按蜗杆形状不同，可分为圆柱蜗杆、环面蜗杆和锥蜗杆，其中圆柱蜗杆又可分为阿基米德蜗杆（应用广泛）、渐开线蜗杆和法向直廓蜗杆。图5-5所示为阿基米德蜗杆。

2）按蜗杆螺旋线方向不同，可分为右旋蜗杆和左旋蜗杆。

3）按蜗杆头数不同，可分为单头蜗杆和多头蜗杆。

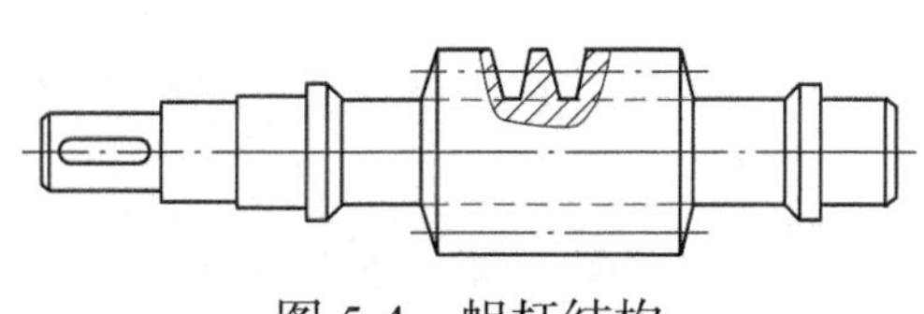
图5-4 蜗杆结构

图5-5 阿基米德蜗杆

2. 蜗轮

与蜗杆组成交错轴齿轮副且齿轮沿着齿宽方向呈内凹弧形的斜齿轮称为蜗轮，如图5-6所示。

图5-6 蜗轮

当蜗轮直径较小时常采用实心结构，当直径较大时常采用组合结构。常见的组合结构方式有：整体式、齿圈式、螺栓连接式和镶铸式，结构如图5-7所示。

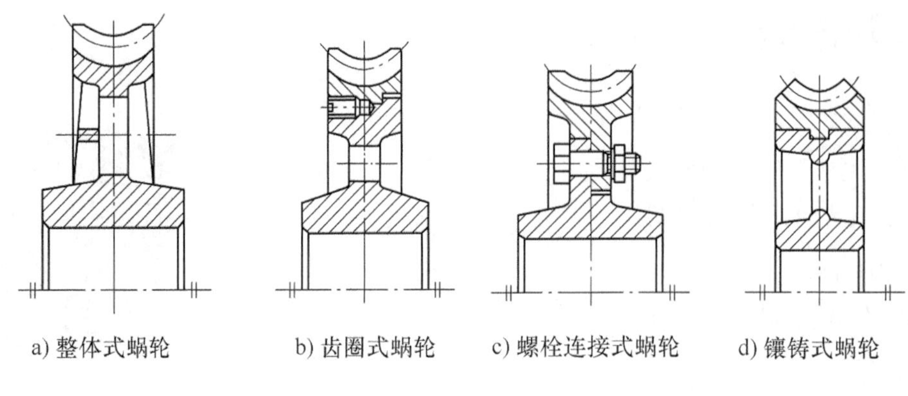

a) 整体式蜗轮　　b) 齿圈式蜗轮　　c) 螺栓连接式蜗轮　　d) 镶铸式蜗轮

图 5-7　蜗轮结构方式

二、蜗轮回转方向的判定

1. 判断蜗杆或蜗轮的旋向

蜗轮和蜗杆旋向的判断一般采用右手法则，具体使用方法见表 5-1。

表 5-1　右手法则使用方法

序号	图例	演示方法	结论
1			右旋蜗杆
2			左旋蜗杆
3			右旋蜗轮
4			左旋蜗轮

右手法则：伸出右手，掌心对着自己，四指顺着蜗杆或蜗轮轴线方向摆正，若齿向与右手拇指指向一致，则该蜗杆或蜗轮为右旋，反之则为左旋

2. 判断蜗轮的回转方向

蜗轮回转方向的判断一般采用左、右手法则，具体判断方法见表 5-2。

三、蜗杆和蜗轮的常用材料

为了提高使用寿命和降低摩擦因数，减少磨损和防止胶合破坏，对蜗杆和蜗轮的材料有着特殊要求。

表 5-2　左、右手法则使用方法

序号	传动类型	图例	演示方法
1	右旋蜗杆传动		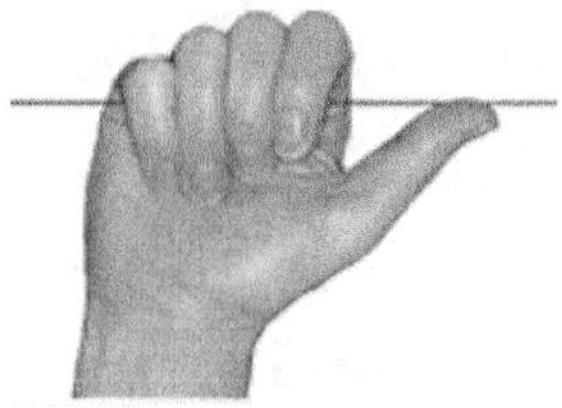
2	左旋蜗杆传动		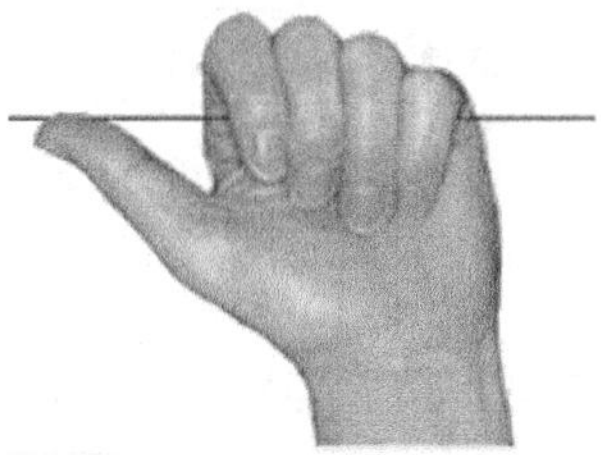
左、右手法则：左旋蜗杆用左手，右旋蜗杆用右手，用四指弯曲表示蜗杆的回转方向，拇指伸直代表蜗杆轴线，则拇指所指方向的相反方向即为蜗轮上啮合点的线速度方向			

1）蜗杆常用材料：高速重载时，15Cr、20Cr 渗碳淬火，或 45 钢、40Cr 淬火；低速轻载时，蜗杆可用调质 45 钢。

2）蜗轮一般需用贵重的减摩材料如青铜，常用材料有铸造锡青铜、铸造铝青铜、灰铸铁等。

四、蜗杆传动的特点与应用

1. 蜗杆传动的主要特点

1）结构紧凑，工作平稳。

2）无噪声、冲击，振动小。

3）能得到很大的单级传动比。

4）可实现自锁，防止反转。

2. 蜗杆传动的应用

根据蜗杆传动的特点，其经常应用的场合及设备如下：

1）两轴交错、传动比较大、传递功率不太大或间歇工作的场合。

2）卷扬机等起重机械中，起安全保护作用。

3）机床、汽车、仪器、冶金机械。

4）不适用于大功率、长时间工作的场合。

五、蜗杆传动的润滑

由于蜗杆传动摩擦产生的热量较大，为提高蜗杆传动的效率，防止胶合及减少磨损，要求工作时必须有良好的润滑条件，达到减少摩擦和散热的目的。蜗杆传动的润滑方式主要有油池润滑和喷油润滑。

课后练习

1. 蜗杆传动主要用于传递空间垂直交错两轴间的________和________的传动机构。蜗杆传动具有________、________等优点。

2. 与蜗杆组成交错轴齿轮副且齿轮沿着齿宽方向呈内凹弧形的________称为蜗轮。

3. 蜗轮常见的组合结构方式有：________、________和________。

4. 蜗杆传动的润滑方式主要有________和________。

5. 蜗杆的分类有哪些？

6. 蜗杆和蜗轮的常用材料有哪些？

7. 简述蜗杆传动的特点与应用。

项目 2　蜗杆传动的主要参数和啮合条件

学习目标

知识目标：

1. 能叙述蜗杆传动的主要参数。

2. 掌握蜗杆传动的啮合条件。

技能目标：

能够计算蜗杆传动的传动比及几何尺寸。

综合职业能力目标：

利用学习资料，与小组成员讨论分析蜗杆传动的主要参数，进行蜗杆传动的几何尺寸计算。

课堂讨论

观察图5-8所示的蜗杆传动，对比所学过的齿轮传动，讲一讲蜗杆传动的主要参数和啮合条件分别有哪些？

图 5-8 蜗杆传动

问题与思考

在蜗轮、蜗杆的设计计算中，以哪部分尺寸为基准？

项目描述

图 5-9 所示为蜗杆减速器。蜗杆减速器是一种动力传递机构，它利用蜗轮、

在用于传递动力与运动的机构中，减速器的应用范围相当广泛，在各式机械的传动系统中都可以见到它的踪迹，从交通工具中的船舶、汽车、机车，建筑用的重型机具，机械工业所用的加工机具及自动化生产设备，到日常生活中常见的家电、钟表等。从大动力的传输工作，到小负荷、精确的角度传输都可以见到减速器的应用。且在工业应用上，减速器具有减速及增加转矩功能，因此广泛应用在速度与转矩的转换设备中。

图 5-9 蜗杆减速器

蜗杆的速度转换器，将电动机的回转数减到所要的回转数，并得到较大转矩。在用于传递动力与运动的机构中，减速器的应用范围相当广泛。本项目就是要带领大家通过认识蜗杆减速器，了解蜗杆传动的主要参数和啮合条件。

相关知识

在中间平面上，蜗轮与蜗杆的啮合相当于渐开线齿轮与齿条的啮合，如图 5-10 所示。因此，设计蜗杆传动时，其参数和尺寸均在中间平面内确定，并沿用渐开线圆柱齿轮传动的计算公式。

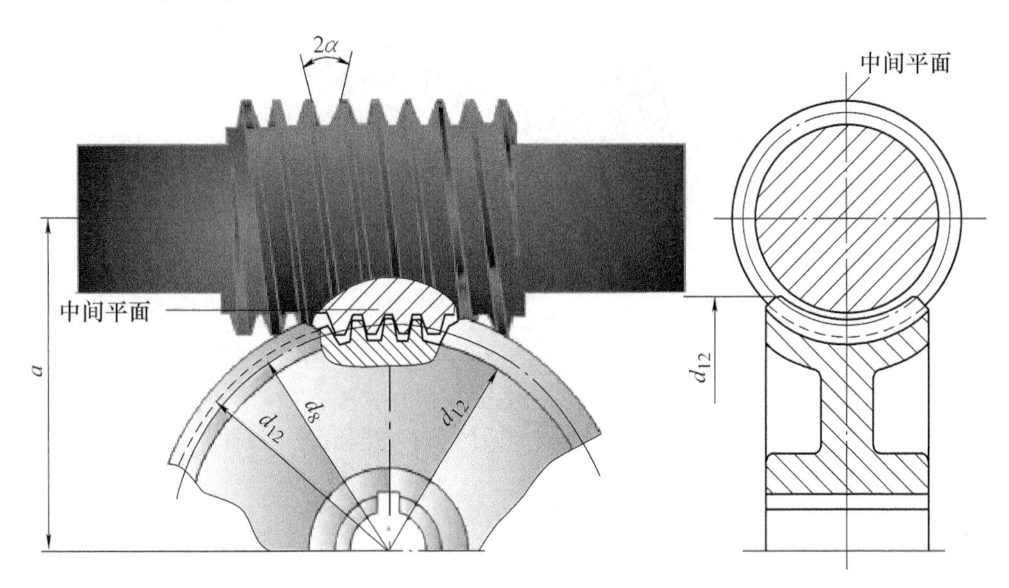

图 5-10　蜗轮蜗杆传动

一、蜗杆传动的主要参数

1. 蜗杆头数 z_1、蜗轮齿数 z_2

图 5-11 所示为蜗杆三维模型，蜗杆头数（齿数）z_1 即为蜗杆螺旋线的数目，蜗杆的头数 z_1 一般取 1、2、4。当传动比大于 40 或要求蜗杆自锁时，取 z_1 =1；当传递功率较大时，为提高传动效率、减少能量损失，常取 z_1 为 2、4。蜗杆头数越多，加工精度越难保证。

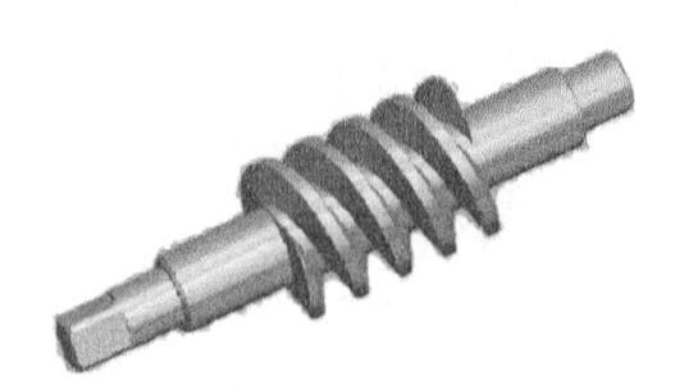

图 5-11　蜗杆

通常情况下取蜗轮齿数 z_2 =28~80。若 $z_2 < 28$，会使传动的平稳性降低，且易产生根切；若 z_2 过大，蜗轮直径增大，与之相应蜗杆的长度增加、刚度减小，从而影响啮合的精度。z_1、z_2 可根据传动比 i 按表 5-3 选取。

表 5-3 蜗杆头数 z_1 与蜗轮齿数 z_2 的推荐值

传动比 i	7~13	14~27	28~80	>40
蜗杆头数 z_1	4	2	2.1	1
蜗轮齿数 z_2	28~52	28~54	28~80	>40

2. 蜗杆导程角 λ

蜗杆螺旋面与分度圆柱面的交线为螺旋线。将蜗杆分度圆柱展开，如图 5-12 所示，其螺旋线与端面的夹角即为蜗杆分度圆柱上的导程角 λ。蜗杆螺旋线的导程为

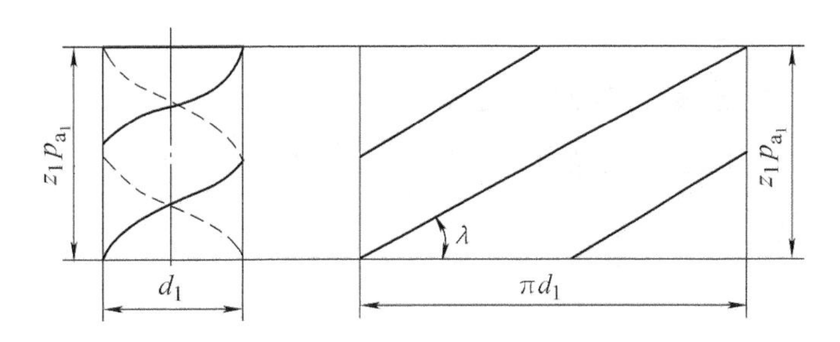

图 5-12 蜗杆分度圆柱展开图

$$L = z_1 p_{a_1} = z_1 \pi m$$

蜗杆分度圆柱上导程角 λ 与导程的关系为

$$\tan\lambda = \frac{L}{\pi d_1} = \frac{z_1 \pi m}{\pi d_1} = \frac{z_1 m}{d_1}$$

通常 $\lambda = 3.5°\sim27°$，导程角小时传动效率低，但可实现自锁；导程角大时传动效率高，但加工较困难。

3. 蜗杆分度圆直径 d_1 和蜗杆直径系数 q

加工蜗杆时，蜗杆滚刀的参数应与相啮合的蜗杆完全相同，几何尺寸基本相同。蜗杆的分度圆直径为

$$d_1 = m \frac{z_1}{\tan\lambda}$$

可见，蜗杆的分度圆直径 d_1 不仅与模数有关，而且还与齿数 z_1 和导程角 λ 有关。

同一模数的蜗杆，由于齿数 z_1 和导程角 λ 的不同，d_1 随之变化，致使滚刀规格的数目较多，很不经济。为了减少滚刀的数量，有利于标准化，国家标准规定，对应于每一个模数 m，规定了一至四种蜗杆分度圆直径 d_1，并把 d_1 与 m 的比值称为蜗杆直径系数 q，即：

$$q = \frac{d_1}{m}$$

d_1、m 已标准化；q 为导出量，不一定是整数。当 m 一定时，q 越小，d_1 越小，导程角 λ 越大，传动效率越高，但蜗杆的刚度和强度降低。

4. 模数 m 和压力角 α

如前所述，在中间平面上蜗杆与蜗轮的啮合可以看作齿条与齿轮的啮合，蜗杆的轴向齿距 p_{a1} 应等于蜗轮的端面齿距 p_{t2}，即蜗杆的轴向模数 m_{a1} 应等于蜗轮的端面模数 m_{t2}，蜗杆的轴向压力角 α_{a1} 应等于蜗轮的端面压力角 α_{t2}。标准模数见表 5-4。

5. 蜗杆传动的传动比 i

蜗杆传动的传动比为

$$i=\frac{n_1}{n_2}=\frac{z_2}{z_1}$$

式中 n_1——蜗杆转速；

n_2——蜗轮转速；

z_1——蜗杆头数；

z_2——蜗轮齿数。

表 5-4 标准模数

模数 m/mm	分度圆直径 d_1/mm	蜗杆头数 z_1	直径系数 q	m^2d_1/mm³	模数 m/mm	分度圆直径 d_1/mm	蜗杆头数 z_1	直径系数 q	m^2d_1/mm³
1	18	1	18.000	18	6.3	（80）	1,2,4	12.698	3175
1.25	20	1	16.000	31		112	1	17.798	4445
	22.4	1	17.920	35	8	（63）	1,2,4	7.875	4032
1.6	20	1,2,4	12.500	51		80	1,2,4,6	10.000	5376
	28	1	17.500	72		（100）	1,2,4	12.500	6400
2	（18）	1,2,4	9.000	72		140	1	17.500	8960
	22.4	1,2,4,6	11.200	90	10	71	1,2,4	7.100	7100
	（28）	1,2,4	14.000	112		90	1,2,4,6	9.000	9000
	35.5	1	17.750	142		（112）	1	11.200	11200
2.5	（22.4）	1,2,4	8.960	140		160	1	16.000	16000
	28	1,2,4,6	11.200	175	12.5	（90）	1,2,4	7.200	14062
	（35.5）	1,2,4	14.200	222		112	1,2,4	8.960	17500
	45	1	18000	281		（140）	1,2,4	11.200	21875
3.15	（28）	1,2,4	8.889	278		200	1	16.000	31250
	35.5	1,2,4,6	11.270	352	16	（112）	1,2,4	7.000	28672
	45	1,2,4	14.286	447		140	1,2,4	8.750	35840
	56	1	17.778	556		（180）	1,2,4	11.250	46080
4	（31.5）	1,2,4	7.875	504		250	1	15.625	64000
	40	1,2,4,6	10.000	640	20	（140）	1,2,4	7.000	56000
	（50）	1,2,4	12.500	800		160	1,2,4	8.000	64000
	71	1	17.750	1136		（224）	1,2,4	11.200	89600
5	（40）	1,2,4	8.000	1000		315	1	15.750	126000
	50	1,2,4,6	10.000	1250	25	（180）	1,2,4	7.200	112.500
	（63）	1,2,4	12.600	1575		200	1,2,4	8.000	125.000
	90	1	18.000	22500		（280）	1,2,4	11.200	175.000
6.3	（50）	1,2,4	7.936	1984		400	1	16.000	250.000
	63	1,2,4,6	10.000	2500					

二、蜗杆传动的几何尺寸计算公式（见表 5-5）

表 5-5　蜗杆传动的几何尺寸计算公式

名称	符号	计算公式	
		蜗杆	蜗轮
分度圆直径	d	$d_1 = mq$	$d_2=mz$
齿顶高	h_a	$h_a=m$	
齿根高	h_f	$h_f=1.2m$	
齿顶圆直径	d_a	$d_{a_1} = (q+2)m$	$d_{a_2} = (z_2+2)m$
齿根圆直径	d_f	$d_{f_1}=(q-2.4)m$	$d_{f_2} = (z_2-2.4)m$
蜗杆导程角	λ	$\lambda = \arctan\dfrac{z_1}{q}$	
蜗轮螺旋角	β		$\beta=\lambda$
径向间隙	c	$c = 0.2m$	
标准中心距	a	$a=0.5(d_1+d_2) = 0.5(q+z_2)$	

三、蜗轮、蜗杆的啮合条件

1）在中间平面内，蜗杆的轴向模数 m_{x_1} 和蜗轮的端面模数 m_{t_2} 相等，即：$m_{x_1} = m_{t_2}$。

2）在中间平面内，蜗杆的轴向齿形角 α_{x_1} 和蜗轮的端面齿形角 α_{t_2} 相等，即：$\alpha_{x_1} = \alpha_{t_2}$。

3）蜗杆分度圆导程角 λ_1 和蜗轮分度圆柱面螺旋角 β_2 相等，且旋向一致，即：$\lambda_1 = \beta_2$。

课后练习

1. 当两轴线________时，可采用蜗杆传动。

2. 增加蜗杆的导程角，将________蜗杆传动的效率。

3. 在蜗杆传动的参数中，________和________为标准值，________和________必须取整数。

4. 蜗杆传动中，以蜗杆的________参数、蜗轮的________参数为标准值。

5. 普通蜗杆传动，蜗杆头数 z_1 常取为________。

6. 蜗轮齿数 z_2 主要是根据________和________来确定的。

7. 在蜗杆传动中，蜗杆导程角的大小直接影响蜗杆传动的________。

8. 在分度机构中常用________头蜗杆，在传递功率较大时常用________头蜗杆。

9. 蜗轮、蜗杆的啮合条件是什么？

单元6

轮　　系

项目1　轮系应用特点及其分类

知识目标：

1. 能说出轮系的概念及分类。
2. 能叙述轮系的应用特点。

技能目标：

能分析定轴轮系的工作原理。

综合职业能力目标：

利用学习资料，与小组成员讨论轮系的概念及分类，分析轮系的工作原理。

课堂讨论

思考并讨论图 6-1 中的设备是通过什么机构来完成动力和运动的传递的。

图 6-1

问题与思考

在我们日常的生产生活中，经常遇到或见到利用多级齿轮传动的仪器设备，为什么选择多级齿轮传动?

项目描述

在机械设备中经常用到多级齿轮减速器，它的工作原理就是利用多对相互啮合的齿轮组成传动系统来调节转速。本项目就是要带领大家通过认识多级齿轮减速器，了解由多对相互啮合的齿轮组成的传动系统的应用特点及其分类。

相关知识

齿轮减速器利用各级齿轮传动来达到降速的目的。减速器就是由各级齿轮副组成的，如用小齿轮带动大齿轮就能达到一定的减速目的，再采用多级齿轮传动，就可以大大降低转速。多级齿轮减速器如图 6-2 所示。

齿轮传动在各种机器和机械设备中为了减速、增速、变速等特殊用途，往往需采用一系列相互啮合的齿轮组成的传动系统来完成。

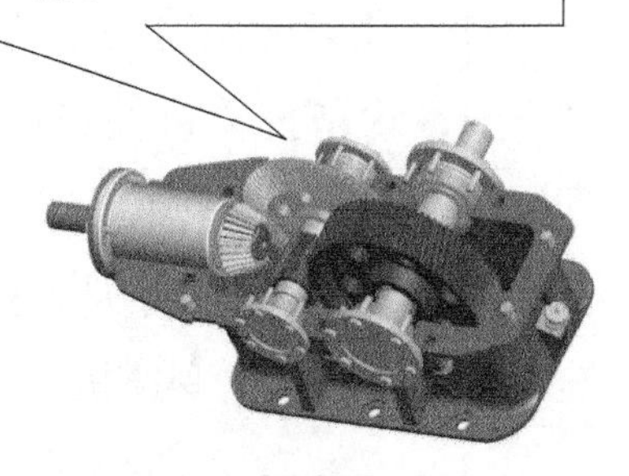

图 6-2　多级齿轮减速器

一、轮系及其应用特点

1. 轮系的组成

由两个相互啮合的齿轮组成的

机构是齿轮传动中最简单的形式。在实际机械中，为了满足不同的工作需要，往往要用一系列相互啮合的齿轮将它们的主动轴和从动轴连接起来组成传动系统。这种由一系列相互啮合的齿轮组成的传动系统称为齿轮系，简称轮系。

牛头刨床的驱动机构就是通过齿轮变速机构完成其变速功能的，如图 6-3 所示。

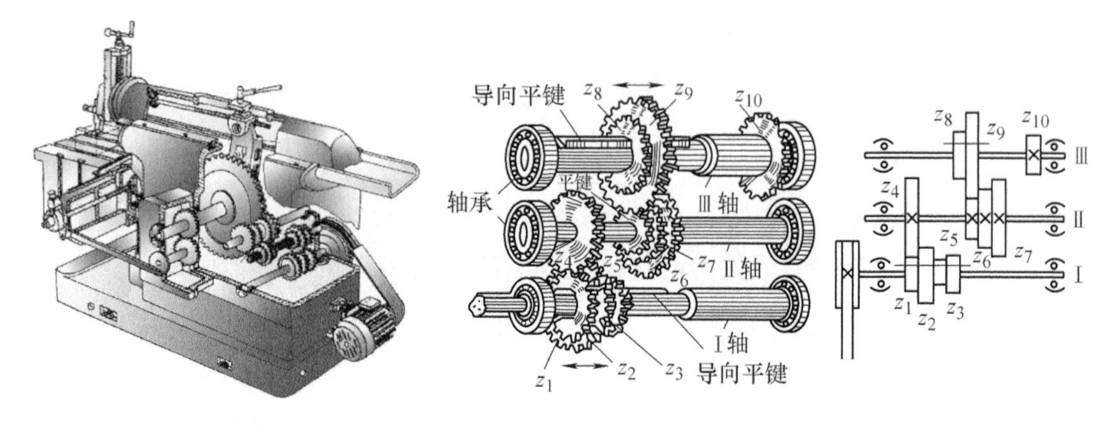

a) 牛头刨床的内部结构　　b) 牛头刨床齿轮变速机构

图 6-3　牛头刨床轮系机构

2. 轮系的应用特点

（1）可做较远距离的传动　当两轴中心距较大时，若用一对齿轮传动，则结构超大且小齿轮易坏，而采用轮系则可使其结构紧凑，并能实现相距较远的两轴间的传动。采用轮系可缩小传动装置所占空间，节约材料，减轻重量，如图 6-4 所示。

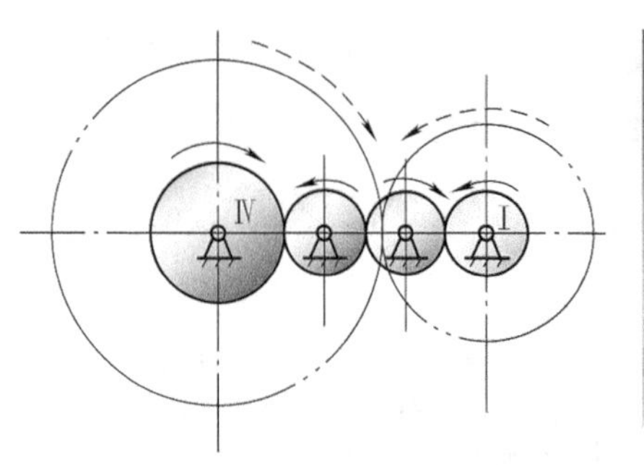

图 6-4　远距离传动

（2）可实现变速要求　在机床、汽车等机械设备中，轮系传动可使输出轴获得多级转速，以满足不同的工作要求。主动轴转速不变时，利用滑移齿轮滑移可使从动轴获得多种工作转速。图 6-5 所示为二级变速机构。

图 6-5　二级变速机构

（3）可实现变向要求　主动轴转向不变时，

利用轮系可改变从动轴回转方向，实现从动轴正、反转。图 6-6a 所示为一对外啮合齿轮，从动齿轮 3 与主动齿轮 1 转向相反。图 6-6b 所示为两对外啮合齿轮，在图 6-6a 的基础上增加惰轮 2 实现变向要求，使得从动齿轮 3 与主动齿轮 1 转向相同。

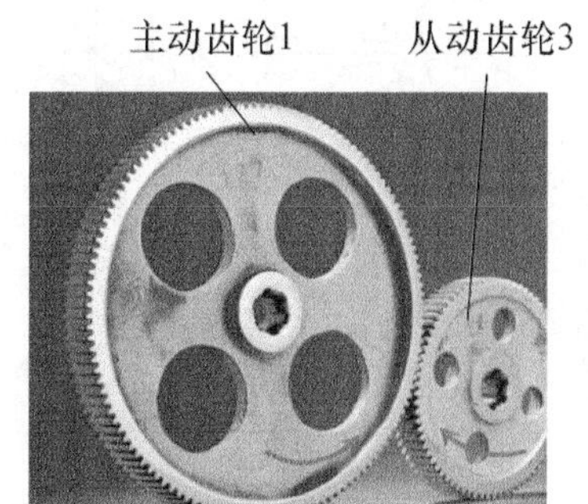

a) 一对外啮合齿轮

b) 两对外啮合齿轮

图 6-6　利用惰轮实现变向的机构

在齿轮系中，与两个齿轮同时相啮合的齿轮，其被一个齿轮驱动，同时又驱动另外一个齿轮，该齿轮称为惰轮，如图 6-6b 所示。惰轮不改变传动比大小，只改变从动轮的转向。

（4）可获得很大的传动比　用一对齿轮传动时，受结构的限制，传动比不能过大，一般传动比 $i_{max} \leqslant 8$，而当采用轮系传动时，可以获得很大的传动比，以满足低速或高速工作的要求，如图 6-7 所示。

图 6-7　采用轮系可获得很大的传动比

（5）可实现运动的合成或分解　采用周转轮系可以将两个独立的回转运动合成一个回转运动，如图 6-8 所示，行星架 H 的转速 n_H 是齿轮 1、3 转速 n_1、n_3 的合成。

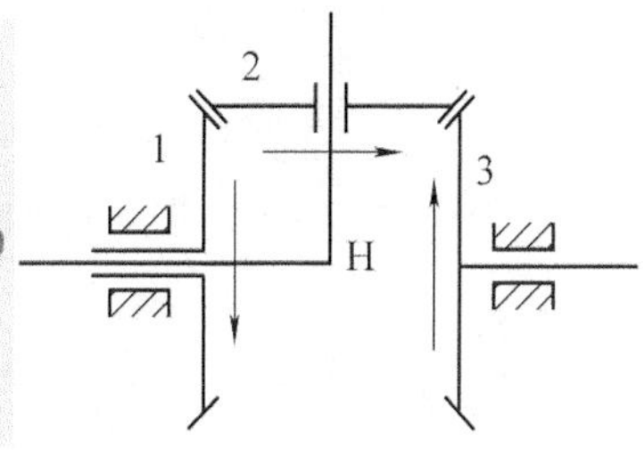

图 6-8　运动的合成

周转轮系也可以将一个回转运动分解成两个独立的回转运动。图 6-9 所示为汽车后桥转向装置，汽车后桥差速器的轮系可根据转弯半径大小自动分解运动，行星架的转速 n_H 分解为侧齿轮 1、3 的转速 n_1、n_3，以满足转弯的要求。

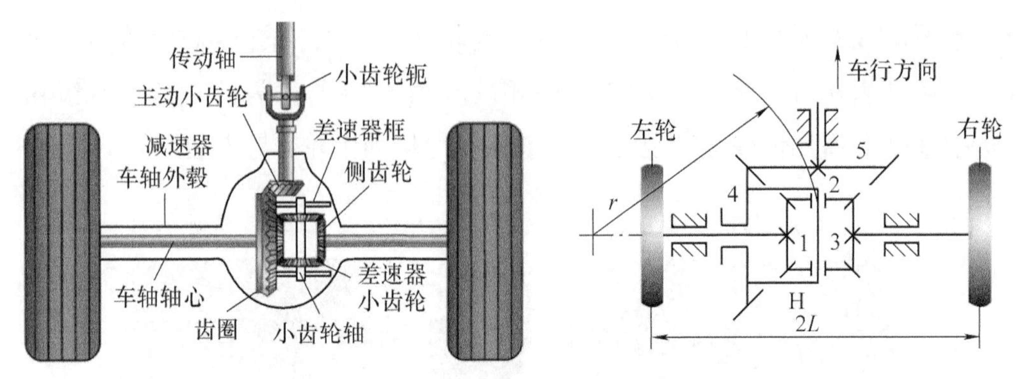

图 6-9　汽车后桥转向装置

二、轮系的分类

轮系的分类方法有多种，根据轮系运动时各轮的几何轴线位置是否固定，可将轮系分为定轴轮系、周转轮系和混合轮系三大类。

1. 定轴轮系

当轮系运转时，若各齿轮的几何轴线都是固定不变的，则称为定轴轮系，又称为普通轮系。定轴轮系是最基本的轮系，应用很广。

由轴线互相平行的圆柱齿轮组成的定轴齿轮系，称为平面定轴齿轮系，如图 6-10 所示。

包含相交轴齿轮、交错轴齿轮或蜗杆蜗轮的定轴齿轮系，称为空间定轴齿轮系，如图 6-11 所示。

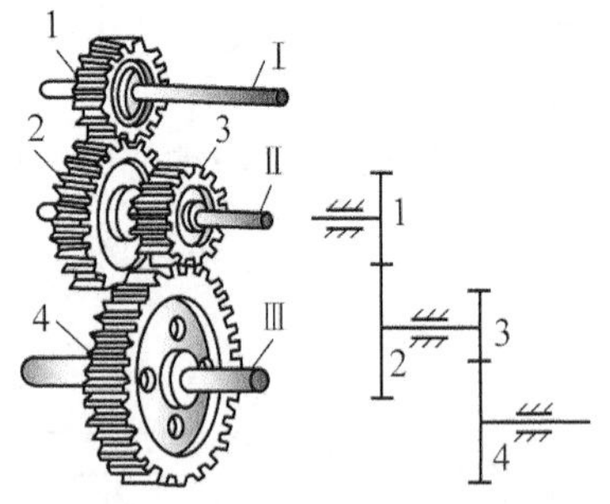

图 6-10　平面定轴齿轮系

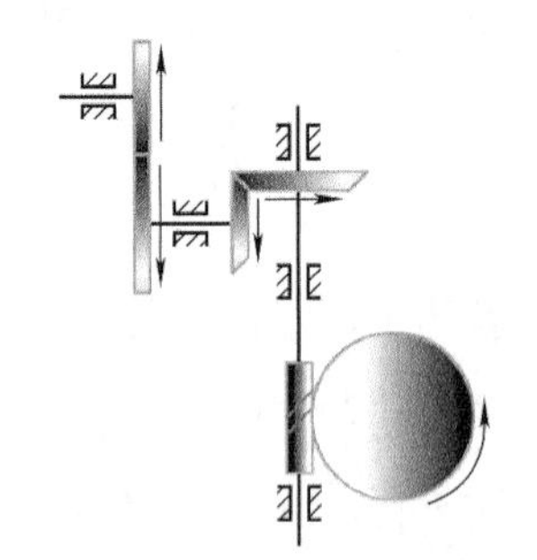

图 6-11　空间定轴齿轮系

2. 周转轮系

轮系运转时，其中至少有一个齿轮的几何轴线相对于机架的位置是不固定的，而是绕另一个齿轮的几何轴线转动的轮系，称为周转轮系，如图 6-12 所示。周转轮系由（太阳轮）、行星轮和行星架 H 组成。在周转轮系中，位于中心位置且绕轴线回转的内齿轮或外齿轮（齿圈），称为太阳轮，如图 6-12 所示的齿轮 1、3；同时与太阳轮和齿圈啮合，既做自转又做公转的齿轮称为行星轮；如图 6-12 所示的齿轮 2；用于支持行星轮并与太阳轮共轴线的构件，称为行星架 H（或系杆 H）。

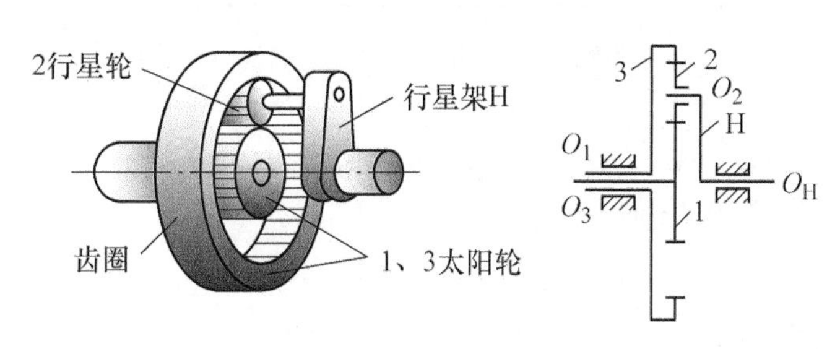

图 6-12　周转轮系

周转轮系按其自由度 F 不同，可分为行星轮系和差动轮系。有一个太阳轮的转速为零的周转轮系称为行星轮系，如图 6-13 所示；太阳轮的转速都不为零的周转轮系称为差动轮系，如图 6-13 所示。

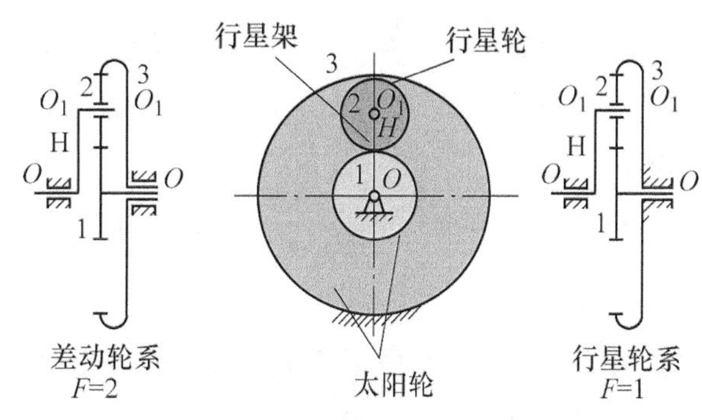

图 6-13　差动轮系与行星轮系

3. 混合轮系

在轮系中，既有定轴轮系又有周转轮系的复杂轮系称为混合轮系，如图 6-14 所示。

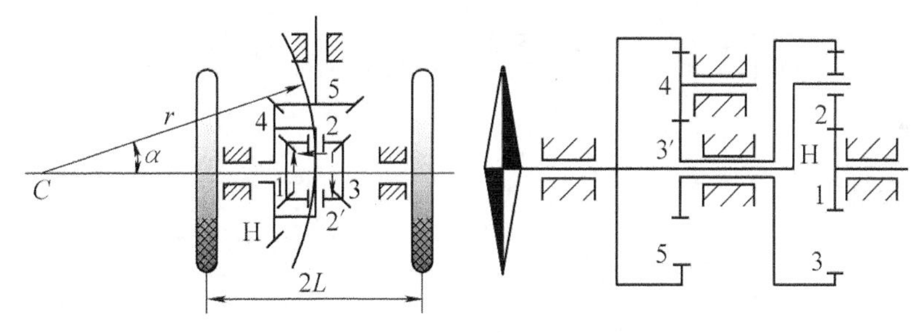

图 6-14　混合轮系

知识拓展

齿轮在轴上的固定方式

齿轮与轴之间的关系	结构简图	
	单一齿轮	双联齿轮
固定（齿轮与轴固定为一体，齿轮与轴一同转动，齿轮不能沿轴向移动）		
空套（齿轮与轴空套，齿轮与轴各自转动，互不影响）		

（续）

齿轮与轴之间的关系	结构简图	
	单一齿轮	双联齿轮
滑移（齿轮与轴周向固定，齿轮与轴一同转动，但齿轮可沿轴向滑移）		

课后练习

1. 由一系列相互啮合的齿轮所构成的传动系统称为________。

2. 按照轮系传动时各齿轮的轴线位置是否固定，轮系分为________和________两大类。

3. 当轮系运转时，所有齿轮几何轴线的位置相对于机架固定不变的轮系称为________。

4. 在轮系中，既有定轴轮系又有周转轮系的称为________。

5. 简述轮系的应用特点。

项目 2　定轴轮系传动比计算

学习目标

知识目标：

1. 能掌握定轴轮系中各齿轮转向的判断方法。
2. 能叙述定轴轮系的传动路线。
3. 能叙述其他变速机构传动比的计算方法。

技能目标：

能够计算定轴轮系的传动比。

综合职业能力目标：

利用学习资料，与小组成员讨论分析定轴轮系的应用特点，判断定轴轮系中各齿轮转向、传动路线，计算其传动比。

课堂讨论

观察图 6-15 所示的减速器，结合所学的轮系及齿轮传动知识，讲一讲轮系的应用特点和分类。

图 6-15　减速器

问题与思考

在定轴轮系中如何判断齿轮的传动路线和计算定轴轮系的传动比？

项目描述

减速器是一种由封闭在刚性壳体内的齿轮传动、蜗杆传动、齿轮 - 蜗杆传动所组成的独立部件，常用作原动件与工作机之间的减速传动装置 。

减速器一般用于低转速大转矩的传动设备，把电动机、内燃机或其他高速运转的动力通过减速器输入轴上的齿数少的齿轮啮合输出轴上的大齿轮来达到减速的目的，普通的减速器也会有几对相同原理的齿轮来达到理想的减速效果。本项目就是通过认识多级齿轮减速器，学习定轴轮系的传动比计算。

相关知识

一、定轴轮系的传动比

定轴轮系的传动比是指轮系中输入轴和输出轴的转速（或角速度）之比，常用字母“i”表示，并在其右下角表明其对应的两轴。例如，i_{18} 表示轴 1 与轴 8 的传动比。定轴轮系的传动比计算包括计算轮系传动比的大小和确定输出轴（轮）的回转方向。

1. 定轴轮系中各齿轮转向的判断

在定轴轮系中，各齿轮转向的判断有三种方法：数外啮合齿轮的对数、箭头示意法和画正负号法。

（1）数外啮合齿轮的对数　轮系中各齿轮轴线相互平行时，其任意级从动齿轮的转向可以通过在图上依次标注箭头来确定，也可以通过数外啮合齿轮的对数来确定。若外啮合齿轮的对数是偶数，则首轮与末轮的转向相同；若为奇数，则转向相反，如图 6-16 所示。

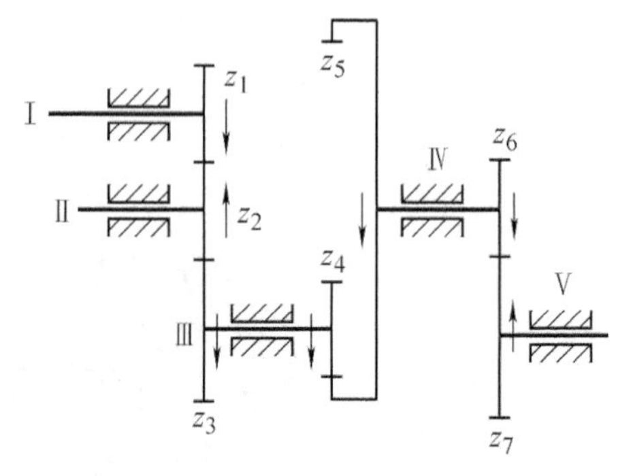

图 6-16　齿轮转向的判断

（2）箭头示意法　一对齿轮传动，当首轮（或末轮）的转向为已知时，其末轮（或首轮）的转向也就确定了。箭头示意法是用直箭头表示齿轮可见侧中点处的圆周运动方向，它们转动方向的直箭头总是同时指向或同时背离其啮合点，具体方法见表 6-1。

表 6-1　一对齿轮传动的转向及传动比的表示方法

类型	传动简图	转向及传动比的表示
圆柱齿轮啮合传动	1　2	一对外啮合圆柱齿轮，主、从动齿轮转向相反，画两个反向箭头，传动比公式取“−”，即：$i_{12}=\frac{n_1}{n_2}=-\frac{z_2}{z_1}$
圆柱齿轮啮合传动	2　1	一对内啮合圆柱齿轮，主、从动齿轮转向相同，画两个同向箭头，传动比公式取“+”，即：$i_{12}=\frac{n_1}{n_2}=\frac{z_2}{z_1}$
锥齿轮啮合传动	1　2　1　2	两箭头同时指向或同时背离啮合点，传动比为 $i_{12}=\frac{n_1}{n_2}=\frac{z_2}{z_1}$
蜗杆传动	n_1	蜗杆与蜗轮的转向用左、右手法则确定，传动比为 $i_{12}=\frac{n_1}{n_2}=\frac{z_2}{z_1}$

2. 传动路线分析

在计算传动比大小之前要先学会分析传动路线。任何轮系不论有多复杂，都应从输入轴至输出轴的传动路 线进行分析。

图 6-17 所示为一个两级齿轮传动装置，动力和运动是由输入轴 Ⅰ 经轴 Ⅱ 传到输出轴 Ⅲ。

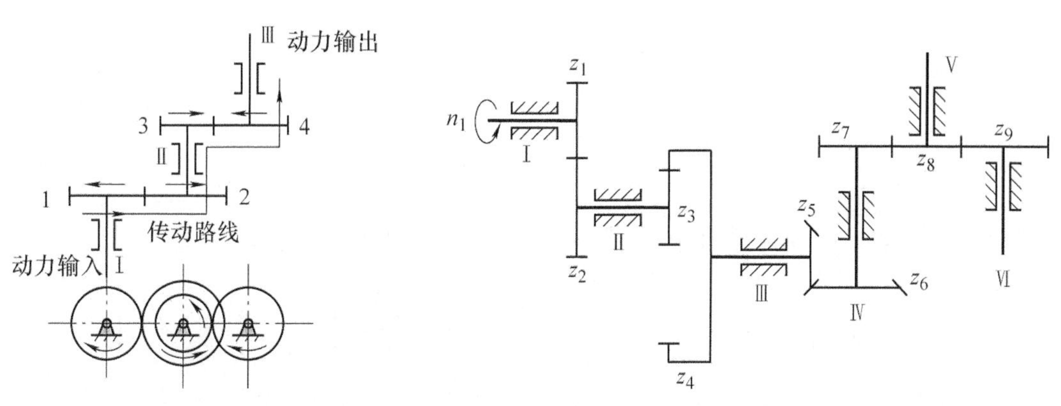

图 6-17　两级齿轮传动装置　　　图 6-18　定轴轮系传动装置

例 6-1　分析图 6-18 所示轮系的传动路线，并判断轴 Ⅵ 的转动方向。

解：该轮系传动路线为

$$n_1 \rightarrow \mathrm{I} \rightarrow \frac{z_1}{z_2} \rightarrow \mathrm{II} \rightarrow \frac{z_3}{z_4} \rightarrow \mathrm{III} \rightarrow$$

$$\frac{z_5}{z_6} \rightarrow \mathrm{IV} \rightarrow \frac{z_7}{z_8} \rightarrow \mathrm{V} \rightarrow \frac{z_8}{z_9} \rightarrow \mathrm{VI} \rightarrow n_9$$

由于在该定轴轮系中含有锥齿轮传动，所以用标注箭头的方法判断轴 Ⅵ 的转动方向，如图 6-19 所示。

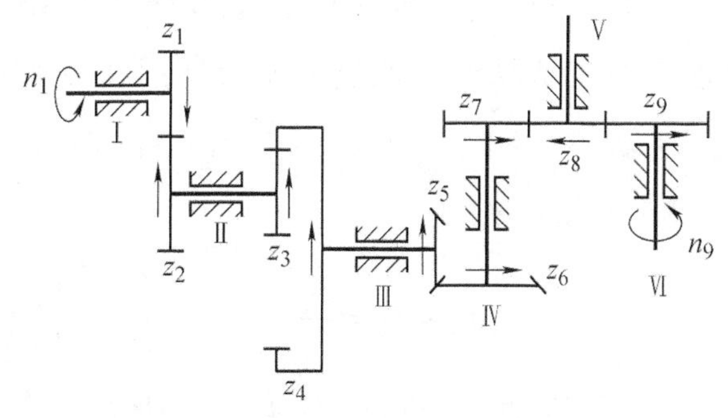

图 6-19　轮系中各齿轮的转向判定

二、定轴轮系的传动比计算

轮系中，首轮（输入轴）与末轮（输出轴）的角速度（或转速）之比定义为该轮系的总传动比 $i_{总}$。即

$$i_{总} = \frac{n_{首}}{n_{末}}$$

图 6-20 所示为所有齿轮轴线均互相平行的定轴轮系，设齿轮 1 为首轮，齿轮 5 为末轮，z_1、z_2、$z_{2'}$、z_3、$z_{3'}$、z_4、z_5 为各轮齿数，n_1、n_2、$n_{2'}$、n_3、$n_{3'}$、n_4、n_5

为各轮的转速，由首轮传至末轮属于四级传动，则各级齿轮传动的传动比为

第一级　$i_{12}=\dfrac{n_1}{n_2}=-\dfrac{z_2}{z_1}$

第二级　$i_{2'3}=\dfrac{n_{2'}}{n_3}=\dfrac{z_3}{z_{2'}}$

第三级　$i_{3'4}=\dfrac{n_{3'}}{n_4}=-\dfrac{z_4}{z_{3'}}$

第四级　$i_{45}=\dfrac{n_4}{n_5}=-\dfrac{z_5}{z_4}$

将轮系中各级齿轮传动比相乘即可得该轮系总传动比，即：

$$i_{总}=i_{12}i_{2'3}i_{3'4}i_{45}=\frac{n_1}{n_2}\cdot\frac{n_{2'}}{n_3}\cdot\frac{n_{3'}}{n_4}\cdot\frac{n_4}{n_5}=\left(-\frac{z_2}{z_1}\right)\left(+\frac{z_3}{z_{2'}}\right)\left(-\frac{z_4}{z_{3'}}\right)\left(-\frac{z_5}{z_4}\right)$$

$$=(-1)^3\frac{z_2z_3z_4z_5}{z_1z_{2'}z_{3'}z_4}=(-1)^3\frac{z_2z_3z_5}{z_1z_{2'}z_{3'}}$$

由上式可知：

1）平面定轴轮系的传动比等于轮系中各对齿轮传动比的连乘积，也等于轮系中所有从动轮齿数连乘积与所有主动轮齿数连乘积之比。若轮系中有 k 个齿轮，用 1 表示首轮，用 k 表示末轮，外啮合的次数为 m，则平面定轴轮系总传动比的一般表达式为

$$i_{总}=i_{1k}=\frac{n_1}{n_k}=(-1)^m\frac{\text{各级齿轮副中从动轮齿数的连乘积}}{\text{各级齿轮副中主动轮齿数的连乘积}}$$

2）传动比的符号取决于外啮合齿轮的对数 m，当 m 为奇数时，i_{1k} 为负号，说明首、末两轮转向相反；当 m 为偶数时，i_{1k} 为正号，说明首末两轮转向相同。定轴轮系的转向关系也可用箭头在图上逐对标出，如图 6-20 所示。

3）图 6-20 中的齿轮 4 既是主动轮，又是从动轮，它对传动比的大小不起作用，但改变了传动装置的转向。

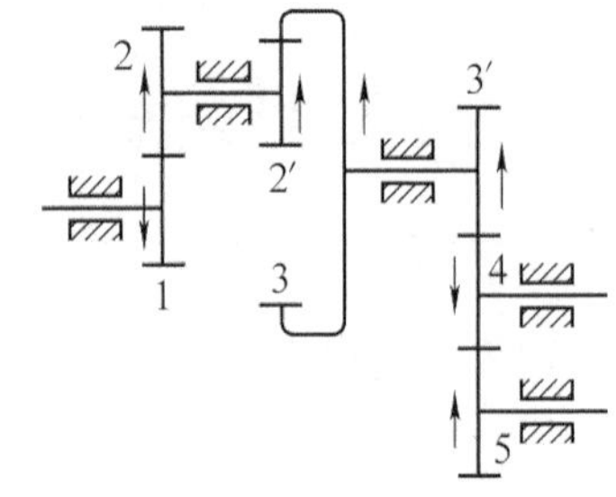

图 6-20　平面定轴轮系

三、非平行轴定轴轮系的传动比计算

定轴轮系中含有锥齿轮、蜗轮蜗杆和齿轮齿条等传动形式时，其传动比的大

小仍可用定轴轮系传动比的表达式来计算，但其转动方向只能用箭头在图上标出来，而不能用 $(-1)^m$ 来确定，如图 6-21 所示。

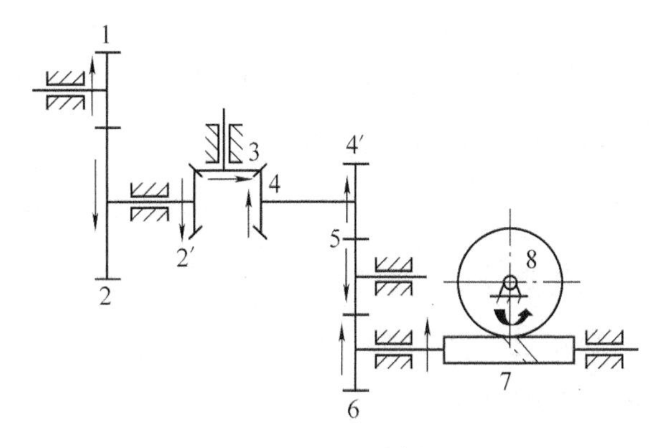

图 6-21　空间定轴轮系

例 6-2　图 6-21 所示的空间定轴轮系中，已知 z_1=20，z_2=30，$z_{2'}$=z_4=40，z_3=20，$z_{4'}$= 60，z_5=30，z_6=40，z_7=2，z_8=40；若 n_1=2400r/min，转向如图 6-21 所示，求传动比 i_{18}、蜗轮 8 的转速和转向。

解：传动比 i_{18}、蜗轮 8 的转速：

$$i_{18}=\frac{n_1}{n_8}=\frac{z_2z_3z_4z_5z_6z_8}{z_1z_{2'}z_3z_{4'}z_5z_7}=\frac{30\times20\times40\times30\times40\times40}{20\times40\times20\times60\times2}=20$$

$$n_8=\frac{n_1}{i_{18}}=\frac{2400}{20}\text{r/min}=120\text{r/min}$$

因首末两轮不平行，故传动比不加符号，各轮转向用画箭头的方法确定，蜗轮 8 的转向如图 6-21 所示。

例 6-3　图 6-22 所示为外圆磨床砂轮架横向进给机构的传动系统图，转动手轮，使砂轮架沿工件做径向移动，以便靠近和离开工件，其中齿轮 1、2、3 和 4 组成定轴轮系，丝杠与齿轮 4 固连，丝杠转动时带动与螺母固连的刀架移动，丝杠螺距 P =4mm，各齿数 z_1=25，z_2=60，z_3=30，z_4=50，试求手轮转一圈时砂轮架移动的距离 L。

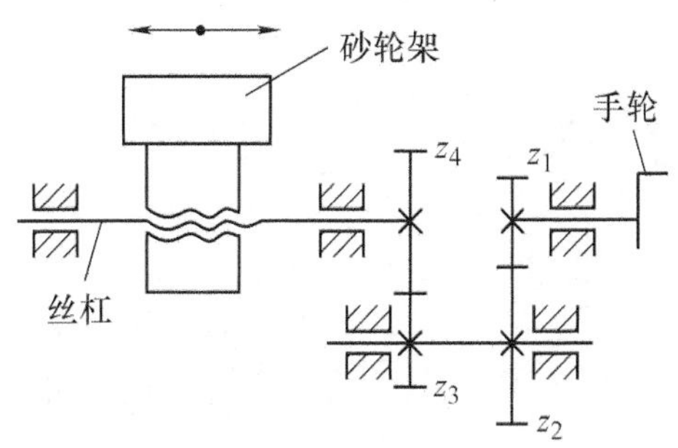

图 6-22　外圆磨床砂轮架横向进给机构传动系统

解：轮系为定轴轮系，丝杠的转速与齿轮 4 的转速一样，要想求出丝杠的转速，就应先计算出当手轮转一圈时（丝杠）齿轮 4 的转速，为了方便求出齿轮 4 的转速，这里可以齿轮 4 为主动轮，列出计算公式：

$$n_{丝杠}=n_4$$

$$i_{41}=\frac{n_4}{n_1}=\frac{z_3z_1}{z_4z_2}$$

$$n_4 = n_1 i_{41} = 1\times\frac{z_3 z_1}{z_4 z_2} = 1\times\frac{30\times 25}{50\times 60} = 0.25\text{（r）}$$

再计算砂轮架移动的距离，因丝杠转一圈，螺母（砂轮架）移动一个螺距，所以砂轮架移动的距离为

$$L = Pn_{丝杠} = Pn_4 = 4\times 0.25 = 1(\text{mm})$$

生产实践中，加工设备的进给机构都是应用这样的传动系统，如将手轮（进给刻度盘）等分为 50 等份，则转动进给刻度盘一等份就相当于进给机构的移动量为 0.02mm。

例 6-4　如图 6-23 所示，z_1=z_2=28，z_4=z_3=38，z_5=56，z_6=z=28，m=1mm。当 n_1=50r/min，回转方向如图所示，试计算齿条移动速度。

解：根据齿条传动速度 v 计算公式：

$$v = n_k \pi m z = n_1 \frac{z_1 z_3 z_5 \cdots z_{k-1}}{z_2 z_4 z_6 \cdots z_k}\pi m z$$

$$L = \frac{z_1 z_3 z_5 \cdots z_{k-1}}{z_2 z_4 z_6 \cdots z_k}\pi m z$$

$$v = n_1 \frac{z_1 z_3 z_5}{z_2 z_4 z_6}\pi m z$$

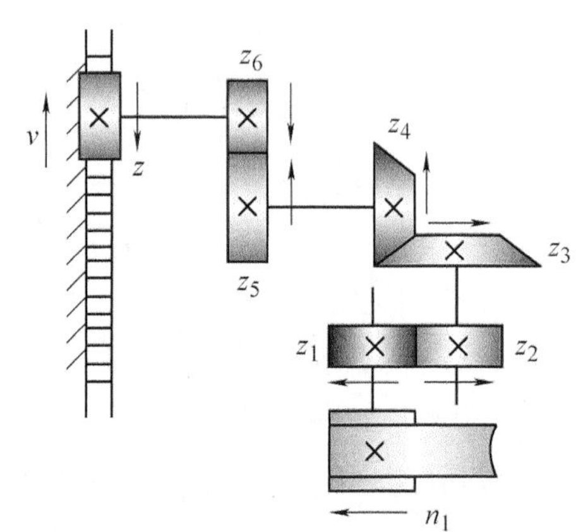

图 6-23　简易机床溜板箱传动系统

$$v = 50\times\frac{28\times 38\times 56}{28\times 38\times 28}\times 3.14\times 1\times 28\text{mm/min} = 8792\text{mm/min}$$

式中　v——齿轮沿齿条的移动速度（mm/min）；

L——输入轴 I 每回转一周，齿轮沿齿条的移动距离（mm）。

课后练习

1. 图 6-24 所示的定轴轮系中，已知：n_1=1440r/min，各齿轮齿数分别为 z_1=z_3=z_6=18，z_2=27，z_4=z_5=24，z_7=81，试求末轮 7 的转速 n_7，并用箭头在图上标明各齿轮的回转方向。

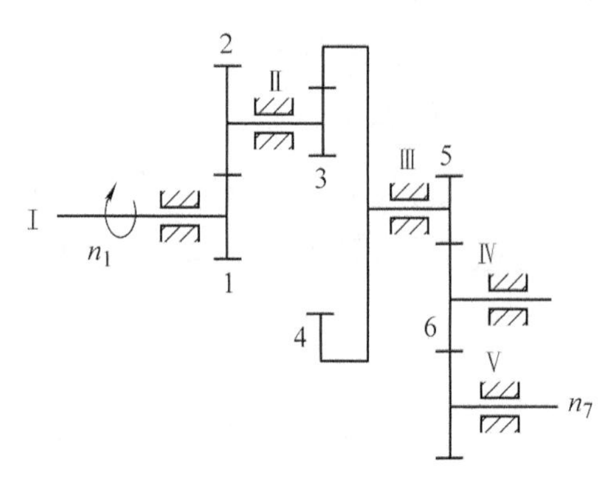

图 6-24　定轴轮系 1

2. 如图 6-25 所示定轴轮系，试求：

1）主轴有几种转速？

2）如图所示位置时，总传动比 i 是多少？

3）如图所示位置时，末齿轮输出的转速是多少？

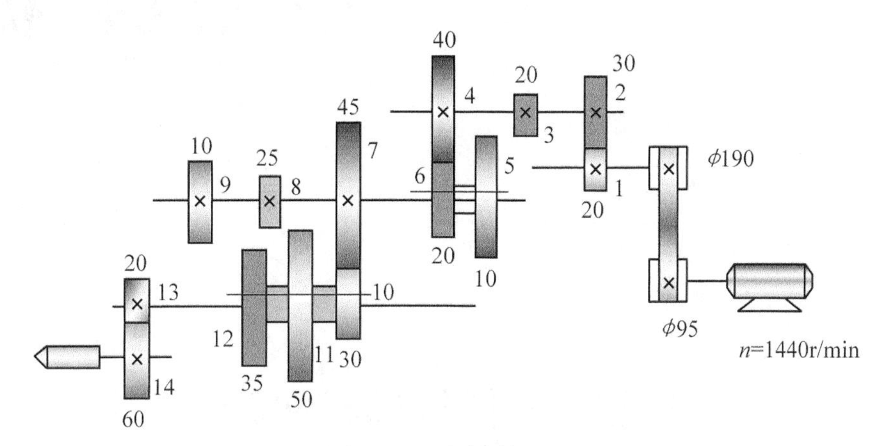

图 6-25　定轴轮系 2

3. 如图 6-26 所示，已知：z_1=26，z_2=51，z_3=42，z_4=29，z_5=49，z_6=36，z_7=56，z_8=43，z_9=30，z_{10}=90，轴Ⅰ的转速 n_1=200r/min。试求当轴Ⅲ上的三联齿轮分别与轴Ⅱ上的三个齿轮啮合时，轴Ⅳ的三种转速。

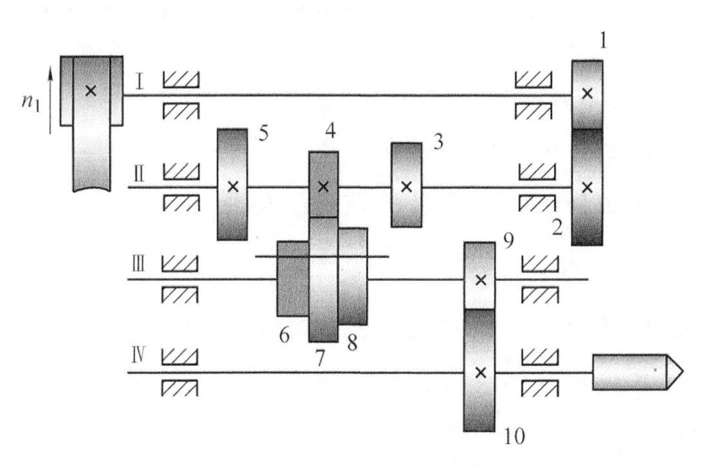

图 6-26　滑移齿轮变速机构

单元7

平面连杆机构

项目1　铰链四杆机构

知识目标：

1. 掌握铰链四杆机构的概念和组成。
2. 了解铰链四杆机构的基本类型和运动特征。

技能目标：

1. 能叙述铰链四杆机构的组成、分类及特点。
2. 能熟练掌握铰链四杆机构的三种基本类型及应用。

综合职业能力目标：

利用学习资料，与小组成员讨论分析铰链四杆机构的特点、类型及应用。

课堂讨论

图 7-1 所示为脚踏缝纫机示意图，当我们有规律地脚踩缝纫机的踏板时，通过带轮和传动带就可以使缝纫机飞轮转动起来，从而带动缝纫机工作。缝纫机的踏板机构采用了哪种类型的运动机构呢?

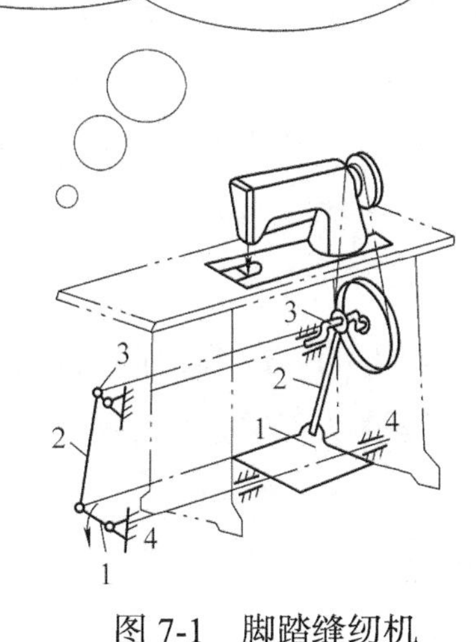

图 7-1　脚踏缝纫机

1—踏板　2—连杆　3—曲柄　4—机架

问题与思考

在我们日常生产生活中，经常见到利用连杆或曲柄来完成动作的仪器设备，为什么选择用连杆来传递或改变运动形式呢?

项目描述

在图 7-1 所示的缝纫机踏板机构中，踏板 1、连杆 2、曲柄 3 和机架 4，四个构件通过铰链连接而构成了铰链四杆机构。由一些刚性构件用转动副或移动副连接而组成的、在同一平面或相互平行平面内运动的机构称为平面连杆机构。最常见的平面连杆机构是具有四个构件（包括机架）的平面四杆机构，称为平面铰链四杆机构，简称铰链四杆机构。铰链四杆机构中的运动副是低副，因此铰链四杆机构是低副机构。

相关知识

一、平面连杆机构的特点

1. 平面连杆机构的优点

1）运动副都是低副，寿命长，耐磨损，传递动力大。

2）几何形状简单，易于加工，成本低。

3）在主动件等速连续运动的条件下，当各构件的相对长度不同时，从动件可满足多种运动规律的要求。

4）连杆上各点轨迹形状各异，可利用这些曲线来满足不同的轨迹要求。

5）能方便地实现转动、摆动和移动等基本运动形式及相互转换。

2. 平面连杆机构的缺点

1）低副中存在间隙，数目较多的低副会引起运动积累误差。

2）设计比较复杂，不易精确地实现复杂的运动规律。

二、铰链四杆机构的组成

当平面四杆机构中的运动副均为转动副时，称为铰链四杆机构。平面连杆机构的基本型式是铰链四杆机构，其余四杆机构均是由铰链四杆机构演化而成的。

如图 7-2 所示，铰链四杆机构由机架、连杆、连架杆组成，其中，固定不动的构件 4 称为机架，不与机架直接相连的构件 2 称为连杆，与机架相连的构件 1、3 称为连架杆。

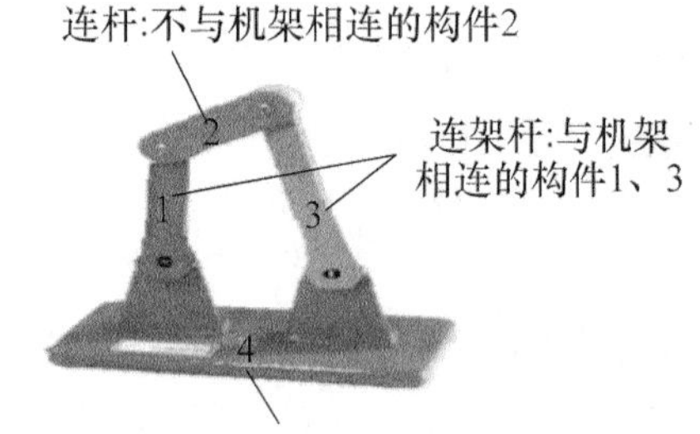

图 7-2　铰链四杆机构

三、铰链四杆机构的类型

根据连架杆运动形式的不同，连架杆又分为曲柄和摇杆。相对机架能做整周转动的连架杆称为曲柄；只能在一定角度范围内往复摆动的连架杆称为摇杆。铰链四杆机构按两连架杆的运动形式不同，分为曲柄摇杆机构、双曲柄机构、双摇杆机构。

1. 曲柄摇杆机构

在平面四杆机构中，若两个连架杆，一个为曲柄，另一个为摇杆，则此平面四杆机构称为曲柄摇杆机构。通常曲柄为原动件，并做匀速转动；而摇杆为从动件，做变速往复摆动。曲柄摇杆机构应用实例及运动分析见表 7-1。

表 7-1　曲柄摇杆机构应用实例及运动分析

应用实例	机构简图	运动分析
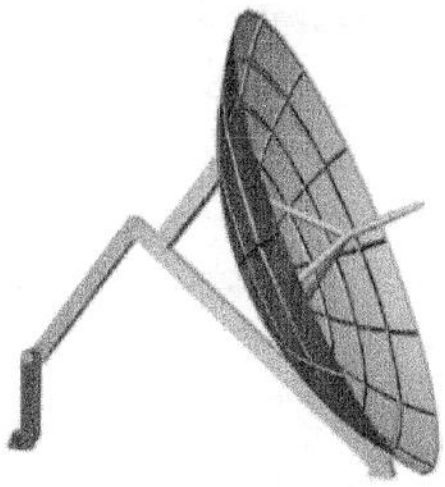	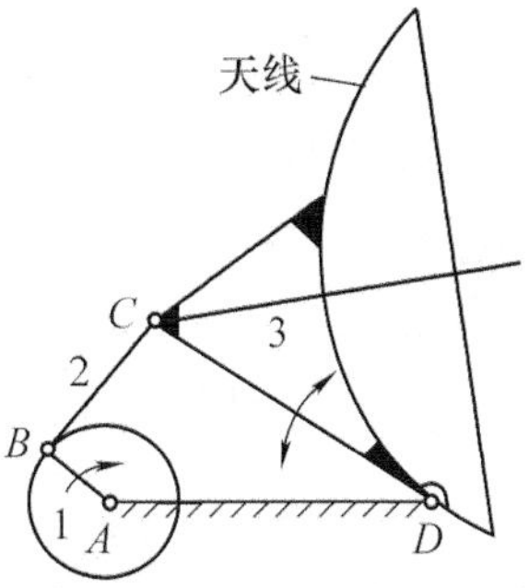 天线 C 3 2 B 1 A D	雷达天线俯仰角摆动机构中，当曲柄 1 转动时，通过连杆 2，使固定在摇杆 3 上的天线做一定角度的摆动，以调整天线的俯仰角
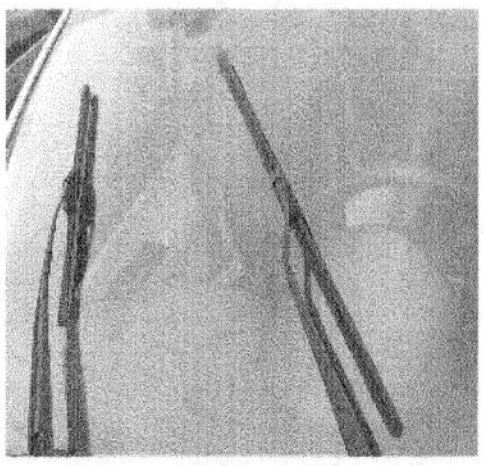	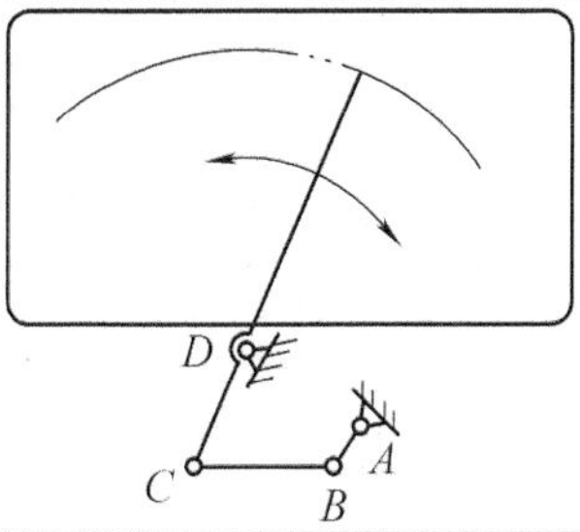 D C B A	电动机带动主动曲柄 AB 回转时，从动摇杆 CD 做往复摆动，利用摇杆的延长部分实现刮水动作

2. 双曲柄机构

铰链四杆机构中的两连架杆均为曲柄时，称为双曲柄机构。双曲柄机构的传动特点是：当主动曲柄匀速转动时，从动曲柄一般做变速转动。

常见的双曲柄机构有不等长双曲柄机构、平行双曲柄机构和反向双曲柄机构三种类型，其图示及说明见表 7-2。

表 7-2　常见的双曲柄机构类型

类型	图示	说明
不等长双曲柄机构	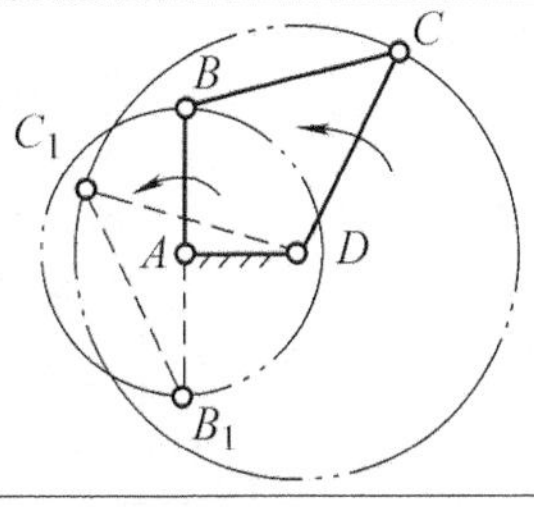 C B C_1 A D B_1	两曲柄长度不等的双曲柄机构
平行双曲柄机构	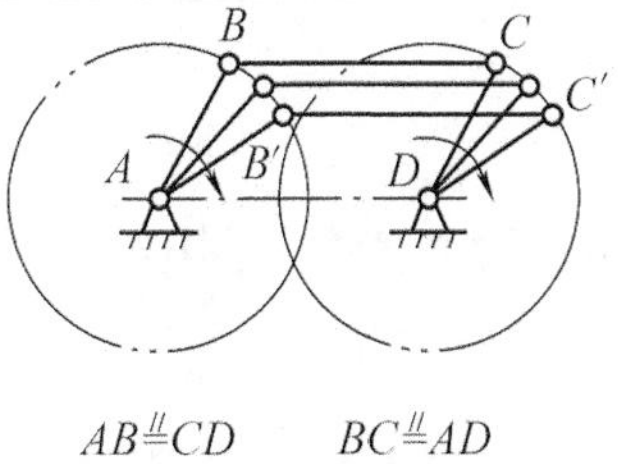 B C C′ A B′ D $AB \overset{//}{=} CD$　$BC \overset{//}{=} AD$	连杆与机架的长度相等且两个曲柄长度相等，曲柄转向相同的双曲柄机构

（续）

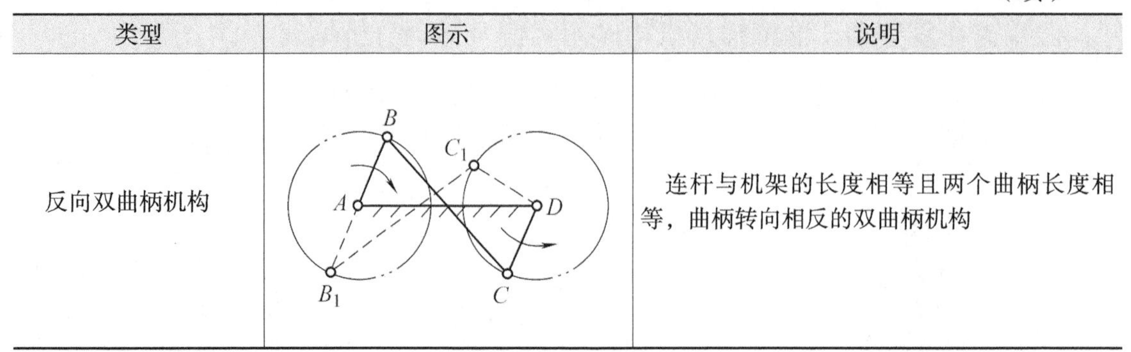

类型	图示	说明
反向双曲柄机构		连杆与机架的长度相等且两个曲柄长度相等，曲柄转向相反的双曲柄机构

常见的双曲柄机构应用实例及运动分析见表 7-3。

表 7-3　双曲柄机构应用实例及运动分析

应用实例	机构简图	运动分析
		主动曲柄 1 等速转动时，连杆 2 带动从动曲柄 3 做变速转动，再通过构件 4 带动筛子 5 做变速往复直线运动，利用加速度所产生的惯性力，使颗粒材料在筛子上往复运动而达到筛分的目的
		利用平行双曲柄机构两对边杆互相平行，两曲柄转动方向相同，角速度相等的特性，保证天平托盘 1 和 2 始终保持水平位置
		AB、*CD* 两曲柄长度相等，连杆 *BC* 与机架 *AD* 长度相等但不平行，两曲柄转动方向相反，角速度不相等。当主动曲柄 *AB* 转动时，通过连杆 *BC* 使从动曲柄 *CD* 也朝反方向转动，从而保证两扇车门能同时开启或关闭到各自预定的工作位置

3. 双摇杆机构

两个连架杆均为摇杆的铰链四杆机构称为双摇杆机构。常见的双摇杆机构应用实例及运动分析见表 7-4。

表 7-4　双摇杆机构应用实例及运动分析

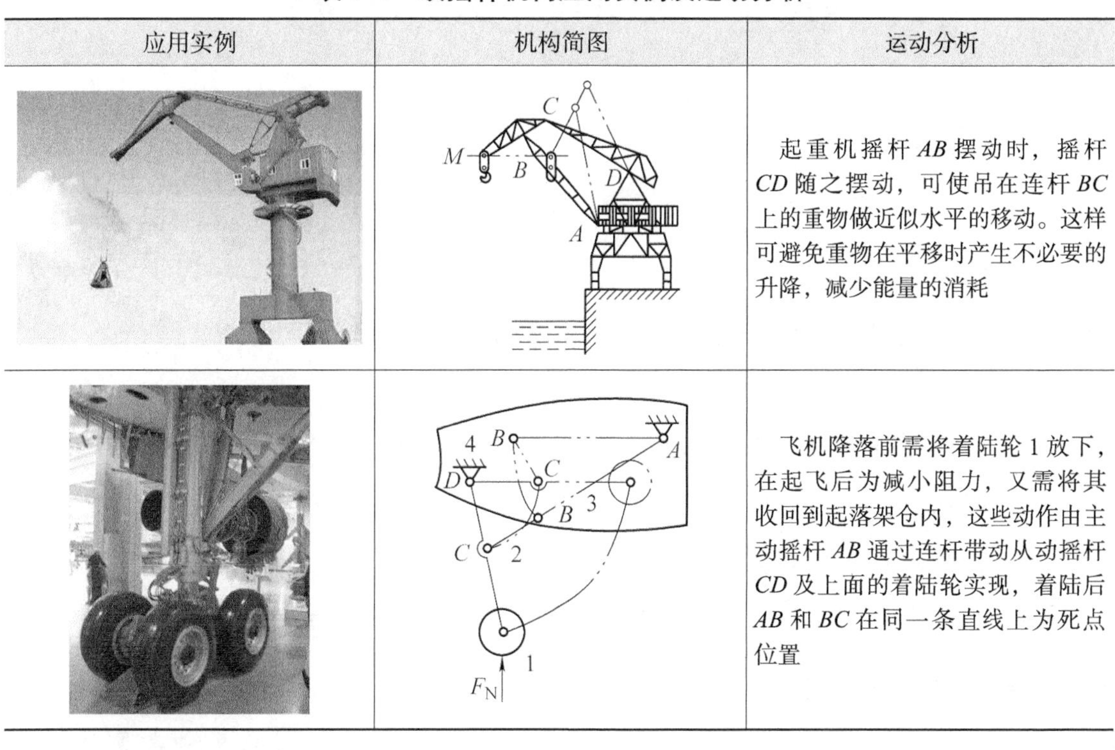

应用实例	机构简图	运动分析
		起重机摇杆 *AB* 摆动时，摇杆 *CD* 随之摆动，可使吊在连杆 *BC* 上的重物做近似水平的移动。这样可避免重物在平移时产生不必要的升降，减少能量的消耗
		飞机降落前需将着陆轮 1 放下，在起飞后为减小阻力，又需将其收回到起落架仓内，这些动作由主动摇杆 *AB* 通过连杆带动从动摇杆 *CD* 及上面的着陆轮实现，着陆后 *AB* 和 *BC* 在同一条直线上为死点位置

课后练习

1. 在铰链四杆机构中，与机架用转动副相连接的杆称为________。

2. 铰链四杆机构基本类型有________、________、和________。

3. 曲柄摇杆机构运动特性是：______________________；双曲柄机构运动特性是：______________________；双摇杆机构运动特性是：______________________。

4. 平行四边形机构属于________机构，当曲柄与连杆共线时，会出现________________________________。

5. 铰链四杆机构中，各构件之间以（　　）相连接。

A. 转动副　　B. 移动副　　C. 螺旋副

6. 雷达天线俯仰角摆动机构采用的是（　　）机构。

A. 双摇杆　　B. 双曲柄　　C. 曲柄摇杆

7. 在铰链四杆机构中，不与机架直接连接，且做平面运动的杆件称为（　　）。

A. 摇杆　　B. 曲柄　　C. 连杆

8. 在铰链四杆机构中，能相对机架做整圈旋转的连架杆称为（　　）。

A. 摇杆　　B. 曲柄　　C. 连杆

项目 2 铰链四杆机构的演化

学习目标

知识目标：

1. 能叙述铰链四杆机构演化的几种常见类型。
2. 能掌握曲柄滑块机构的工作原理。
3. 能掌握导杆机构、固定滑块机构和曲柄摇块机构的工作原理。

技能目标：

1. 能够分析曲柄滑块机构的应用实例。
2. 能够分析导杆机构、固定滑块机构和曲柄摇块机构的应用实例。

综合职业能力目标：

利用学习资料，与小组成员讨论铰链四杆机构演化的几种常见类型，分析曲柄滑块机构、导杆机构、固定滑块机构和曲柄摇块机构的应用实例。

课堂讨论

铰链四杆机构广泛应用于机床、内燃机等设备中，如图7-3 所示。讲一讲日常生产生活中常见的采用铰链四杆机构的设备有哪些。

图 7-3 常见设备

问题与思考

在我们日常生产生活中，经常遇到或见到利用铰链四杆机构的仪器设备，铰链四杆机构有没有其他演化机构？

项目描述

在内燃机气缸曲柄连杆机构中，曲柄、连杆和活塞（滑块）通过铰链连接而构成了曲柄滑块机构，它是由铰链四杆机构中的铰链摇杆机构演化而来的。在机械传动中，根据具体的应用场合不同，铰链四杆机构还可以演化为多种运动形式。认识这些演化机构的运动特点和运动规律，对机械设计中合理分析和选择铰链四杆机构是非常必要的。本项目就是要带领大家通过学习铰链四杆机构的演化来了解其工作原理。

相关知识

在实际应用中，还广泛地采用滑块四杆机构，它是铰链四杆机构的演化机构，是含有移动副的四杆机构。其常用形式有曲柄滑块机构、偏心轮机构、滑块机构、导杆机构、摇块机构和定块机构等。

图 7-4 所示为压力机，压力机的设计原理是将圆周运动转换为直线运动，由主电动机出力，带动飞轮，经离合器带动齿轮、曲轴（或偏心齿轮）、连杆等运转，来达成滑块的直线运动，从主电动机到连杆的运动为圆周运动。

图 7-4　压力机

一、曲柄滑块机构

曲柄滑块机构是具有一个曲柄和一个滑块的平面四杆机构，如图 7-5 所示。

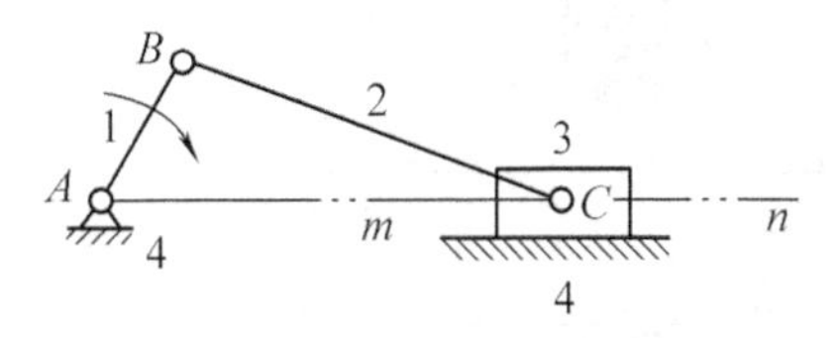

图 7-5　曲柄滑块机构

曲柄滑块机构是由曲柄摇杆机构演化而来的，其演变过程如下：如图 7-6a 所示的曲柄摇杆机构，当曲柄 AB 绕 A 点旋转时，铰链 C 点的轨迹为圆弧 mn。现在改变 CD 的形状如图 7-6b 所示，由杆件改为滑块的形式，并使用滑块沿圆弧导轨 mn 往复移动。可以看出铰链 C 的运动轨迹并未发生变化，但此时的铰链四杆机构已经演化为具有曲线导轨的曲柄滑块机构。如果将圆弧半径变为无穷大，这时曲线导轨将变成直线导轨，这就是偏置曲柄滑块机构，如图 7-6c 所示。再进一步演化，就形成了常见的曲柄滑块机构，如图 7-6d 所示。

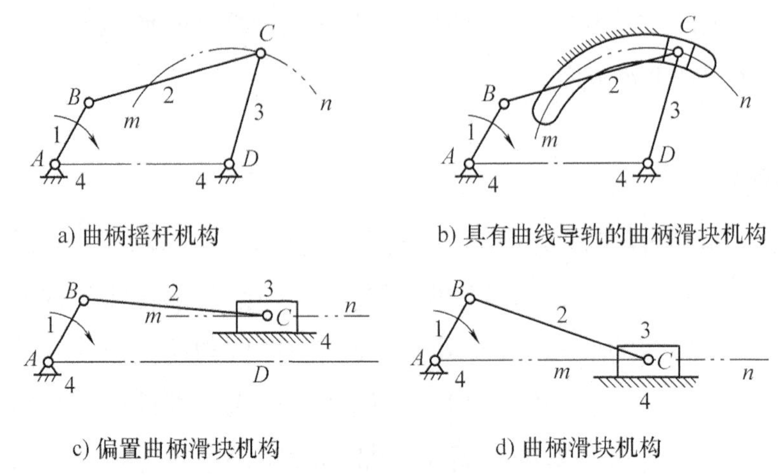

a) 曲柄摇杆机构　b) 具有曲线导轨的曲柄滑块机构

c) 偏置曲柄滑块机构　d) 曲柄滑块机构

图 7-6　曲柄滑块机构的演变过程

曲柄滑块机构的应用实例见表 7-5。

表 7-5　曲柄滑块机构的应用实例

应用实例	机构简图	运动分析
		做功行程时活塞（滑块）的向下直线运动通过连杆转换成曲轴（曲柄）的旋转运动。其他行程时曲轴的旋转运动通过连杆转换成活塞的往复直线运动
		曲轴（曲柄）的旋转运动转换成冲压头（滑块）的上下往复直线运动，完成对工件的压力加工

二、偏心轮机构

在对心曲柄滑块机构中，如果需要滑块行程 H 很短，则曲柄长度相应也要变短，为了便于制造，常使用偏心轮的偏心距 e 来代替曲柄长度，这种机构称为偏心轮机构，如图 7-7 所示。其工作原理与曲柄滑块机构相同，滑块行程是偏心距的两倍，即 $H=2e$。

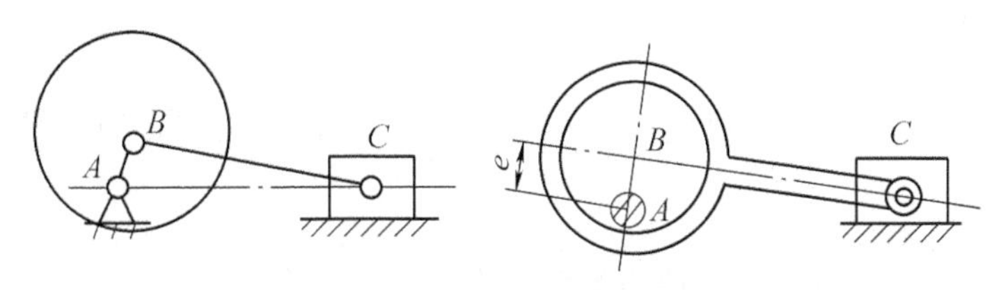

图 7-7 偏心轮机构

偏心轮机构常用于受力较大且滑块行程较短的剪板机、压力机等机械中。

注意，一般情况下以偏心轮为主动件。

三、滑块、导杆、摇块、定块机构

机构中与滑块组成移动副的构件称为导杆，连架杆中至少有一个构件为导杆的平面四杆机构称为导杆机构。导杆机构可以看成是通过选取曲柄滑块机构中不同构件作为机架演化而成的。

图 7-8a 所示的曲柄滑块机构中，若取构件 1 为机架，2 为主动件，当主动件回转时，构件 4 将绕 A 点转动或摆动，滑块 3 沿构件 4 做相对滑动，如图 7-8b 所示。由于构件 4 对滑块 3 起导向作用，所以构件 4 称为导杆，这种机构为导杆机构。在该机构中，若 $L_2>L_1$，则杆 2 和导杆 4 均能做整周旋转运动，这种机构称为转动导杆机构，如图 7-8b 所示。若 $L_2 < L_1$，当杆 2 做周转运动时，导杆 4 只能做往复摆动，这种机构称为摆动导杆机构。

在图 7-8a 所示的曲柄滑块机构中，若取构件 2 为机架，滑块 3 只能绕 C 点摆动，如图 7-8c 所示，这种机构称为曲柄摇块机构。当曲柄 1 绕 B 点做整周回转运动时，滑块 3 做摆动。

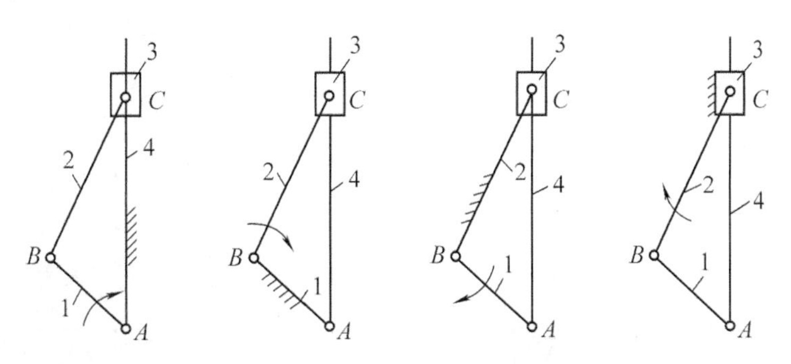

a) 曲柄滑块机构　b) 转动导杆机构　c) 曲柄摇块机构　d) 固定滑块机构

图 7-8 滑块、导杆、摇块、定块机构的演化

在图 7-8a 所示的曲柄滑块机构中，若将滑块 3 固定不动，如图 7-8d 所示，这种机构称为固定滑块机构。若取滑块 3 为机架，构件 2 为摇杆绕 C 点摆动，则

导杆 4 做往复移动。

表 7-6 给出了曲柄滑块机构选取不同构件为机架时，得到的机构的类型、应用实例和应用特点。

表 7-6　机构的类型、应用实例和应用特点

导杆机构类型	应用实例	机构简图	应用特点
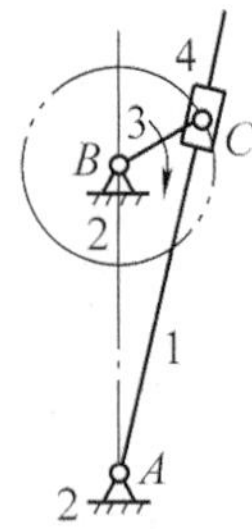 摆动导杆机构	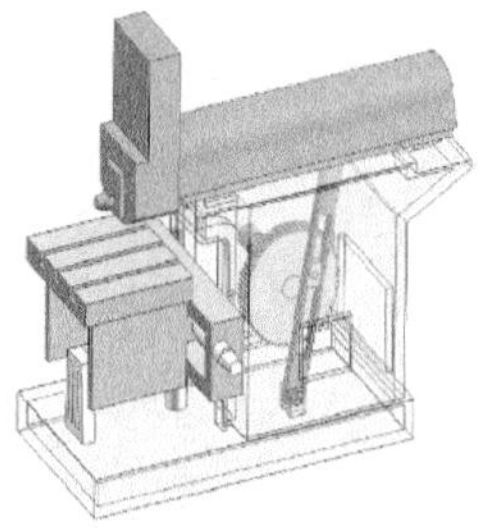 牛头刨床主运动机构	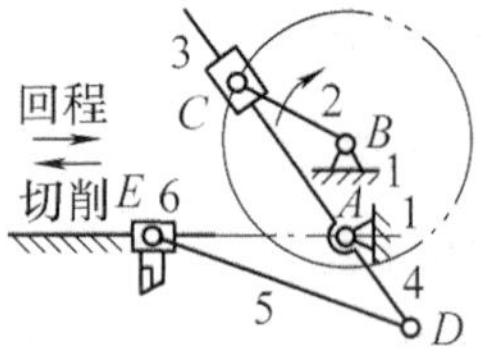	杆 2 整周旋转，滑块 3 带动导杆 4 旋转。导杆 4 的延长臂 AD 作为下部曲柄滑块机构的曲柄，通过连杆 5 带动刨刀滑块 6 移动
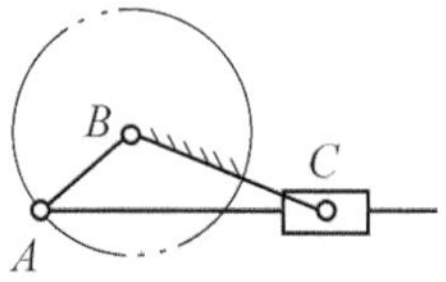 曲柄摇块机构	 自卸车卸车机构	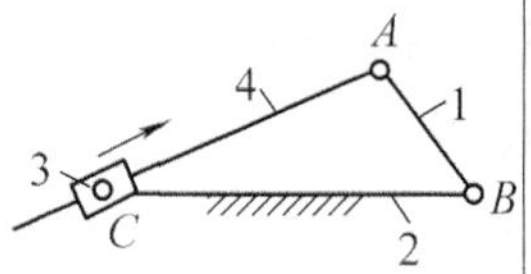	液压缸的缸体相当于摇块，活塞杆相当于摇杆。当液压油推动活塞杆向上移动时，使起重臂 AB 绕 B 点旋转，推起车厢
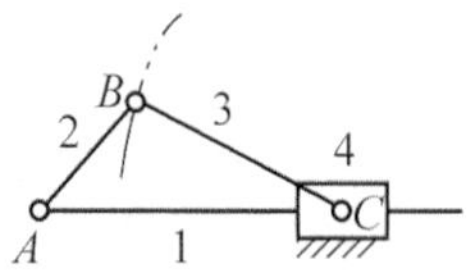 固定滑块机构	 手动抽水机	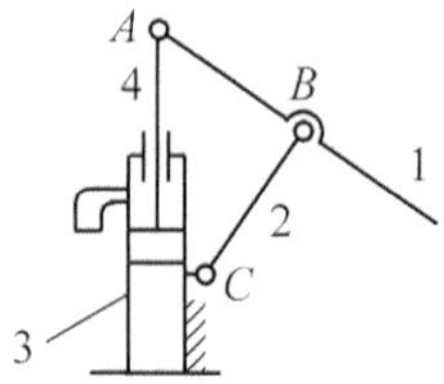	扳动手柄 1，使活塞杆 4（导杆）在筒 3（活塞）内上下移动，从而完成抽水动作

课后练习

1. 曲柄滑块机构中，若以曲柄为主动件，则可以把曲柄的________运动转换成滑块的运动。

2. 曲柄滑块机构是由曲柄摇杆机构中的________杆件长度趋于________而演变来的。

3. 开式压力机采用的是（　　）机构。

A. 移动导杆　　B. 曲柄滑块　　C. 摆动导杆

4. 曲柄滑块机构中，若机构存在死点位置，则主动件为（　　）。

A. 连杆　　B. 机架　　C. 滑块

5. 在曲柄滑块机构中，往往用一个偏心轮代替（　　）。

A. 滑块　　B. 机架　　C. 曲柄

6. 在曲柄摇杆机构中，若以摇杆为主动件，则在死点位置时，曲柄的瞬时运动方向是（　　）。

A. 按原方向运动　　B. 按原运动方向的反方向运动　　C. 不确定

项目 3　铰链四杆机构的基本性质

学习目标

知识目标：

1. 能掌握铰链四杆机构中曲柄存在的条件。

2. 能叙述铰链四杆机构的急回特性和死点位置。

技能目标：

能够结合急回特性的特点进行应用。

综合职业能力目标：

利用学习资料，与小组成员讨论分析铰链四杆机构的死点位置，合作制定顺利通过死点位置的合理方案。

课堂讨论

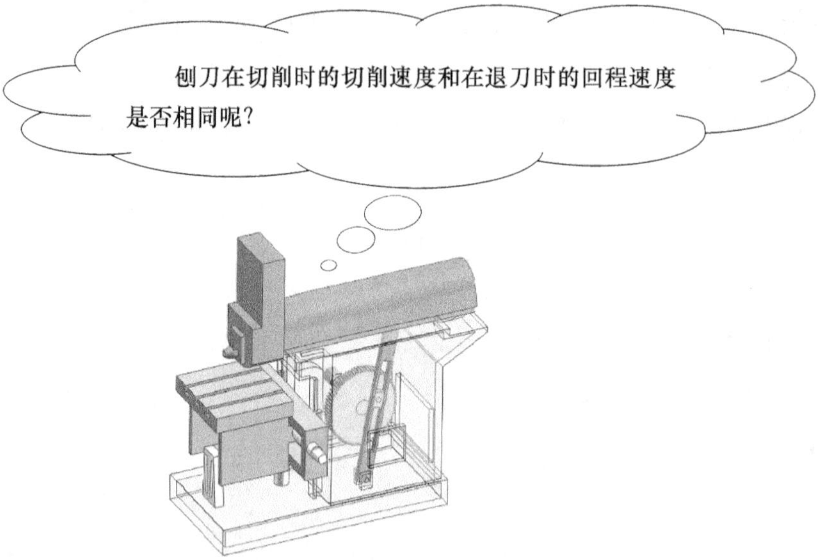

刨刀在切削时的切削速度和在退刀时的回程速度是否相同呢?

图 7-9　牛头刨床示意图

问题与思考

在我们日常生产生活中，经常遇到或见到应用铰链四杆机构的机械设备，为什么选择铰链四杆机构呢?

项目描述

图 7-9 为牛头刨床示意图，由床身、导杆、曲柄（齿轮）、滑块和滑枕等构件组成。 当滑枕左行时刨刀进行切削，要求滑枕的运动速度较低且平稳，以提高切削质量。当滑枕右行时，刨刀返回不工作，要求滑枕的运动速度较高以便缩短时间，提高工作效率。本项目就是要带领大家通过认识牛头刨床的运动原理，了解铰链四杆机构的基本性质。

相关知识

一、曲柄存在的条件

曲柄是能做整圈旋转的连架杆，只有这种能做整圈旋转的构件才能用电动机等连续转动的装置来带动，所以能做整圈旋转的构件在机构中具有重要的地位，也就是说曲柄是关键构件。

铰链四杆机构中能否存在曲柄，主要取决于机构中各杆的相对长度和机架的选择。铰链四杆机构存在曲柄，必须同时满足以下两个条件：

1）最短杆与最长杆的长度之和小于或等于其他两杆长度之和。

2）连架杆和机架中必有一杆是最短杆。

根据曲柄存在的条件，可以推导出铰链四杆机构 3 种基本类型的判别方法，见表 7-7。

若铰链四杆机构中最长杆与最短杆长度之和大于其余两杆长度之和，无论取哪一杆件为机架，机构均为双摇杆机构。

表 7-7 铰链四杆机构 3 种基本类型的判别方法

类型	说明	条件	图示
曲柄摇杆机构	连架杆之一为最短杆	$L_{AD}+L_{AB} \leqslant L_{BC}+L_{CD}$	
双曲柄机构	机架为最短杆		
双摇杆机构	连杆为最短杆	$L_{AD}+L_{AB} \leqslant L_{BC}+L_{CD}$	
	无论哪个杆为机架，都无曲柄存在	$L_{AD}+L_{AB} > L_{BC}+L_{CD}$	

总结表 7-7 所述判别方法，可得出以下推导过程：

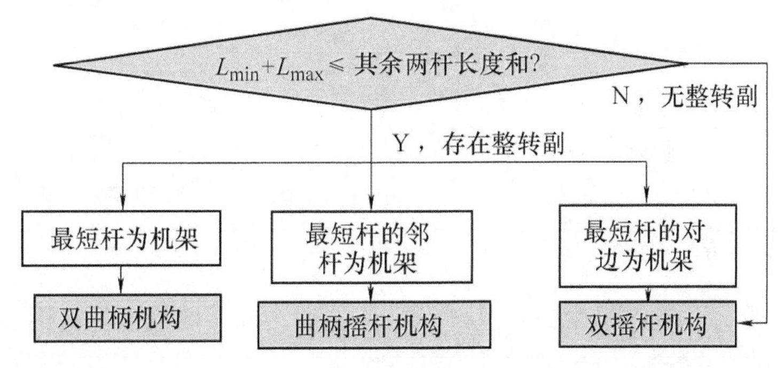

二、急回特性

如图 7-10 所示的曲柄摇杆机构中，当主动曲柄整周回转时，摇杆在 C_1D 和 C_2D 两极限位置之间往复摆动。当摇杆在 C_1D 和 C_2D 两极限位置时，曲柄与连杆出现两次共线，曲柄摇杆机构所处的这两个位置称为极位，曲柄与连杆两次共线位置之间所夹的锐角称为极位夹角，用 θ 表示。

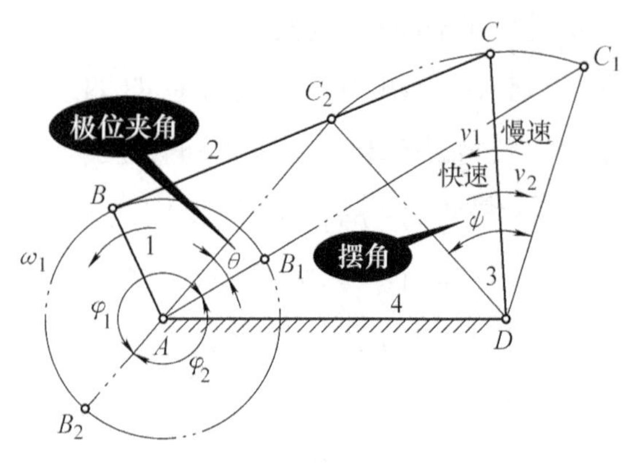

图 7-10　曲柄摇杆机构

当曲柄逆时针等角速度连续转动，由 AB_1 位置转到 AB_2 位置时，转角 φ_1 为 $180°+\theta$，摇杆由 C_1D 摆到 C_2D 所用时间为 t_1；当曲柄由 AB_2 位置转回到 AB_1 位置时，转角 φ_2 为 $180° - \theta$，摇杆由 C_2D 摆到 C_1D 所用时间为 t_2。很明显，摇杆往复摆动所用时间不等（$t_1 > t_2$）、平均速度不等。通常情况下，摇杆由 C_1D 摆到 C_2D 的过程被用作机构中从动件的工作行程（慢速），摇杆由 C_2D 摆到 C_1D 的过程被用作机构中从动件的空回行程（快速）。空回行程时的平均速度（v_2）大于工作行程时的平均速度（v_1），机构的这种性质称为急回特性。

以上分析可知：当机构有极位夹角 θ 时，机构有急回特性；极位夹角 θ 越大，机构的急回特性越明显，但机构运动的平稳性也越差；当极位夹角 $\theta=0°$ 时，机构往返所用的时间相同，机构无急回特性。

曲柄摇杆机构中摇杆的急回特性有利于提高某些机械的工作效率。一般机械在工作中往往都有工作行程和空回行程两个过程，为了提高工作效率，可以利用急回特性来缩短机械空回行程的时间。

机构中的急回特性可用行程速比系数 K 表示，即

$$K = \frac{v_2}{v_1} = \frac{t_1}{t_2} = \frac{180° + \theta}{180° - \theta}$$

三、死点位置

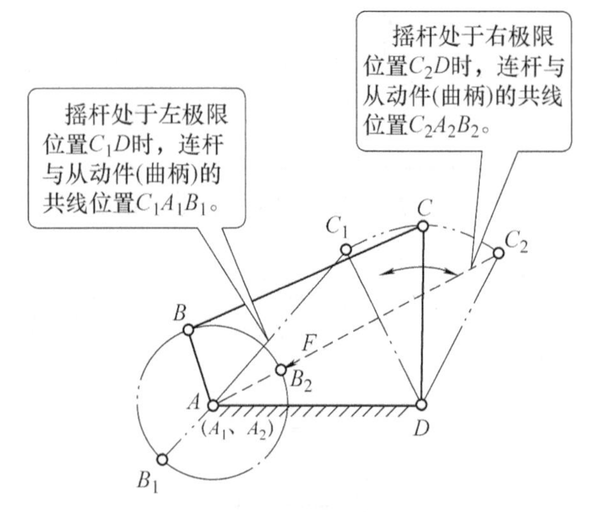

图 7-11　曲柄摇杆机构的死点位置

如图 7-11 所示的曲柄摇杆机构

中，设以摇杆 CD 为主动件，则当连杆与从动曲柄共线时，机构的传动角 γ=0°。此时主动件 CD 通过连杆作用于从动曲柄 AB 上的力恰好通过其回转中心，从而使驱动力对从动曲柄 AB 的回转力矩为零，使得机构转不动或出现运动不确定的现象。机构的这种位置称为死点位置或死点。

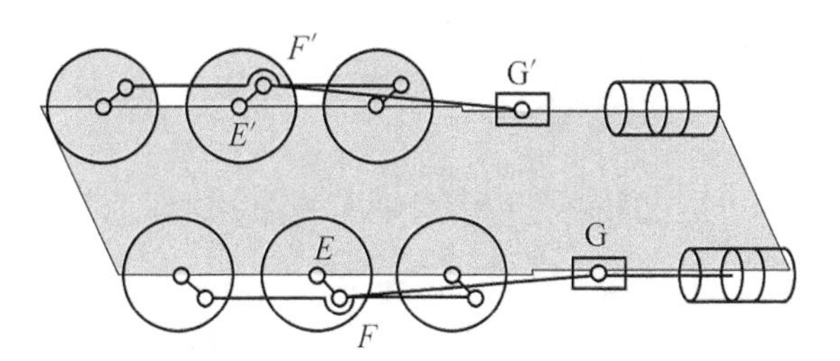

图 7-12　机车车轮联动机构

同样，对于曲柄滑块机构，当以滑块为主动件时，若连杆与从动曲柄共线，机构也处于死点位置。

对于传动机构来讲，死点对机构是不利的，在实际设计时，应该采取措施使机构能顺利地通过死点位置。

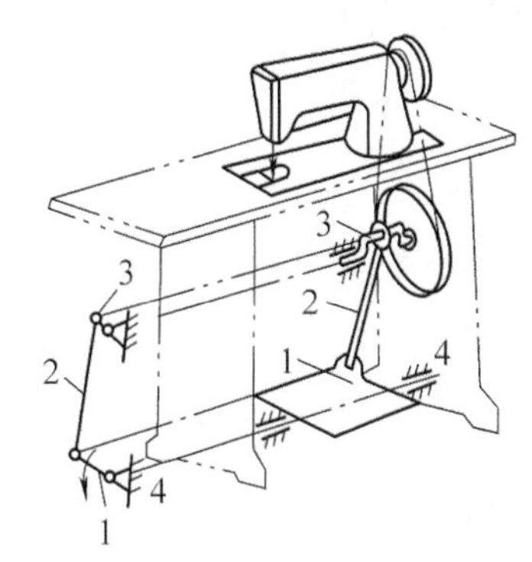

图 7-13　缝纫机踏板机构

为了使传动机构能顺利地通过死点而正常运转，必须采取适当的措施：

1）可采用将两组以上的同样机构相互错开排列组合使用，如图 7-12 所示的机车车轮联动机构，其两侧的曲柄滑块机构的曲柄相互错开了 90°。

2）可采用安装飞轮加大惯性的方法，借惯性作用使机构闯过死点，如图 7-13 所示的缝纫机踏板机构中的大带轮即兼有飞轮的作用。

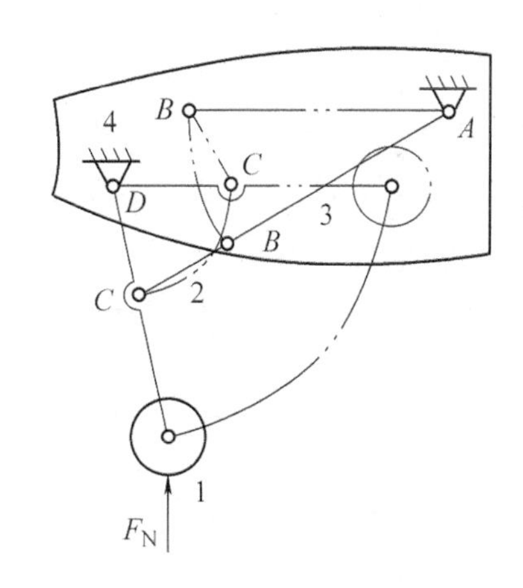

图 7-14　飞机起落架机构图

机构的死点位置并非都是不利的，在工程实践中，常利用死点来实现特定的工作要求。如图 7-14 所示的飞机起落架机构，在飞机轮放下时，杆 BC 与 AB 成一条直线，此时飞机轮上虽受到很大压力，但由于机构处于死点位置，起落架不会反转（折回），这可使飞机起落或停放更加可靠。在图 7-15 所示的工件夹紧机构中，当工件被夹紧后，B、C、

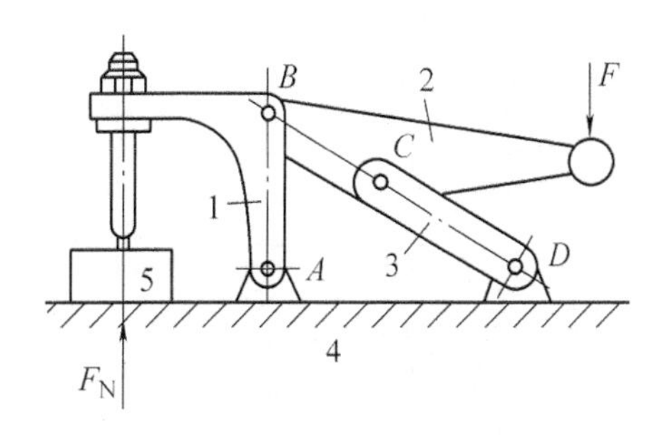

图 7-15　工件夹紧机构

D 三点成一条直线，即机构在工件反力的作用下处于死点，可保证工件在加工时不会脱落。

课后练习

1. 曲柄摇杆机构中，曲柄做等速转动时，摇杆摆动时空回行程的平均速度大于工作行程时的平均速度，这种性质称为（　　）。

A. 死点位置　　B. 机构的运动不确定性　　C. 机构的急回特性

2. 曲柄摇杆机构中，以（　　）为主动件，连杆与（　　）处于共线位置时，该位置称为死点位置。

A. 曲柄　　B. 摇杆　　C. 机架

3. 对于缝纫机的踏板机构，以下说法不正确的是（　　）。

A. 应用了曲柄摇杆机构，且摇杆为主动件

B. 利用飞轮帮助其克服死点位置

C. 踏板相当于曲柄摇杆机构中的曲柄

4. 当曲柄摇杆机构出现死点位置时，可在从动曲柄上（　　），使其顺利通过死点位置。

A. 加大主动力　　B. 加设飞轮　　C. 减少阻力

5. 什么是机构的急回特性？

6. 什么是死点位置？

7. 下列各简图分别表示的是什么机构？有怎样的运动特点？

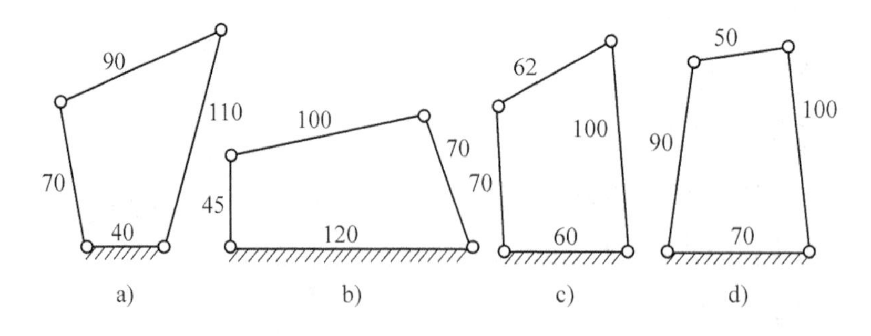

a)　　b)　　c)　　d)

单元8

凸轮机构

项目1　凸轮机构的组成、分类与特点

知识目标：

1. 能说出凸轮机构的组成。
2. 能叙述凸轮机构的分类及特点。
3. 能阐明凸轮机构的特点。

技能目标：

能区分不同的凸轮机构。

综合职业能力目标：

利用手机、网络、课本等学习资料，采用小组合作的方式讨论凸轮机构的组成和特点，并能区分不同的凸轮机构。

课堂讨论

凸轮机构广泛应用于传力不大的场合，如自动机械、仪表、控制机构和调节机构中，如图8-1所示。你还能举出哪些应用实例？

图 8-1　凸轮机构的应用设备

问题与思考

在我们日常生产生活中，自动车床进给机构就应用了凸轮机构，那么它的工作原理是怎样的呢？

项目描述

自动车床是一种高性能、高精度、低噪声的进给式自动车床，是通过凸轮来控制加工程序的自动加工机床。本项目就是要带领大家通过认识自动车床的进给机构，了解凸轮机构的原理及组成。

相关知识

在凸轮机构中，一般以凸轮为主动件，且做等速转动或移动，通过凸轮的轮廓与从动件始终直接接触，从而推动从动件做有规律的直线往复移动或摆动。图 8-2 所示为自动车床的进给机构。

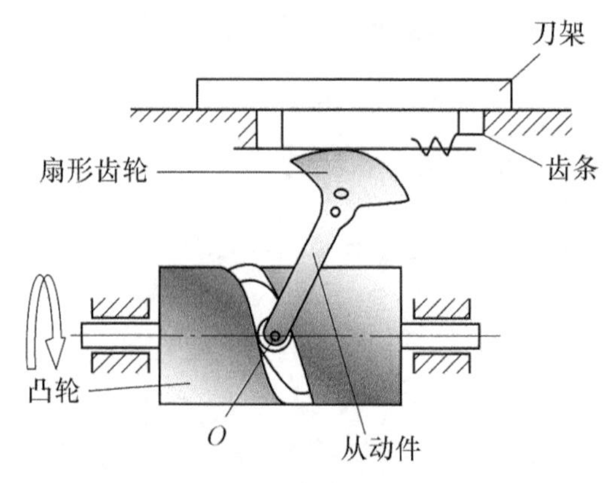

图 8-2　自动车床的进给机构

一、凸轮机构的组成

凸轮机构是由凸轮、从动件和机架三部分组成的一种高副机构，如图 8-3 所示。其中凸轮是一个具有曲线轮廓或凹槽的构件，主动件凸轮通常做等速转动或移动，通过高副接触使从动件得到所预期的运动规律。

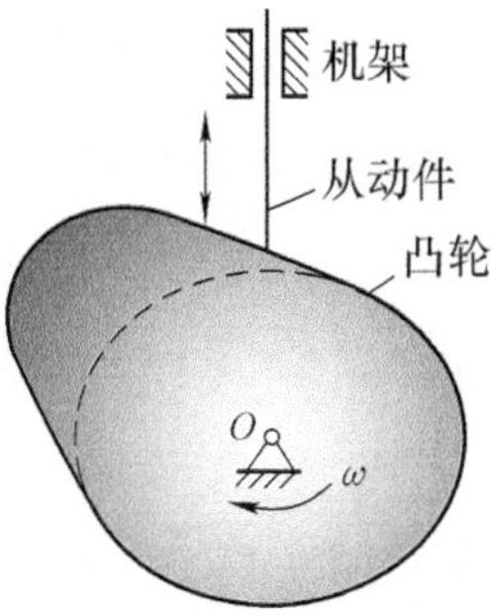

图 8-3　凸轮机构

二、凸轮机构的分类

按不同的分类方法，凸轮机构可分为不同的类型。

1. 按凸轮的形状分类

按凸轮的形状分，凸轮机构类型及应用见表 8-1。

表 8-1　按凸轮形状分类

类型	图例	特点	应用
盘形凸轮机构		盘形凸轮机构是凸轮机构的常见形式，这种凸轮是一个绕固定轴转动并且具有变化半径的盘形零件。从动件在垂直于凸轮旋转轴线的平面内运动	盘形凸轮结构简单，从动件的行程不大，多用于行程较短的场合，如手摇式补鞋机、家用塑钢窗的锁紧凸轮机构、绕线机的引线机构等
移动凸轮机构	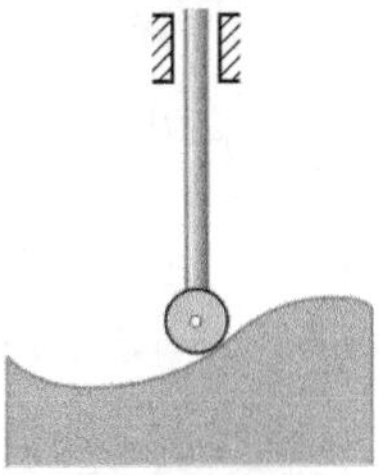	移动凸轮可看成是盘形凸轮的回转中心趋于无穷远，相对于机架做直线往复移动。但与盘形凸轮机构相比，移动凸轮机构的从动件位移可以比盘形凸轮机构大些	在机械工程中，移动凸轮机构也有较广的应用，如靠模车削加工机构就是典型的移动凸轮机构
圆柱凸轮机构	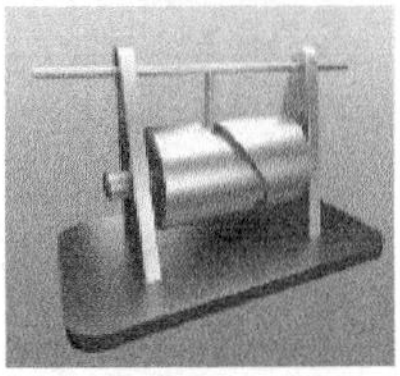 	圆柱凸轮机构是在圆柱面上开槽（或在圆柱端面上制出轮廓曲线）制成的，它也可看成是将移动凸轮卷曲在圆柱体上形成的。圆柱凸轮机构属于空间凸轮机构	自动送料凸轮机构、自动车床进给机构等

2. 按从动件端部形状和运动形式分类

按从动件端部形状和运动形式分，凸轮机构具体类型及应用见表 8-2。

表 8-2　按从动件端部形状和运动形式分类

类型	图示		特点及应用
尖顶从动件凸轮机构	移动	摆动	结构简单，但因尖顶易于磨损，只适宜于传力不大的低速场合，如用于仪表等机构中
滚子从动件凸轮机构	移动	摆动	由于从动件与凸轮轮廓之间为滚动摩擦，磨损较小，可承受较大的载荷，可用来传递较大的动力，应用较广
平底从动件凸轮机构	移动	摆动	从动件与凸轮之间易形成油膜，润滑状况好，受力平稳，传动效率高，常用于高速场合。但与之相配合的凸轮轮廓须全面外凸

三、凸轮机构的应用特点

优点：结构简单紧凑，工作可靠，设计适当的凸轮轮廓曲线，可使从动件获得任意预期的运动规律。

缺点：凸轮与从动件（杆或滚子）之间以点或线接触，不便于润滑，易磨损。

应用：多用于传力不大的场合，如自动机械、仪表、控制机构和调节机构中。

课后练习

1. 凸轮机构由________、________和________三部分组成。其中主动件为________。

2. 凸轮机构按凸轮形状可分为____________________________。

3. 凸轮机构按从动件端部形状可分为____________________________________。

4. 凸轮机构的应用特点有哪些？

5. 如图 8-4 所示，自动车床的进给机构采用了哪种凸轮形式？

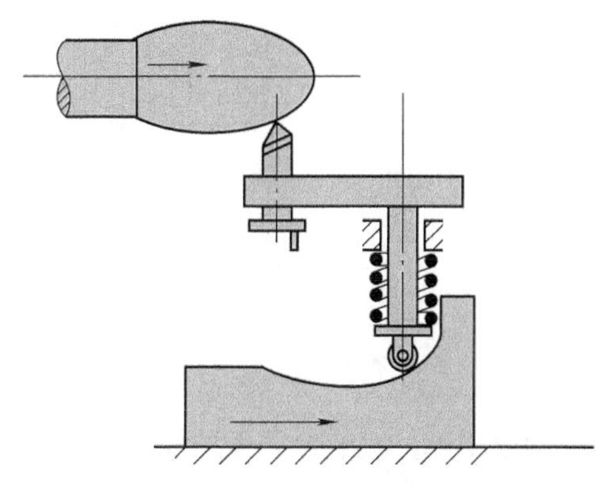

图 8-4　自动车床进给机构

项目 2　凸轮机构工作过程及从动件运动规律

学习目标

知识目标：

1. 能说出凸轮机构的工作过程。
2. 能叙述从动件等速运动规律的位移及时间曲线。

技能目标：

能绘制从动件等速运动规律的位移及时间曲线。

综合职业能力目标：

通过自主学习和小组合作学习，培养学生团结合作的能力，从而掌握凸轮机构工作过程及从动件运动规律。

课堂讨论

1. 凸轮机构从动件的运动规律是怎样的？
2. 物理上的速度是如何定义的？

问题与思考

在物理课上我们学过位移 - 时间曲线，那么在凸轮机构中从动件的位移 - 时间曲线该如何绘制呢？

项目描述

凸轮机构从动件的运动规律在日常生产中应用广泛，本项目就以盘形凸轮为例，来分析并绘制从动件的位移时间曲线。

相关知识

盘形凸轮机构——以盘形凸轮为主动件，尖端从动件做直线往复运动，如图 8-5 所示。

一、凸轮机构的工作过程

在凸轮机构中最常用的运动形式为凸轮做等速回转运动，从动件做往复移动。当凸轮回转时，从动件做“升→停→降→停”的运动循环。从动件分为推程（*AB*）、停程（*BC*）、回程（*CD*）三个过程，如图 8-6 所示。

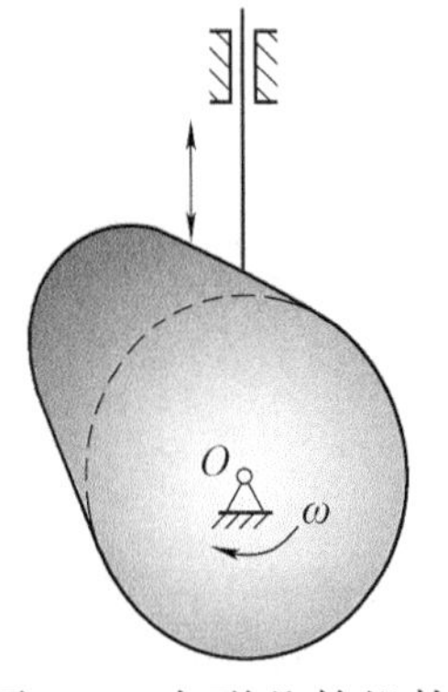

图 8-5　盘形凸轮机构

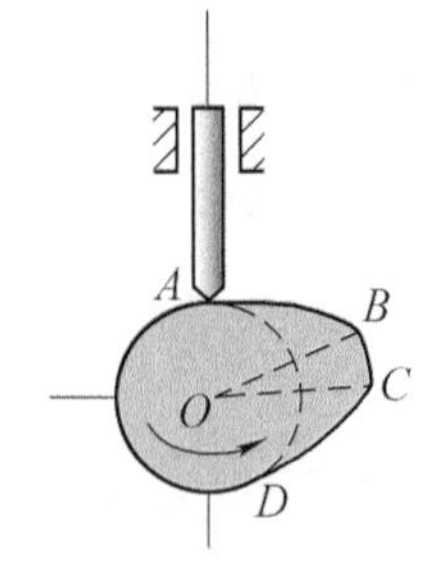

图 8-6　凸轮机构的工作过程

二、凸轮机构工作过程及从动件运动规律

1）等速运动规律（以推程为例），从动件上升（或下降）的速度为一常数。位移 - 时间曲线、速度 - 时间曲线如图 8-7 所示。在 *O* 点，速度从 0 变为 v_0，将产生刚性冲击。

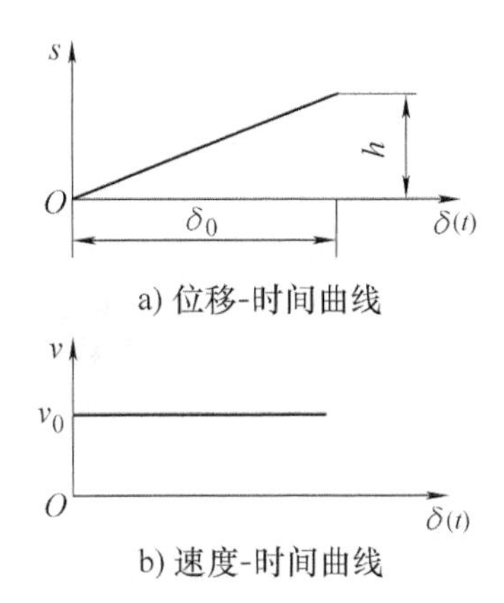

图 8-7　等速运动位移 - 时间曲线、速度 - 时间曲线

2）等加速等减速运动规律（以推程为例），从动件在行程中先做等加速运动，后做等减速运动。位移 - 时间曲线、速度 - 时间曲线如图 8-8 所示。在 *O* 点，速度没有发生变化，将产生柔性冲击。

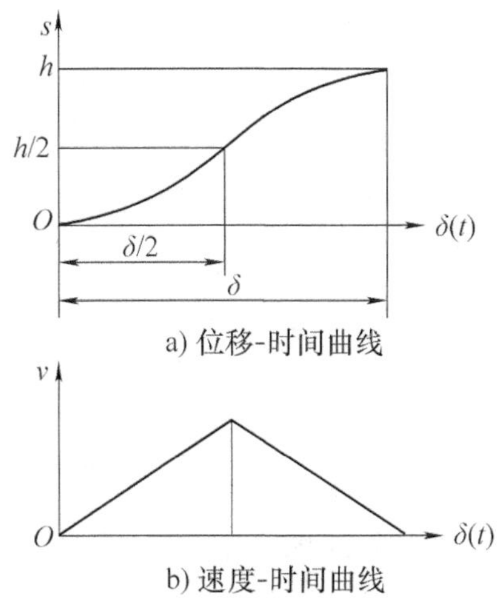

图 8-8　等变速运动位移 - 时间曲线、速度 - 时间曲线

课后练习

1. 凸轮机构的工作过程分为________、________和________三部分。

2. 凸轮机构从动件的运动规律分为：________________________。

3. 阐述凸轮机构的工作过程。

4. 绘制从动件匀速直线运动的位移 - 时间曲线、速度 - 时间曲线。

5. 绘制从动件等加速等减速运动规律的位移 - 时间曲线、速度 - 时间曲线。

单元9

其他常用机构

项目1　变速机构

知识目标：

能说出变速机构的含义。

技能目标：

能区分有级变速和无极变速机构。

综合职业能力目标：

利用学习资料，与小组成员讨论有级、无级变速机构的类别，提高合作学习能力。

课堂讨论

变速机构广泛应用于汽车等机动车，那么汽车是如何进行变速的？

问题与思考

在我们的日常生活中有哪些变速机构？大家举例说明。

项目描述

变速机构是通过一级或几级传动比不为 1 的机构来传递动力和运动，并且在传递过程中改变动力和运动量值的机构。本项目就是让大家认识变速机构的含义及分类，理解并能区分无级变速机构和有级变速机构。

相关知识

一、变速机构的含义

在输入转速不变的条件下，使输出轴获得不同转速的传动装置，分为有级变速机构和无级变速机构。

二、有级变速机构

在输入转速不变的条件下，使输出轴获得一定的转速级数，如手动档汽车可以实现不同的速度等级。有级变速可分为滑移齿轮变速机构、塔齿轮变速机构、倍增速变速机构、拉键变速机构。

滑移齿轮变速机构，通过滑移齿轮的来回移动，可实现输出端不同的速度，如图 9-1 所示。

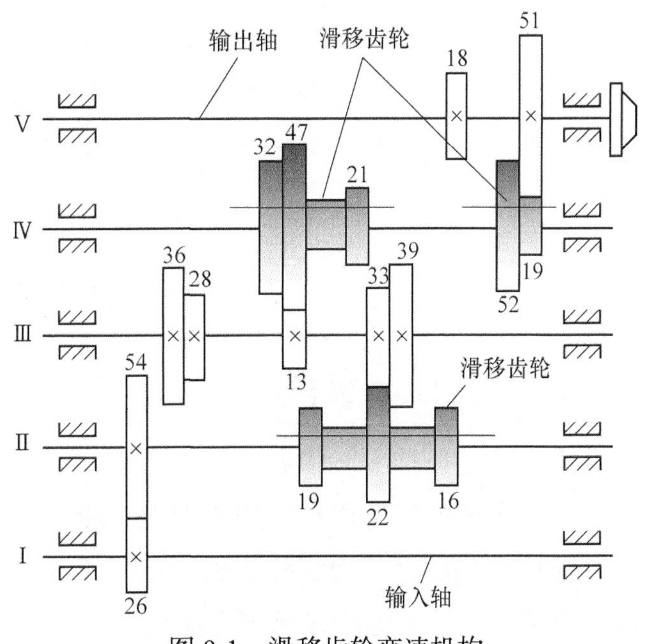

图 9-1　滑移齿轮变速机构

塔齿轮变速机构结构如图 9-2 所示。

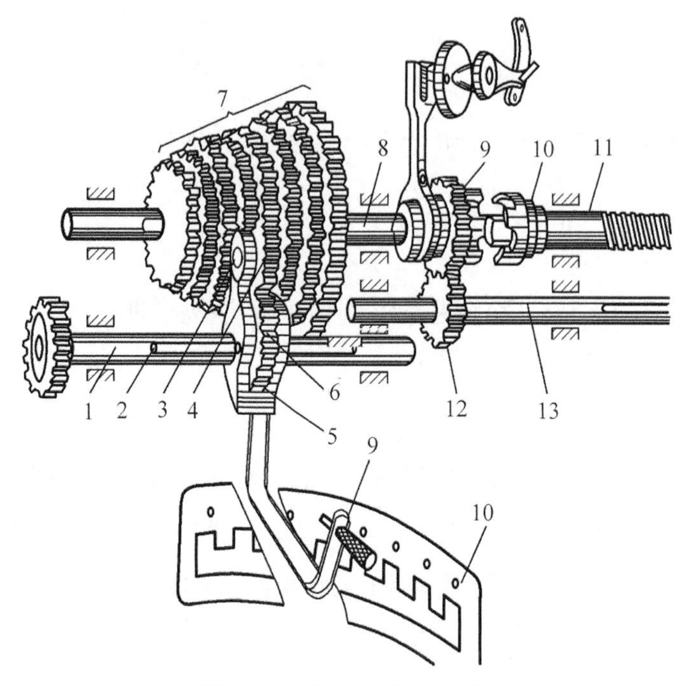

图 9-2　塔齿轮变速机构

1—主动轴　2—导向键　3—惰轮支架　4—惰轮　5—拨叉　6—滑移齿轮　7—塔齿轮
8—从动轴　9、10—离合器　11—丝杠　12—光杠齿轮　13—光杠

倍增速变速机构如图 9-3 所示。

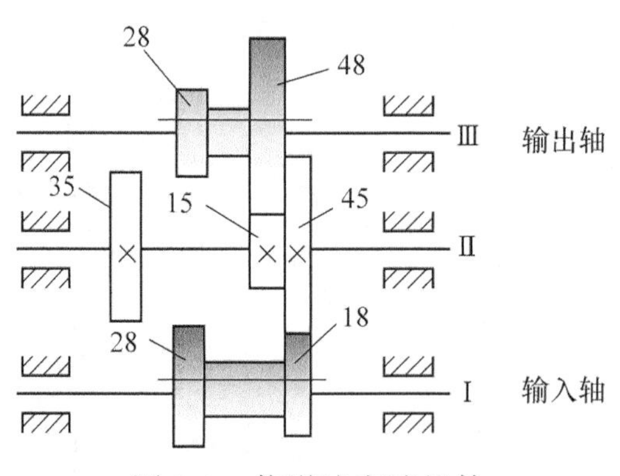

图 9-3　倍增速变速机构

三、无级变速机构

无级变速机构——依靠摩擦来传递转矩，适当改变主动件和从动件的转动半径，使输出轴的转速在一定的范围内无级变化。它的特点是靠摩擦传递转矩，速度是无级变化的，分为 3 种类别：滚子平盘式无级变速机构、锥轮 - 端面盘式无级变速机构、分离锥轮式无级变速机构。

滚子平盘式无级变速机构应用广泛，如图 9-4 所示，滚子和平盘通过摩擦来传递转矩。

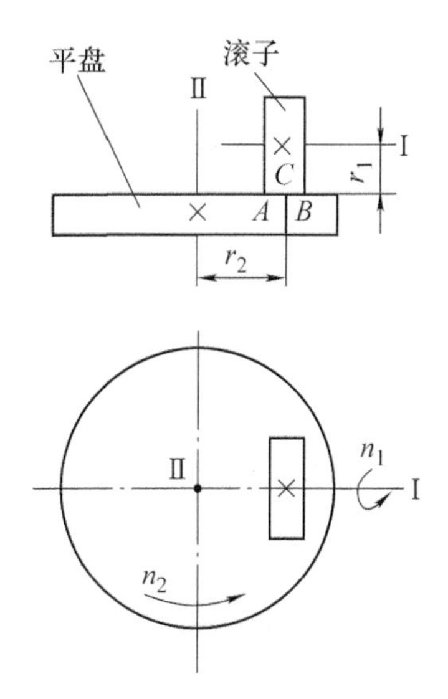

图 9-4　滚子平盘式无级变速机构

锥轮 - 端面盘式无级变速机构，如图 9-5 所示。

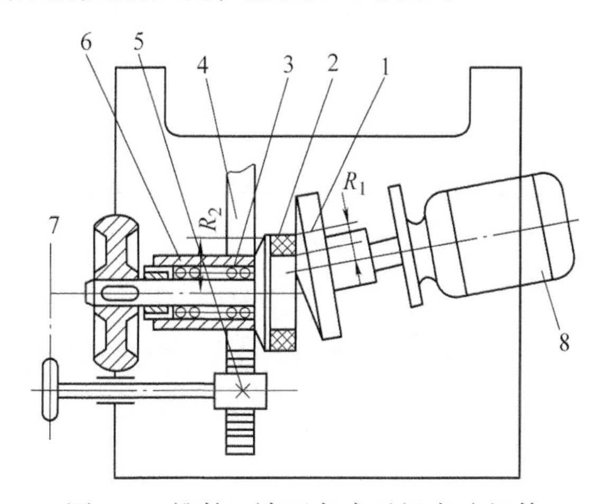

图 9-5　锥轮 - 端面盘式无级变速机构

1—锥轮　2—端面盘　3—弹簧　4—齿条　5—齿轮　6—支架　7—链条　8—电动机

课后练习

1. 变速机构分为________、________两部分。

2. 有级变速机构可分为______________________________。

3. 无级变速机构可分为________________________。

4. 阐述无级变速、有级变速的工作原理。

项目2 换向机构

知识目标：

能叙述换向机构的含义。

技能目标：

能阐述三星轮换向机构的工作原理。

综合职业能力目标：

利用学习资料，与小组成员讨论换向机构的工作原理，并上台表述。

课堂讨论

换向机构广泛应用于汽车等机动车，那么汽车是如何进行换向的？

问题与思考

在以前的章节中，我们学习了惰轮的概念，惰轮不改变传动比，只改变齿轮的运动方向，那么在换向机构中有没有惰轮的应用呢？

项目描述

换向机构广泛应用于机动车等领域，本项目就是让大家认识换向机构，能说出三星轮换向机构和离合器锥齿轮换向机构的工作原理。

相关知识

一、换向机构的含义

换向机构是在输入轴转向不变的条件下，可使输出轴转向改变的机构。比如，汽车可以实现前进和倒退，这种方向的变换是通过换向机构实现的。常用的换向机构为：三星轮换向机构、离合器锥齿轮换向机构。

二、三星轮换向机构

图 9-6 所示三星轮换向机构中包括四个齿轮，主动齿轮为齿轮 1，从动齿轮为齿轮 4，惰轮为齿轮 2、3，拨叉为 A。

工作原理：起初主动齿轮 1，经过惰轮 3，将动力传到从动齿轮 4，如图 9-6a 所示；为了实现换向功能，通过拨叉 A 使主动齿轮 1 和惰轮 2 啮合，惰轮 2 和惰轮 3 啮合，最后将动力传到从动齿轮 4，由于惰轮 2 的参与从而实现了换向功能，如图 9-6b 所示。

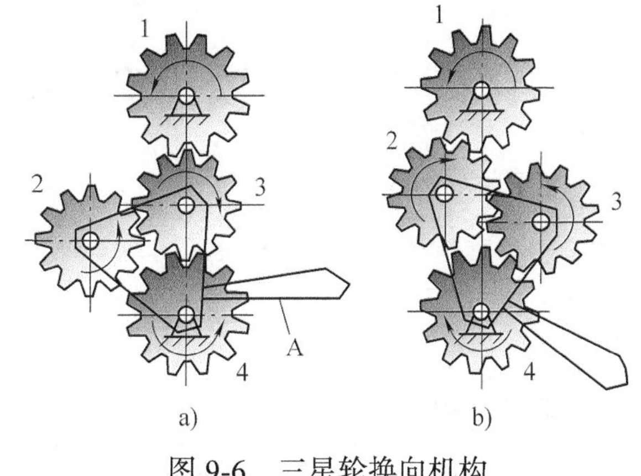

图 9-6　三星轮换向机构

三、离合器锥齿轮换向机构

在图 9-7 所示的离合器锥齿轮换向机构中，主动齿轮为主动锥齿轮 1，从动齿轮为从动锥齿轮 2、4，3 为离合器。

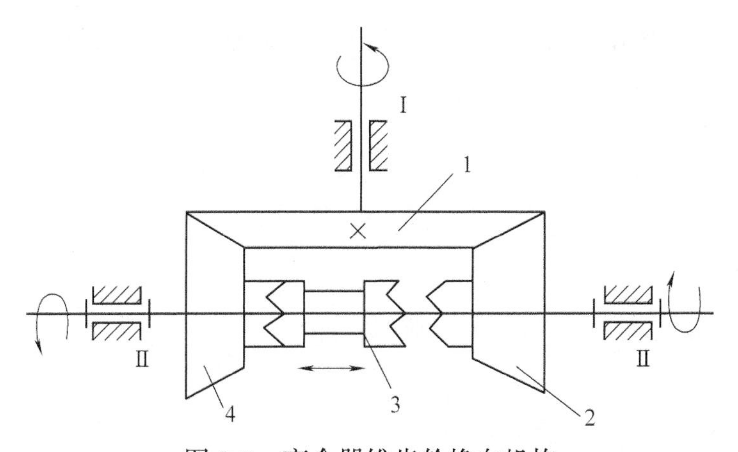

图 9-7　离合器锥齿轮换向机构

1—主动锥齿轮　2、4—从动锥齿轮　3—离合器

工作原理：如图 9-7 所示，离合器 3 和从动锥齿轮 4 接合，主动锥齿轮 1 和从动锥齿轮 4 啮合，将动力传到左侧Ⅱ轴，输出轴从右往左看为逆时针方向。为实现换向功能，离合器 3 和从动锥齿轮 2 接合，主动锥齿轮 1 和从动锥齿轮 2 啮合，将动力传到右侧Ⅱ轴，输出轴从右往左看为顺时针方向，从而实现了换向功能。

课后练习

1. 换向机构是在________不变的条件下，可使输出轴________的机构。
2. 换向机构可分为：________、________。
3. 阐述三星轮换向机构、离合器锥齿轮换向机构的工作原理。

项目3　间歇机构

学习目标

知识目标：

能说出间歇机构的含义。

技能目标：

能阐述棘轮机构、槽轮机构的工作原理。

综合职业能力目标：

利用学习资料，与小组成员讨论间歇机构的工作原理，并能上台表达。

课堂讨论

间歇机构的含义是什么？应用于哪些场合？

问题与思考

间歇机构可分为哪几种？分别是怎样实现间歇功能的？

项目描述

棘轮机构应用于卷扬机、提升机、运输机等场合，槽轮机构应用于电影放映机卷片机构、C1325型单轴六角自动车床转塔刀架转位机构等，不完全齿轮机构应用于自动机和半自动机的进给机构、计数机构等。本项目就是让大家认识间歇机构的含义，能说出各种间歇机构的工作原理。

相关知识

一、间歇机构的含义

间隙机构是能够将主动件的连续运动转换成从动件的周期性运动或停歇的机构，可分为棘轮机构、槽轮机构、不完全齿轮机构。

二、棘轮机构

棘轮机构是由棘轮和棘爪组成的一种单向间歇运动机构，它将连续转动或往复运动转换成单向步进运动，可分为齿式棘轮机构和摩擦式棘轮机构。

1. 齿式棘轮机构的工作原理

图 9-8 所示为齿式棘轮机构，其工作原理是主动件曲柄 7 做整周运动，棘轮 4 做间歇运动。

齿式棘轮机构分为外啮合和内啮合两种类型，外啮合如图 9-8 所示，内啮合如图 9-9 所示。

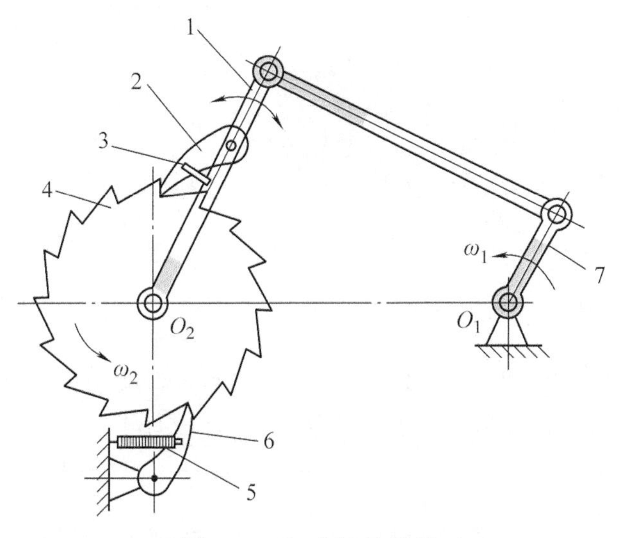

图 9-8　齿式棘轮机构

1—摇杆　2—棘爪　3—弹簧　4—棘轮
5—弹簧　6—止回棘爪　7—曲柄

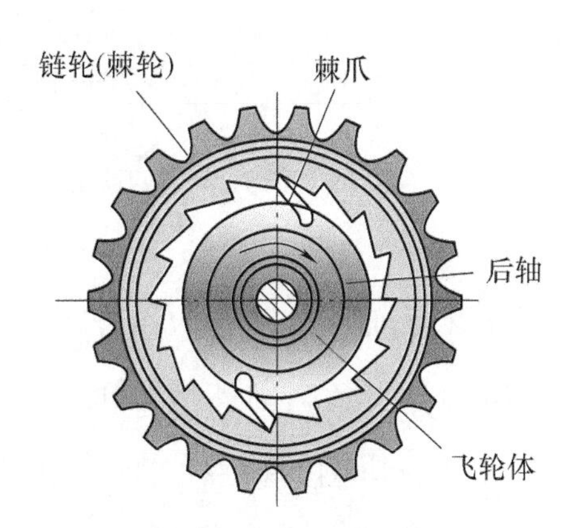

图 9-9　内啮合棘轮机构

齿式棘轮机构转角的调节：棘轮的转角 θ 大小与棘爪每往复一次推过的齿数 k 有关：

$$\theta = 360°\frac{k}{z} \tag{9-1}$$

式中 k——棘爪每往复一次推过的齿数；

z——棘轮的齿数。

2. 摩擦式棘轮机构简介

摩擦式棘轮机构靠偏心楔块（棘爪）和棘轮间的楔紧所产生的摩擦力来传递运动，如图 9-10 所示。

特点：转角大小的变化不受轮齿的限制，在一定范围内可任意调节转角，传动噪声小，但在传递较大载荷时易产生滑动。

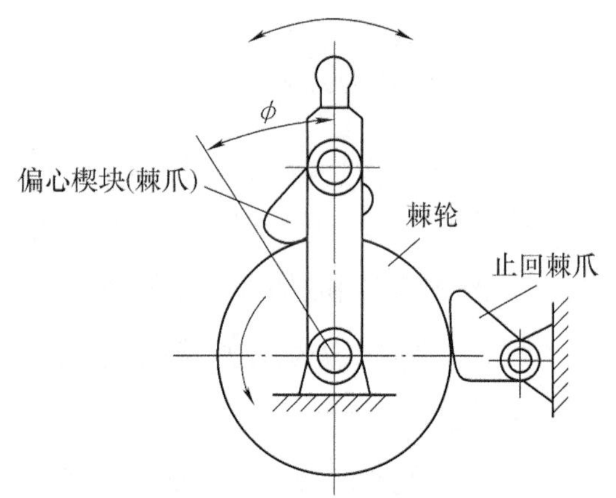

图 9-10 摩擦式棘轮机构

三、槽轮机构

1. 槽轮机构的组成和工作原理

槽轮机构的组成如图 9-11 所示。

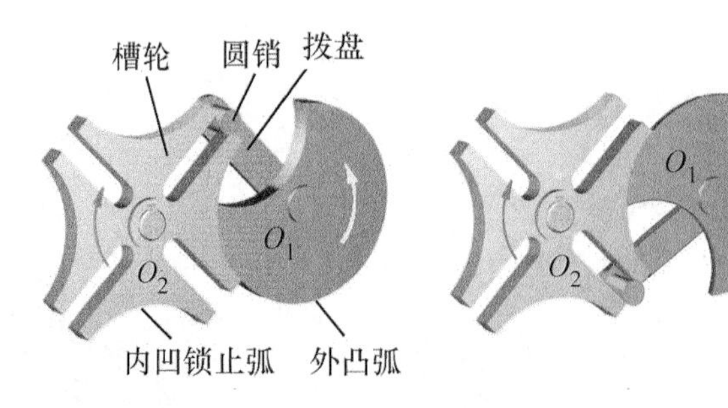

图 9-11 槽轮机构的组成

工作原理：主动件为拨盘，从动件为槽轮，通过圆销实现槽轮的间歇运动。槽轮机构分为单圆销外槽轮机构、双圆销外槽轮机构、内啮合槽轮机构。

2. 槽轮机构的特点

结构简单，转位方便，工作可靠，传动平稳性好，能准确控制槽轮的转角；但转角的大小受到槽数 Z 的限制，不能调节；在槽轮转动的始末位置处机构存在冲击现象，随着转速的增加或槽轮槽数的减少而加剧，故不适用于高速场合。

四、不完全齿轮机构

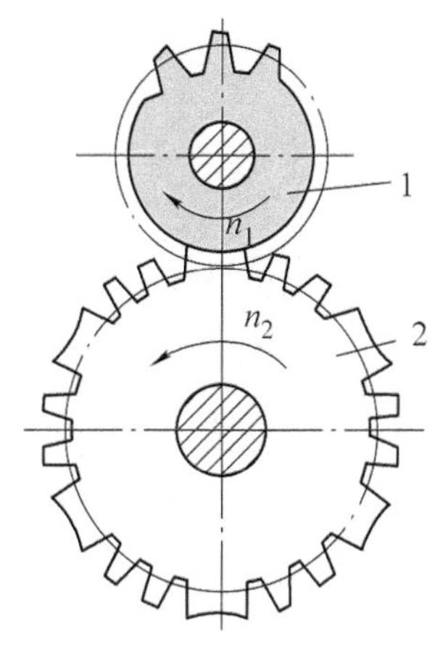

图 9-12　不完全齿轮机构

不完全齿轮机构是主动齿轮做连续转动而从动齿轮做间歇运动的齿轮传动机构，如图 9-12 所示。

特点：结构简单，工作可靠，传递力大，但工艺复杂；从动齿轮在运动的开始与终止位置有较大冲击，一般适用于低速、轻载的场合。

工作原理：主动件为上面小的不完全齿轮 1，通过外啮合使齿轮 2 做间歇运动。

课后练习

1. 间歇机构是能够将主动件的________转换成从动件的________或________的机构。

2. 间歇机构可分为：________、________、________。

3. 阐述齿式棘轮机构的工作原理。

4. 阐述槽轮机构的组成和工作原理。

单元 10

联　　接

项目 1　键　联　接

知识目标：

能叙述键的作用。

技能目标：

能识别普通平键的标记。

综合职业能力目标：

利用学习资料，与小组成员讨论键的分类及作用，并能上台表达。

课堂讨论

我们学过齿轮，思考齿轮和轴如何实现周向固定，即齿轮和轴怎么才能一块转动?

问题与思考

齿轮和轴用键来联接，那么键是怎么实现周向固定的，键又有哪些种类呢？

项目描述

在减速器中，齿轮和轴采用键来联接。本项目就是让大家认识键的作用及分类，了解各种不同键的应用场合。

相关知识

一、键的作用

键的作用是实现轴与轴上零件（如齿轮、带轮等）之间的周向固定，并传递运动和转矩。键分为松键联接和紧键联接。其中，松键联接又分为平键联接、半圆键联接、花键联接，紧键联接又分为楔键联接、切向键联接。

二、平键联接

平键联接靠平键的两侧面传递转矩，键的两侧面是工作面，因而对中性好。键的上表面与轮毂上的键槽底面留有间隙，以便装配。平键分为普通平键、导向平键和滑键。

1. 普通平键

普通平键对中性好，定位精度高，折装方便，但无法实现轴上零件的轴向固定，如图 10-1 所示。

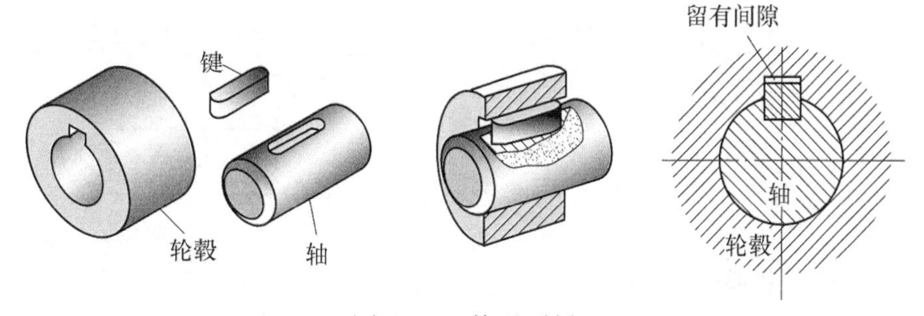

图 10-1 普通平键

普通平键分为 A、B、C 三种型号，A 型为圆头键，B 型为平头键，C 型为半圆头键，如图 10-2 所示。

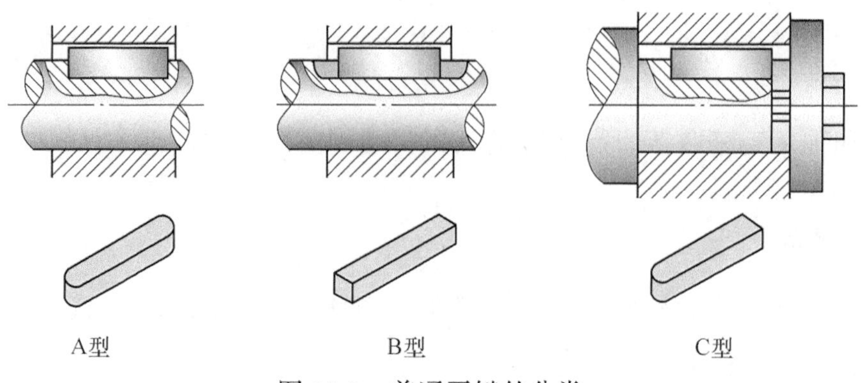

图 10-2　普通平键的分类

平键是标准件，只需根据用途、轮毂长度等选取键的类型和尺寸。普通平键的主要尺寸是键宽 b、键高 h、键长 L，如图 10-3 所示。普通平键的尺寸应根据需要从标准中选取。

普通平键的标记：标准号 键型 键宽 × 键高 × 键长，举例说明：

GB/T 1096　键 16 × 10 × 100

表示键宽为 16mm、键高为 10mm、键长为 100mm 的 A 型普通平键。

GB/T 1096　键 B16 × 10 × 100

表示键宽为 16mm，键高为 10mm，键长为 100mm 的 B 型普通平键。

2. 导向平键

导向平键的特点是轮毂可在轴上沿轴向移动。它应用于轴向零件移动量不大的场合，如图 10-4 所示。

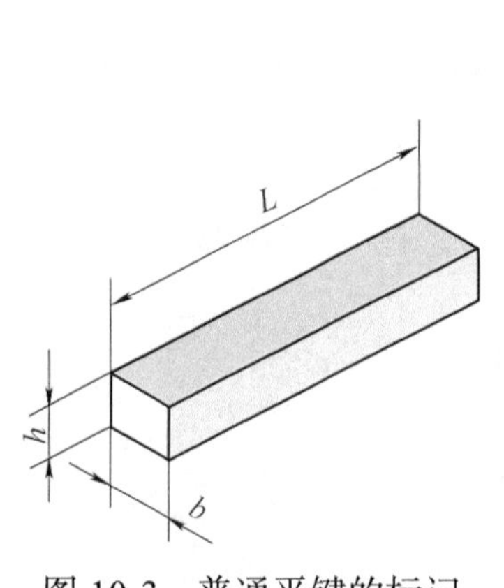

图 10-3　普通平键的标记

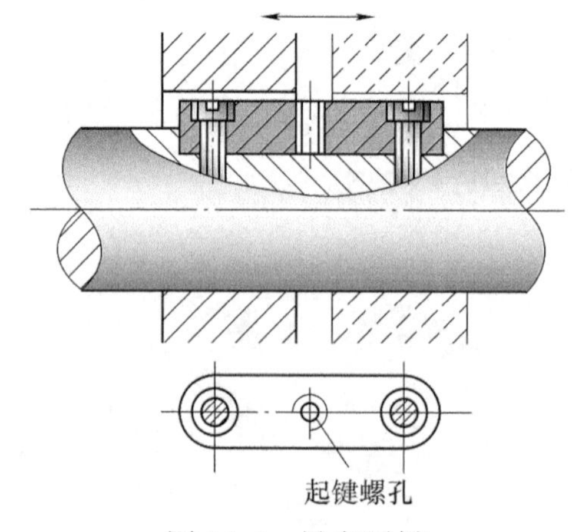

图 10-4　导向平键

3. 滑键

滑键的特点是轮毂可在轴上做轴向移动。滑键固定在轮毂上，轮毂带动滑键做轴向移动，键长不受滑动距离限制，如图 10-5 所示。

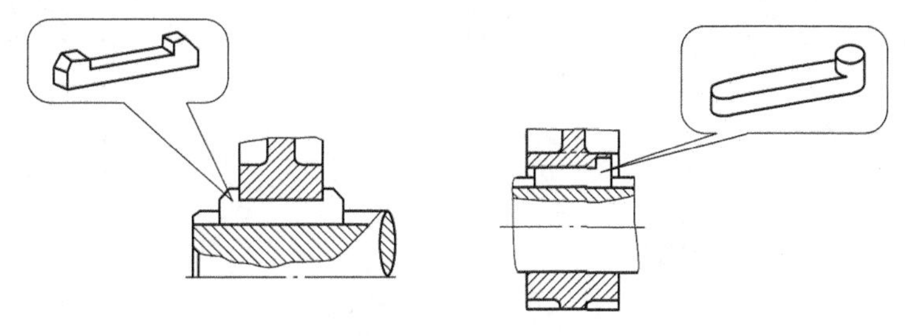

图 10-5　滑键

三、半圆键联接

半圆键联接的工作面为键的两侧面，有较好的对中性，可在轴上键槽中摆动以适应轮毂上键槽斜度，适用于锥形轴与轮毂的连接，键槽对轴的强度削弱较大，只适用于轻载联接，如图 10-6 所示。

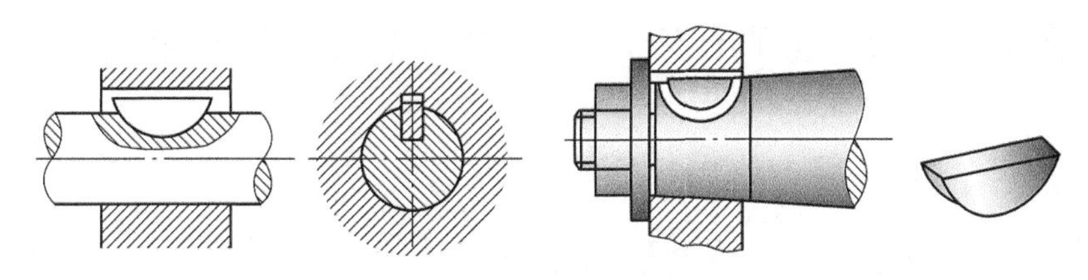

图 10-6　半圆键联接

四、花键联接

花键联接是由沿轴和轮毂孔周向均布的多个键齿相互啮合而成的联接，如图 10-7 所示。

花键联接的特点：多齿承载、承载能力高、齿浅，对轴的强度削弱小，对中性及导向性能好，加工需专用设备，成本高。

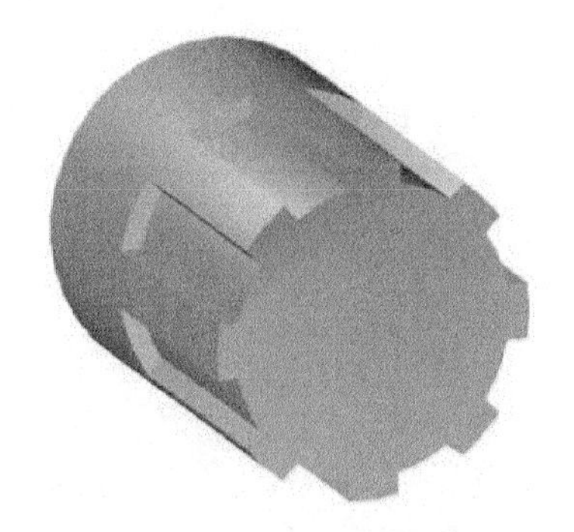

图 10-7　花键联接

五、楔键联接和切向键联接

1. 楔键

楔键与键槽的两个侧面不相接触，为非工作面。楔键联接能使轴上零件轴向固定，并能使零件承受单方向的轴向力。楔键联接用于定心精度要求不高、荷载平稳及低速的场合，如图 10-8 所示。

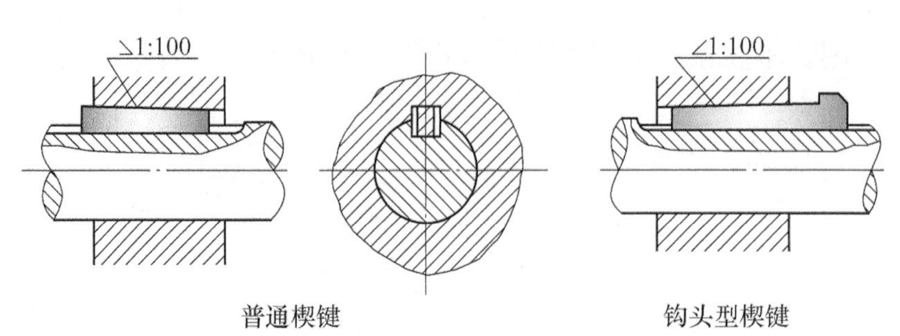

图 10-8 楔键联接

2. 切向键

切向键由一对具有 1∶100 斜度的楔键沿斜面拼合而成，上下两工作面互相平行，轴和轮毂上的键槽底面没有斜度，如图 10-9 所示。

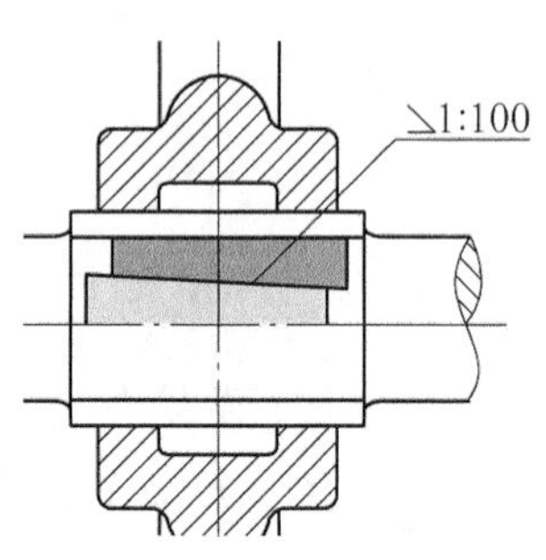

图 10-9 切向键

课后练习

1. 键的作用：实现轴与轴上零件（如齿轮、带轮等）之间的________，并传递________。

2. 键分为两大类：________、________。

3. 平键又分为________、________、________。

4. 普通平键又分为________、________、________。

项目 2 销 联 接

学习目标

知识目标：

能叙述销的作用。

技能目标：

能列举销的种类。

综合职业能力目标：

利用学习资料，与小组成员讨论销的种类和作用，提高团队合作能力。

课堂讨论

在轴与毂的联接或其他零件的联接上常用到销，那么销有何作用？

问题与思考

在安全装置中的过载剪断零件也常用到销，那么销有哪些种类呢？

项目描述

销用于固定零件间的相对位置，或者作为在组合加工和装配时的辅助零件。本项目就是让大家认识销的作用及分类，了解各种不同销的应用场合。

相关知识

一、销的作用

用于固定零件间的相对位置，或者作为在组合加工和装配时的辅助零件。销常用于轴与毂的联接或其他零件的联接、用作安全装置中的过载剪断零件。销常用的有圆柱销和圆锥销两种。

二、圆柱销

1. 普通圆柱销

主要传递横向力及传递转矩，如图 10-10 所示。

2. 内螺纹圆柱销

内螺纹圆柱销起定位销作用。内螺孔用于拆卸圆柱销，拧进螺钉，拔出圆柱销，如图 10-11 所示。

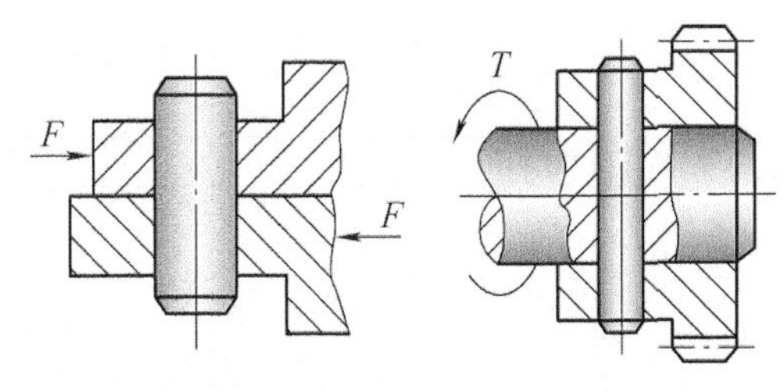

图 10-10　普通圆柱销

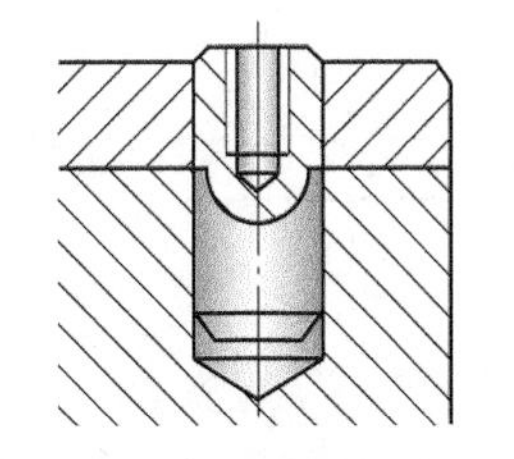

图 10-11　内螺纹圆柱销

三、圆锥销

1. 普通圆锥销

普通圆锥销如图 10-12 所示。

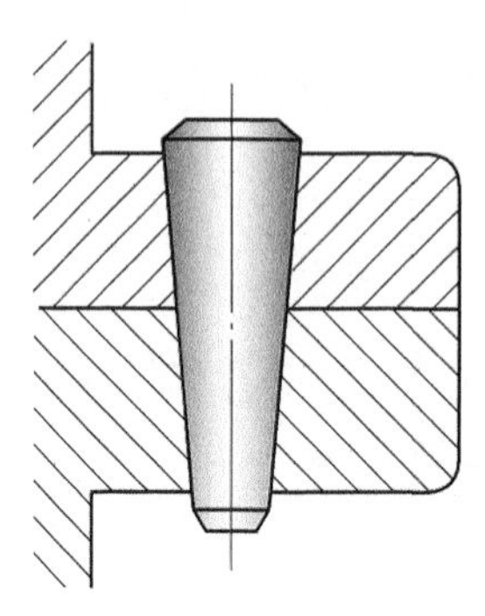

图 10-12　普通圆锥销

2. 带螺纹圆锥销

带螺纹圆锥销如图 10-13 所示。

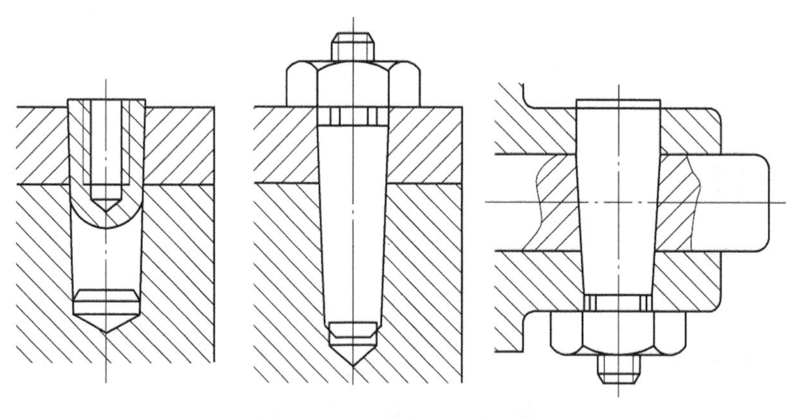

图 10-13　带螺纹圆锥销

课后练习

1. 销用于________零件间的相对位置，或者作为在________和________时的辅助零件。

2. 常用的销分为两大类：________、________。

3. 圆柱销又分为________、________、________。

项目 3 螺纹联接

学习目标

知识目标：

能叙述螺纹联接的种类。

技能目标：

能查阅螺纹的主要参数和螺纹联接的防松方法。

综合职业能力目标：

利用学习资料，与小组成员讨论螺纹联接的种类及螺纹联接防松的方法。

课堂讨论

请大家思考教室桌椅的螺纹联接应用在哪些地方？联接的螺纹是什么螺纹？

问题与思考

螺纹连接应用广泛，那么螺纹联接的种类有哪些？螺纹联接的防松是如何处理的？

项目描述

螺纹联接是一种广泛使用的可拆卸的固定联接，具有结构简单、联接可靠、装拆方便等优点。本项目就是让大家认识螺纹联接的种类及螺纹联接防松的基本知识。

相关知识

一、螺纹联接的定义

螺纹联接是一种可拆卸的固定联接，一般由螺栓和螺母、垫圈固定，有些联接也可以只用螺钉进行固定。

二、常用螺纹紧固件

1. 六角头螺栓

六角头螺栓通常用于机械设备紧固，如图 10-14 所示。

2. 双头螺柱

双头螺柱是指两端均有螺纹的圆柱形紧固件。它广泛应用于电力、化工、炼油、阀门、铁路、桥梁、钢构、汽摩配件、机械、锅炉钢结构、塔吊、大跨度钢结构和大型建筑等，如图 10-15 所示。

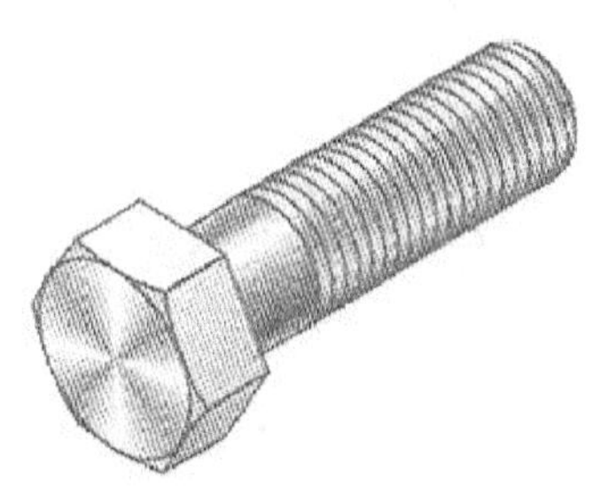

图 10-14　六角头螺栓

图 10-15　双头螺柱

3. 开槽沉头螺钉

开槽沉头螺钉的标记：螺钉 GB/T 68 M5 × 20，表示螺纹规格 d=M5、公称长度 L=20mm，如图 10-16 所示。

4. 六角螺母

六角螺母与螺栓、螺钉配合使用，起连接紧固件的作用，如图 10-17 所示。

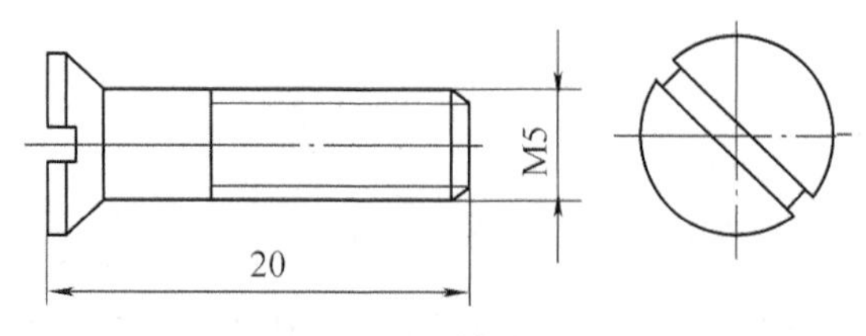

图 10-16　开槽沉头螺钉

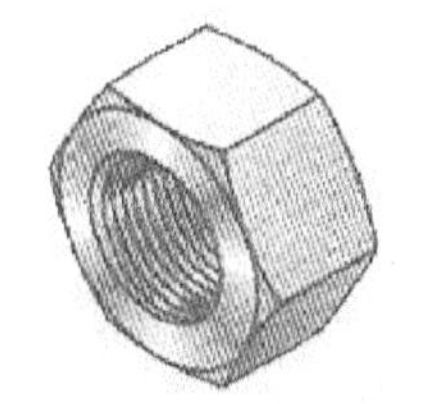

图 10-17　六角螺母

三、螺纹联接的分类

1. 螺栓联接

螺栓联接用来联接不太厚且又允许钻成通孔的零件，如图 10-18 所示。

2. 双头螺柱联接

适用场合：当两个联接件中有一个零件较厚，加工通孔较困难时，或者由于其他原因，不便使用螺栓联接时，一般用双头螺柱联接，如图 10-19 所示。

图 10-18 螺栓联接

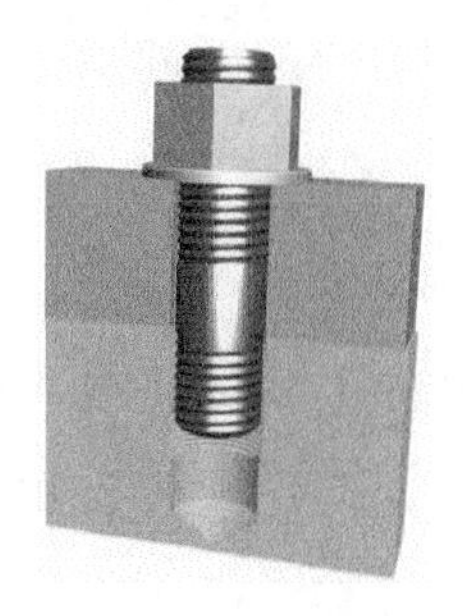

图 10-19 双头螺柱联接

3. 螺钉联接

适用场合：螺钉联接一般用于联接一个比较薄，一个比较厚并且受力不大、不常拆卸的零件，如图 10-20 所示。

图 10-20 螺钉联接

四、螺纹联接的防松

螺纹防松的目的：螺纹联接一旦出现松脱，轻者会影响机器的正常运转，重者会造成严重事故。因此，为了防止螺纹联接的松脱，保证联接安全可靠，在设计时必须采取有效的防松措施。

防松的根本问题在于防止螺旋副在受载时发生相对转动。防松方法按其工作原理可分为以下三种。

1. 摩擦防松

（1）对顶螺母 对顶螺母的特点及应用：两螺母对顶拧紧后，使旋合螺纹间始终受到附加的压力和摩擦力的作用，适用于在平稳、低速和重载的固定装置上的联接。

（2）垫圈 平垫圈通常是各种形状的薄件，用于减少摩擦、防止泄漏、隔离、防止松脱或分散压力，如图 10-21 所示。

弹簧垫圈在一般机械产品的承力和非承力结构中应用广泛，其特点是成本低廉、安装方便，适用于装拆频繁的部位，如图 10-22 所示。

图 10-21　平垫圈

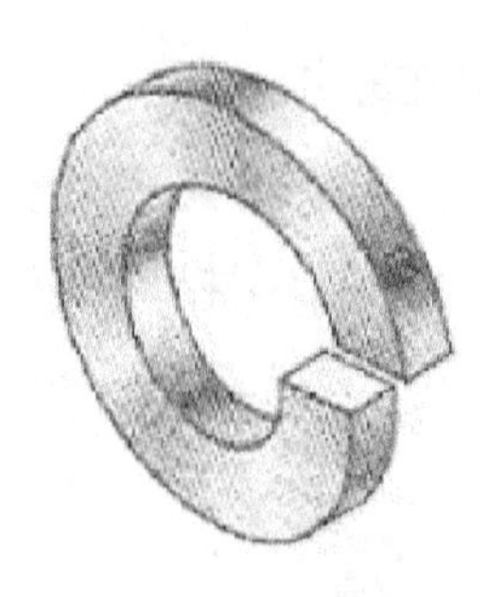
图 10-22　弹簧垫圈

弹簧垫圈的特点及应用：当螺母拧紧后，靠垫圈压平而产生的弹性反力使旋合螺纹间压紧。在冲击、振动的工作条件下，其防松效果较差，一般用于不重要的联接。

（3）自锁螺母　自锁螺母的特点及应用：螺母一端制成非圆形收口或开缝后径向收口。当螺母拧紧后，收口张开利用收口的弹力使旋合螺纹间压紧。其结构简单、防松可靠、可多次拆卸而不降低防松性能。

2. 机械防松

（1）开口销与六角开槽螺母　其适用于在较大冲击、振动的高速机械中运动部件的联接。

（2）止动垫圈　其结构简单、使用方便、防松可靠。

（3）串联钢丝　其适用于螺钉组联接，防松可靠，但装卸不便。

3. 破坏螺纹副运动关系防松

（1）铆合　这种防松方法可靠，但拆卸后联接件不能重复使用。

（2）冲点　这种防松方法可靠，但拆卸后联接件也不能再使用。

（3）涂胶粘剂　在旋合螺纹间涂以液体胶粘剂，拧紧螺母后，胶粘剂硬化、固着，防止螺纹副的相对运动。

课后练习

1. 螺纹联接是一种________的固定联接，分为________________。

2. 螺纹防松分 3 种：________________________。

3. 机械防松分为________________________。

4. 摩擦防松分为________________________。

5. 破坏螺纹副运动关系防松分为________________________。

项目 4　弹　簧

知识目标：

能叙述弹簧的功用及类别。

技能目标：

会用胡克定律计算弹簧伸长量。

综合职业能力目标：

利用学习资料，与小组成员讨论弹簧是如何制造的，采用什么材料加工的。

课堂讨论

思考：胡克定律的内容是怎样的？用 5N 力拉紧度系数为 100N/m 的弹簧，则弹簧被拉长多少？

问题与思考

我们在初中物理中接触过弹簧秤，我们在日常生活中都见过哪些弹簧?

项目描述

弹簧广泛应用于打火机、玩具、锁具、门铰链、健身器等领域。本项目就是让大家认识弹簧的功用及类别，了解弹簧的制造过程。

相关知识

一、弹簧的功用和类型

1. 功用

弹簧的功能和用途包括控制机构运动或零件的位置、缓冲吸振、存储能量、测量力的大小。

2. 类型

按受力性质，弹簧可分为拉伸弹簧、压缩弹簧、扭转弹簧和弯曲弹簧；按形状可分为碟形弹簧、环形弹簧、板弹簧、螺旋弹簧、截锥涡卷弹簧及扭杆弹簧等；按制作过程可以分为冷卷弹簧和热卷弹簧。拉伸弹簧如图 10-23 所示，压缩弹簧如图 10-24 所示，扭转弹簧如图 10-25 所示。

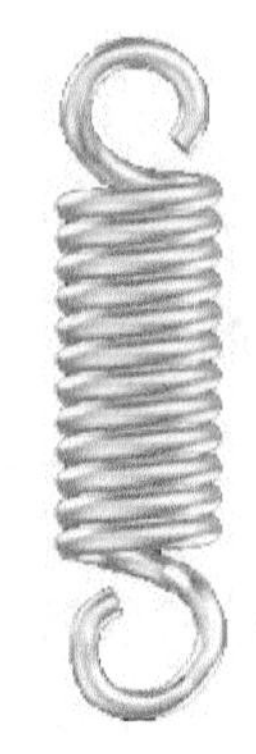

图 10-23　拉伸弹簧

图 10-24　压缩弹簧

图 10-25　扭转弹簧

二、弹簧的制造

弹簧的制造过程：卷绕、端面加工（压簧）或拉钩制作（拉簧或扭簧）、热处理和工艺性试验。

冷卷：d<10mm，低温回火，消除应力。

热卷：$d \geqslant$ 10mm，淬火、回火，经强压处理可提高承载能力。

三、弹簧的材料

对材料的要求：高的弹性极限、疲劳极限、一定的冲击韧性、塑性和良好的热处理性能。

材料：优质碳素弹簧钢、合金弹簧钢、有色金属合金。

优质碳素弹簧钢：碳的质量分数在 0.6% ~ 0.9%，如 65、70、85 钢。优点：容易获得，价格便宜，在热处理后具有较高的强度、适宜的韧性和塑性。缺点：当 d >12mm 时，不易淬透，故仅适用于制造小尺寸的弹簧。

合金弹簧钢：硅锰钢、铬钒钢。优点：适用于制造承受变载荷、冲击载荷或工作温度较高的弹簧。

有色金属合金：硅青铜、锡青铜、铍青铜。

材料选用原则：充分考虑载荷条件（载荷的大小及性质、工作温度和周围介质的情况）、功用及经济性等因素。一般应优先采用碳素碳簧钢丝。

课后练习

1. 按弹簧受力性质，弹簧可分为________、________、________和________。
2. 阐述弹簧的材料要求。
3. 阐述弹簧的制造过程。

单元 11 轴与轴承

项目1 轴的用途、分类及结构

知识目标：

1. 能分析轴的类型、材料和结构等。
2. 能叙述轴的应用。
3. 能叙述轴上零件的轴向、周向固定方法。

技能目标：

会判断轴在具体情况下的用途、类型，并会分析其受力。

综合职业能力目标：

利用学习资料，与小组成员讨论分析轴的结构工艺性，掌握轴径的确定方法。

课堂讨论

轴是穿在轴承中间或车轮中间或齿轮中间的圆柱形物件，它是机器中最基本、最重要的零件之一。如图11-1所示，车床齿轮轴、内燃机曲轴、汽车传动轴及火车车轮轴等都利用了轴或轴的传动。同学们查看图片后，说一说在日常生活中还有哪些轴。

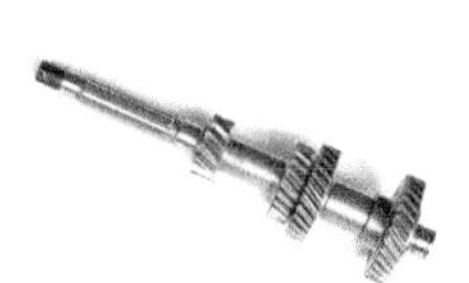

车床齿轮轴　　内燃机曲轴　　汽车传动轴　　火车车轮轴

图 11-1　轴的应用

问题与思考

轴广泛应用在我们日常生产生活中的机器设备中，请同学们思考：为什么轴是重要的零件？它有哪些作用？

项目描述

在机器设备中轴的形状类型较多，功能不同。本项目通过对各种类型的轴的学习，使同学们认识轴的用途、分类及结构。

减速器是一种由封闭在刚性壳体内的齿轮传动、蜗杆传动、齿轮–蜗杆传动所组成的独立部件，常用作原动件与工作机之间的减速传动装置，在原动机和工作机或执行机构之间起匹配转速和传递转矩的作用，在现代机械中应用极为广泛。

图 11-2　减速器实物图片

相关知识

轴的主要功用是支承回转零件（如齿轮、带轮等），使零件具有确定的工作位置，并传递运动和动力。图 11-2 所示减速器采用了轴。

一、轴的分类

轴的种类较多，通常按承载情况和轴线形状进行分类。

1. 按承载情况分类

轴按所承受载荷的不同可分为心轴、传动轴和转轴三类，见表 11-1。

表 11-1　心轴、传动轴和转轴的承载情况及应用特点

类型		举例	受力简图	特点
心轴	固定心轴	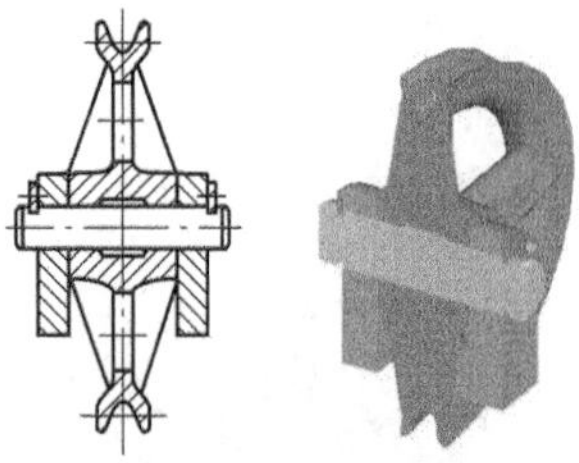	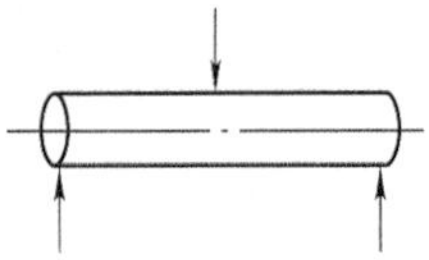	只承受弯矩，而不传递转矩，心轴固定不动，如自行车前轴
	转动心轴	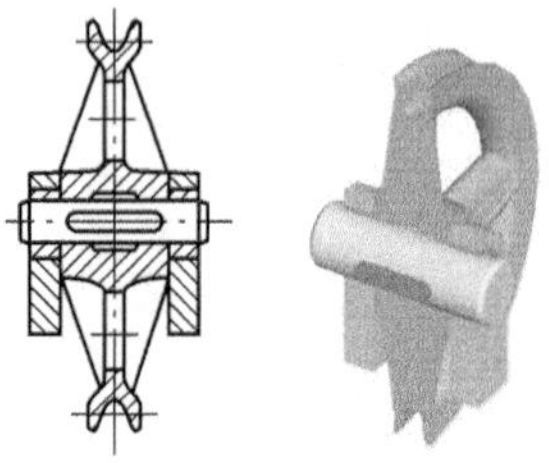	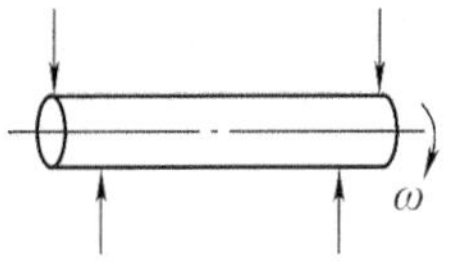 ω	只承受弯矩，而不传递转矩，心轴转动，如车辆的轮轴
转动轴		 变速箱 后桥	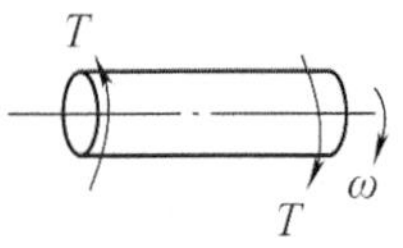 T T ω	主要承受转矩，不承受弯矩或承受很小弯矩；仅起传递动力的作用，如汽车的传动轴
转轴			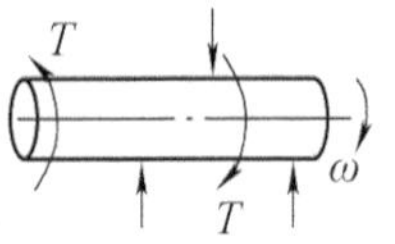 T T ω	既承受弯矩又承受转矩，是机械中最常用的一种轴，如减速器中支承齿轮的轴

2. 按轴线的形状分类

轴按其轴线形状可分为直轴、曲轴和挠性轴，见表 11-2。

表 11-2　轴的主要类型及应用特点

类型		举例	特点
直轴	光轴		轴外径相同，形状简单，加工容易，应力集中源少，但轴上的零件不易装配和定位
	阶梯轴		便于轴上零件的装拆、定位与紧固，在机器中应用广泛
	空心轴		轴体的中心制有一个通孔，以便于减少转轴的重量，如数控车床主轴。
曲轴			常用于将主动件的回转运动转变为从动件的直线往复运动，或者将主动件的直线往复运动转变为从动件的回转运动，如内燃机、压力机中的曲轴等
挠性轴			由几层紧贴在一起的钢丝构成，可以把回转运动灵活地传到空间任何位置，但它不能承受弯矩，多用在传递转矩不大的传动装置中，常用于医疗器械和电动手持小型机具（如铰孔机、刮削机等）

二、轴的结构

1. 轴的主要组成部分

轴的应用广泛，种类较多，尺寸结构各不相同，图 11-3 所示为阶梯轴的典型结构。轴的各部分分别与齿轮、联轴器、轴承等进行装配，中间还有附属构件，如套筒、轴承盖等。

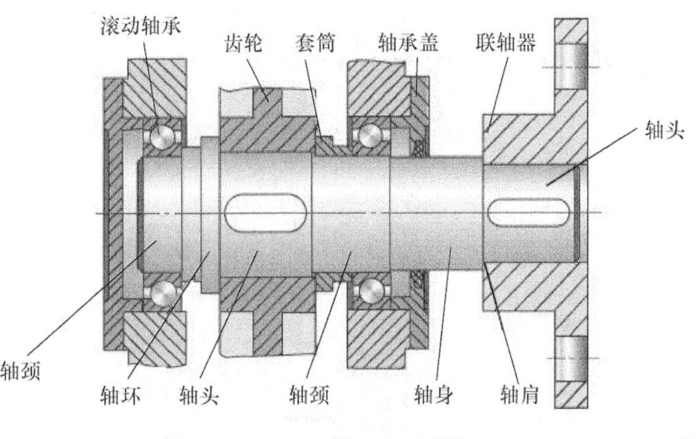

图 11-3　阶梯轴的典型结构

阶梯轴的各部分名称如下：

1）轴颈（支承轴颈）。装轴承的轴段，如图 11-3 所示。轴颈的直径应符合轴承的内径系列。

2）轴头（工作轴颈、配合轴颈）。支承传动零件的轴段，如图 11-3 所示。轴头的直径必须与相配合零件（如齿轮）的轮毂内径一致，并符合轴的标准直径系列。

3）轴身。连接轴头和轴颈部分的轴段，如图 11-3 所示。

轴的结构多种多样，为了使轴的结构及其各部分都具有合理的形状和尺寸，在考虑轴的结构时应把握 3 个方面的原则，具体如下：

1）应保证安装在轴上的零件牢固可靠。

2）应便于轴的结构加工和尽量减少或避免应力集中。

3）应便于轴上零件的安装和拆卸。

2. 轴上零件的固定方法

为了保证机械的正常工作，安装在轴上的零件之间应有确定的相对位置并能在运转中保持不变，轴的具体结构要能起到定位和固定作用。因此，轴上零件还需要固定。轴上零件的固定形式包括轴向固定和周向固定两种。

（1）轴上零件的轴向固定　轴上零件轴向固定的目的是保证零件在轴上有确定的轴向位置，防止零件做轴向移动，并能承受轴向力。轴上零件的轴向固定一般利用轴肩（轴环）、轴套、圆螺母和轴端挡圈（也称压板）、紧定螺钉、弹性挡圈等。常用的轴上零件的轴向固定方法及应用见表 11-3。

表 11-3　常用的轴上零件的轴向固定方法及应用

固定方式	固定方法及简图	应用及特点
轴肩或轴环		由定位面和过渡圆角（或倒角）组成，这种结构简单、定位可靠，能承受较大的轴向力，广泛应用于各种轴上零件的定位。为保证零件与定位面靠紧，轴上过渡圆角半径 r 应小于倒角高度 C 或零件圆角半径 R

（续）

固定方式	固定方法及简图	应用及特点
定位套筒	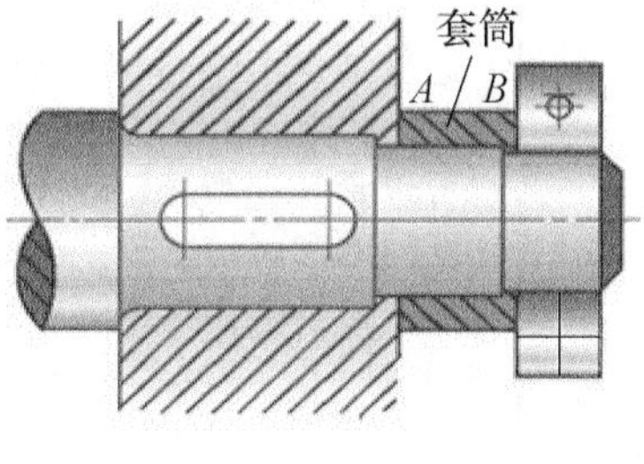 套筒 A B	借助位置已确定的零件来定位，它的两端面为定位面。这种结构简单可靠，能承受较大的轴向力，装拆方便，一般用在轴上两个零件之间间距较小的场合。利用轴套定位，可以减少轴径的变化，在轴上也无须开槽、钻孔或切制螺纹等，可使轴的结构简化，避免削弱轴的强度。但由于轴和轴套配合较松，所以不宜用于高速轴
锥面	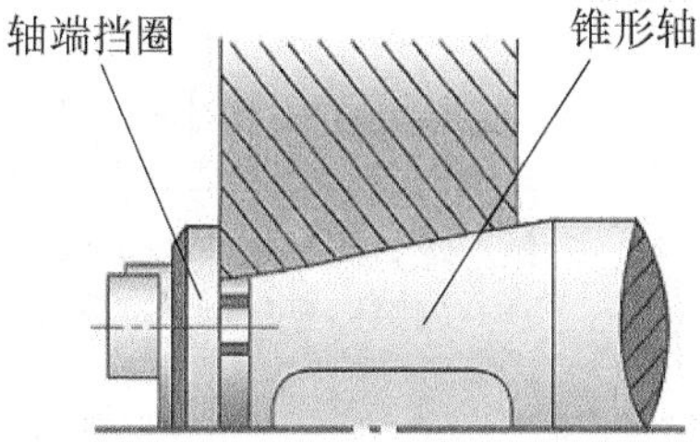 轴端挡圈 锥形轴	对中性好，常用于调整轴端零件位置或需经常拆卸的场合
圆螺母	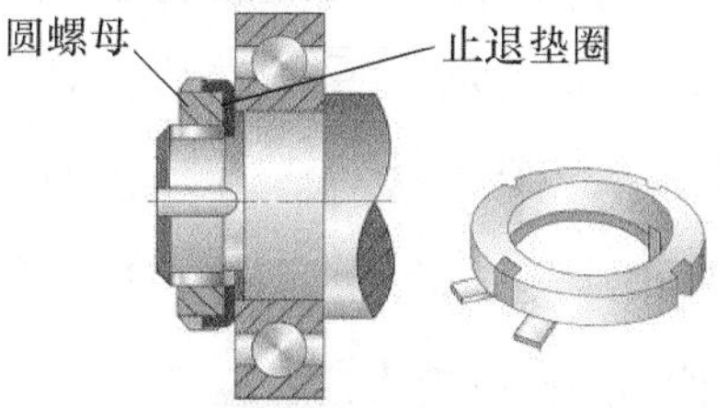 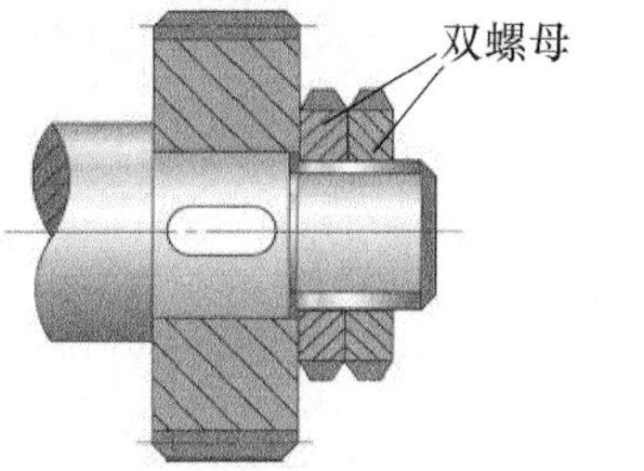 圆螺母 止退垫圈 双螺母	当轴上两零件的距离较大且允许在轴上切制螺纹时，用圆螺母的端面来定位。这种方法固定可靠、装拆方便，可承受较大的轴向力，能调整轴上零件之间的间隙。为了防止圆螺母松脱，常采用双螺母或加止退垫圈来锁紧
弹性挡圈	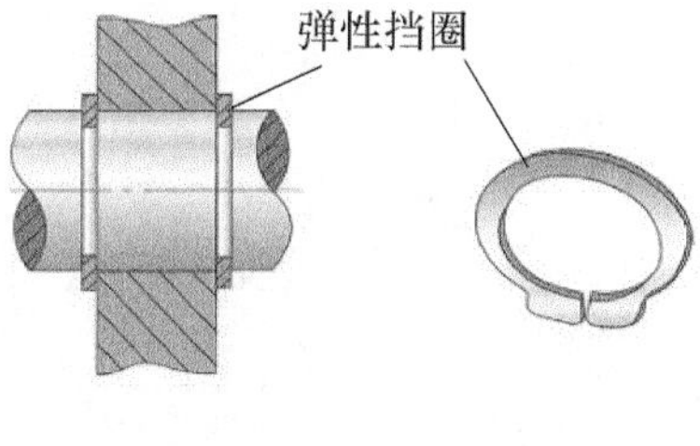 弹性挡圈	在轴上切出环形槽，将弹性挡圈嵌入槽中，利用它的侧面压紧被定位零件的端面。这种结构简单紧凑、装拆方便，只能承受很小的轴向力

（续）

固定方式	固定方法及简图	应用及特点
轴端挡圈	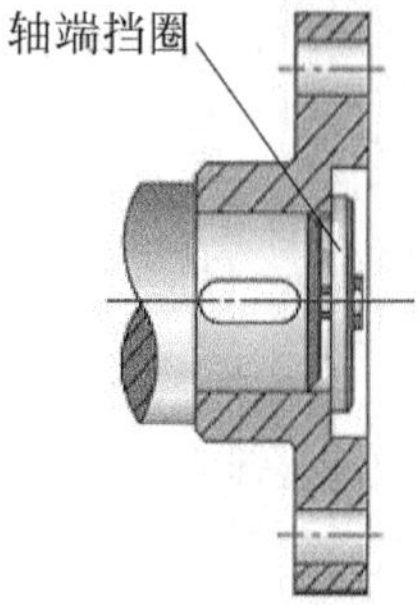 轴端挡圈	这种结构工作可靠、结构简单，适用于轴端零件的固定，而且是受轴向力不大的部位，它可以承受剧烈振动和冲击载荷。为了防止轴端挡圈和螺钉的松动，应采用带有锁紧装置的固定形式。对于无轴肩的轴，可将锥形轴端和轴端挡圈联合使用来固定零件
紧定螺钉	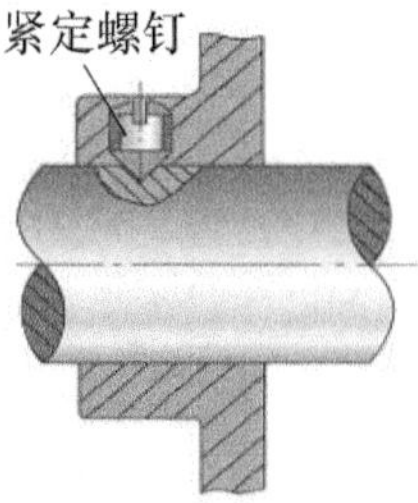 紧定螺钉	紧定螺钉又称定位螺钉，由硬化钢制成，当螺钉旋入机械零件后，其末端抵住另一机械零件，用以组织两机械零件间的相对运动，或者调整两零件间的相对位置

（2）轴上零件的周向固定　轴上零件周向固定的目的是保证轴能可靠地传递运动和转矩，防止零件和轴产生相对转动。常见轴上零件的周向固定方法有平键联接、花键联接、过盈配合、紧定螺钉联接、销联接等。在实际使用时大多数采用键联接或过盈配合等固定形式。常用的轴上零件的周向固定方法见表 11-4。

表 11-4　常用的轴上零件的周向固定方法及应用

固定方式	固定方法及简图	应用及特点
平键联接	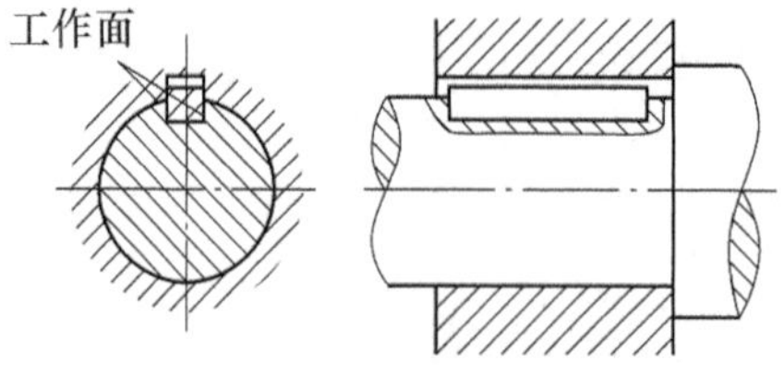 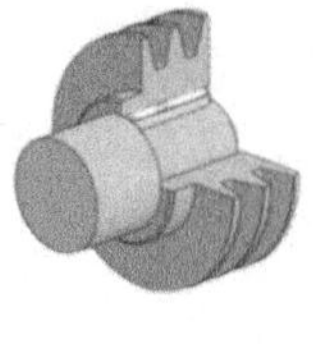 工作面	以平键应用最为广泛，加工容易、拆卸方便，但轴向不能定位，不能承受轴向力

（续）

固定方式	固定方法及简图	应用及特点
花键联接	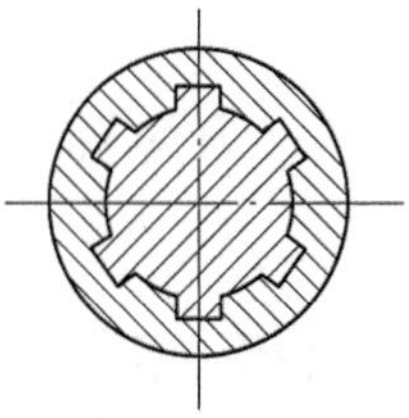 	由沿轴和轮毂孔周向均布的多个键齿相互啮合而成的联接，花键联接由轴上的外花键和轮毂孔的内花键组成，工作时靠键的侧面互相挤压传递转矩
销联接	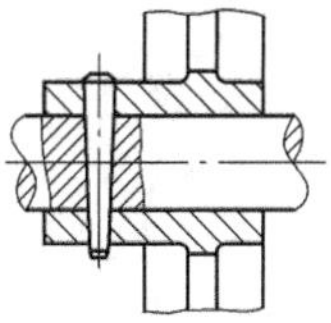 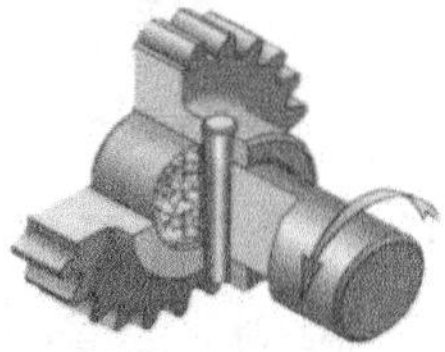	轴向、周向均可定位，过载时销被剪断以保护其他零件，不能承受较大载荷
紧定螺钉联接	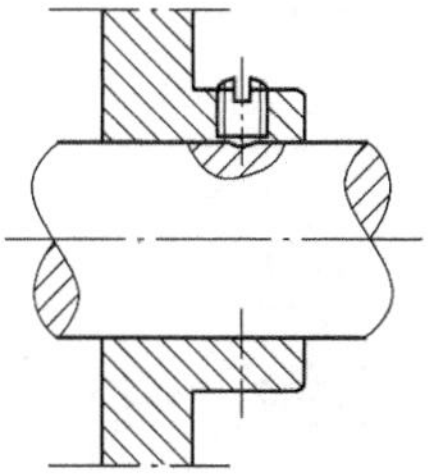  	轴向、周向均可定位，结构简单，但不能承受较大载荷
过盈配合	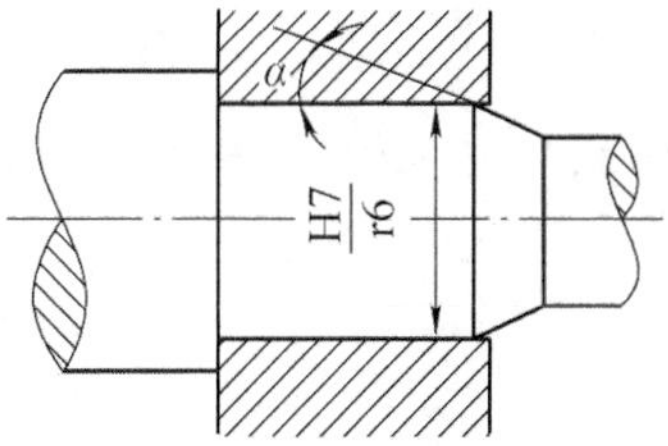  α H7/r6	轴向、周向同时定位，对中精度高，拆卸不便，不宜在重载下应用。为装配方便，导入端应加工成 10°～30° 的锥面

3. 轴的工艺结构

轴的结构工艺性是指轴的结构应便于加工，便于轴上零件的装配和维修，能提高生产率，降低成本。轴的结构越简单，工艺性就越好。在满足使用要求的前提下，轴的结构设计应注意以下几点：

1）为便于轴上零件的装拆，轴常做成阶梯形。为使轴上零件易于安装，轴端及各轴段的端部应有倒角（见图 11-4）。

2）为便于加工，各轴段过渡圆角半径应尽可能取相同数值；当轴上多个轴段有键槽时，槽宽尽可能统一，并置于同一直线上（见图 11-5）。

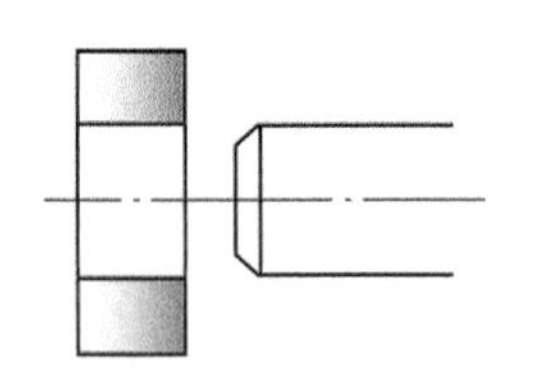

图 11-4　轴倒角示意图

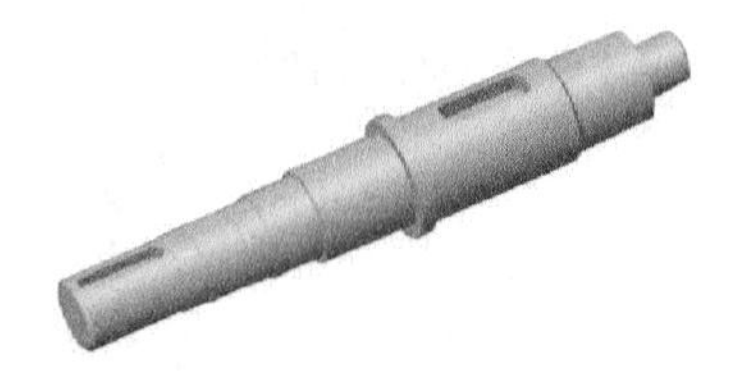

图 11-5　阶梯轴的整体结构

3）轴上车制螺纹的轴段，应有退刀槽（见图 11-6）。

4）轴要磨削加工的轴段，应有砂轮越程槽（见图 11-7）。

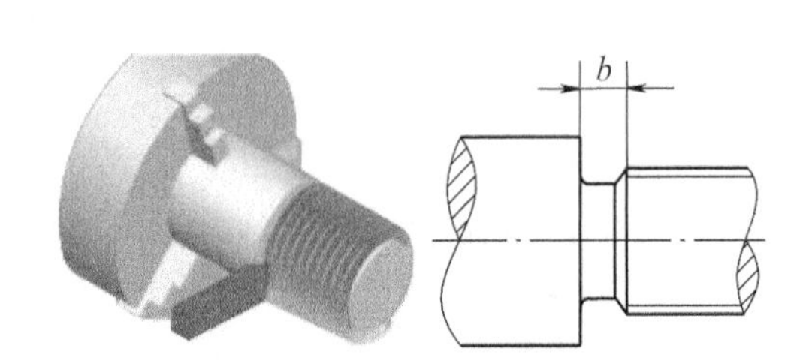

图 11-6　轴上螺纹退刀槽

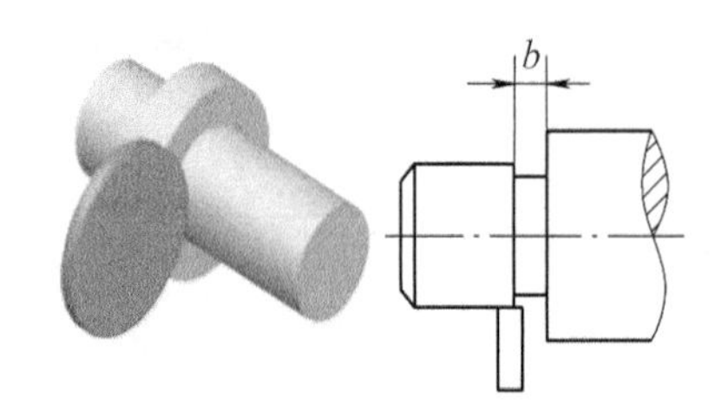

图 11-7　轴上砂轮越程槽

三、轴的常用材料

轴在工作时一般要承受弯曲应力和扭转应力等作用，因此轴的材料应具有足够的强度和韧性、高的硬度和耐磨性及良好的加工性能。轴的材料种类很多，主要采用中碳钢和合金钢，也可采用铸铁。

1. 碳素钢

常用碳素钢有 35、45、50 钢等优质碳素钢，其中以 45 钢应用最为广泛，因为这类钢材价格便宜，对应力集中的敏感性较低，采用适当的热处理方法（如调质、正火、淬火）可以改善和提高材料的力学性能，而且还有良好的可加工性能。

2. 合金钢

如 20Cr、40Cr 钢等，用这类材料制成的轴，具有承受载荷较大、强度较高、重量较轻及耐磨性较好等特点。

3. 铸铁

轴的材料还可以采用球墨铸铁。球墨铸铁的吸振性、耐磨性和可加工性能都很好，对应力集中敏感性较低，强度也能满足要求，可代替钢制造外形复杂的曲轴和凸轮轴，但铸件的品质不易控制，可靠性较差。

轴的常用材料、牌号、力学性能及应用举例见表 11-5。

表 11-5 轴的常用材料、牌号、力学性能及应用举例

材料	牌号	热处理	毛坯直径 /mm	硬度 HBW	力学性能 /MPa				应用
					抗拉强度	屈服强度	抗弯强度	抗剪强度	
碳素结构钢	Q235				440	240	180	105	用于不重要或载荷不大的轴
	Q275				580	280	230	135	
优质碳素结构钢	45	正火	25	≤ 241	610	360	260	150	应用广泛
		正火	≤ 100	170~217	600	300	240	140	
		回火	> 100~300	162~217	580	290	235	135	
		调质	≤ 200	217~255	650	360	270	155	
合金结构钢	40Cr	调质	25		1 000	800	485	280	用于载荷较大而冲击不很大的重要轴
			≤ 100	241~286	750	550	350	200	
			> 100~300	229~269	700	500	320	185	
	35SiMn（42SiMn）	调质	25		900	750	445	255	性能接近 40Cr，用于中小轴
			≤ 100	229~286	800	520	355	205	
			> 100~300	217~269	750	450	320	185	
	40MnB	调质	25		100	800	485	280	
			≤ 200	241~286	750	500	335	195	
	20Cr	渗碳淬火回火	15	表面 56~62HRC	850	550	375	215	用于要求强度和韧性均较高的轴
			≤ 600		650	400	280	160	
	20CrMnTi		15		1 100	850	525	300	
球墨铸铁	QT400-18	调质		156~197	400	250	145	125	用于形状复杂的曲轴、凸轮轴等
	QT600-3			197~269	600	370	215	185	

四、轴的加工质量要求

轴的加工质量要求包括轴的尺寸精度、几何精度、表面粗糙度及其他技术要求。

1. 尺寸精度

由于轴的加工相对孔的加工容易，可有效减少相关刃具、量具的规格及数量，故一般采用基孔制，这样有利于刃具、量具的标准化、系列化。但在某些特定情况下，应选用基轴制，如采用冷拉钢材制作轴时，若对轴的要求不高，其本身精度已能满足设计要求，可不用加工；又如在同一公称尺寸的轴上需装配具有不同配合的零件时，可选用基轴制。另外，当与标准件相配合时，基准制的选择应依标准件而定，如与滚动轴承内圈相配的轴应选用基孔制。

轴类零件的主要表面分为两类：一类是与轴承的内圈配合的外圆轴颈，即支承轴颈，用于确定轴的位置并支承轴，尺寸精度要求较高，通常为 IT5 ~ IT7；另一类是与各类传动件装配的轴头，其精度稍低，常为 IT6 ~ IT9。

2. 几何精度

几何精度主要指轴颈表面、外圆锥面、锥孔等重要表面的圆度、圆柱度。其误差一般应限制在尺寸公差范围内，对于精密轴，需在零件图上另行规定其几何精度。

相互位置精度包括内、外表面及重要轴面的同轴度、径向圆跳动量，重要端面对轴线的垂直度，端面间的平行度等。

3. 表面粗糙度

轴的加工表面都有表面粗糙度要求，一般根据加工的可能性和经济性来确定。支承轴颈表面粗糙度 *Ra* 值常为 0.2~1.6μm，传动件配合轴颈（轴头）表面粗糙度 *Ra* 值为 0.4~3.2μm。对于要求表面粗糙度值一致的锥面或端面，应使用恒线速度切削。

其他如热处理、倒角、倒棱及外观修饰等应符合设计要求，便于后续加工。

五、轴的使用与维护

轴若使用不当，没有良好维护，就会影响其正常工作，甚至发生意外损坏，降低轴的使用寿命。因此，轴的正确使用和维护，对保证轴的正常工作及轴的使用寿命有着十分重要的意义。

1. 轴的使用

1）安装时，要严格按照轴上零件的先后顺序进行装配，注意保证安装精度。

2）安装结束后，要严格检查轴在机器中的位置及轴上零件的位置，并将其调整到最佳工作位置，同时轴承的游隙也要按工作要求进行调整。

3）在工作中，尽量避免使轴承受过量载荷和冲击载荷，并保证润滑充分、到位，从而确保应力不超过轴的疲劳强度。

2. 轴的维护

1）认真检查轴和轴上零件的完好程度，若发现问题应及时维修或更换。轴的维修部位主要是轴颈及轴头等对精度要求较高的轴段，在磨损量较小时，可采用电镀法在其配合表面镀上一层硬质合金层，并磨削至规定尺寸精度。

2）认真检查轴及轴上主要传动零件工作位置的准确性、轴承游隙的变化情况并及时调整。

3）轴上的传动零件（如齿轮、带轮、链轮等）和轴承必须保证良好的润滑。

课后练习

1. 根据承载情况的不同，轴可以分为________、________和________三类。

2. 只承受________的轴称为传动轴。

3. 根据轴线的形状不同，轴还可以分为________、________和挠性轴。

4. 当轴上需要切制螺纹时，应设有________。

5. 一个阶梯轴由________、________、________三部分组成。

6. 轴上零件的固定方法有________固定和________固定。

7. 轴的常用材料是________和________。

8. 什么是心轴、传动轴和转轴?

9. 简述轴的轴向固定和周向固定的方法。

10. 从生活中，分别举出几个心轴、传动轴、转轴的例子。

项目2　滑动轴承

学习目标

知识目标：

1. 能分析滑动轴承的类型与特点等。
2. 能叙述常用向心滑动轴承的结构形式及应用特点。
3. 能说出滑动轴承的润滑方法。

技能目标：

会判断并选择滑动轴承材料和润滑方式。

综合职业能力目标：

利用学习资料，与小组成员讨论分析滑动轴承的类型、组成和径向滑动轴承的结构形式及应用特点。

课堂讨论

轴承是机械中用来支承轴和轴上零件的重要零件，使其旋转并保持一定的精度，减少轴与支承间的摩擦和磨损，如图11-8所示。同学们查看图片后，说一说日常生活中轴承还有哪些应用。

图 11-8　轴承的应用场合

问题与思考

轴承广泛应用在日常生产、生活中，请同学们思考：为什么轴承是重要的零件？它有哪些作用？

项目描述

轴承在日常生活、生产中应用广泛，在机器设备中轴承的功能是支承转动的轴及轴上零件，并保持轴的正常工作位置和旋转精度。因此，轴承性能的好坏直接影响机器设备的使用性能，轴承是机器设备的重要组成部分。轴承常见的分类是根据摩擦性质的不同来划分的，依据摩擦类型不同，轴承可分为滑动轴承和滚动轴承两大类。图 11-9a 所示是滚动轴承，图 11-9b 所示是滑动轴承。

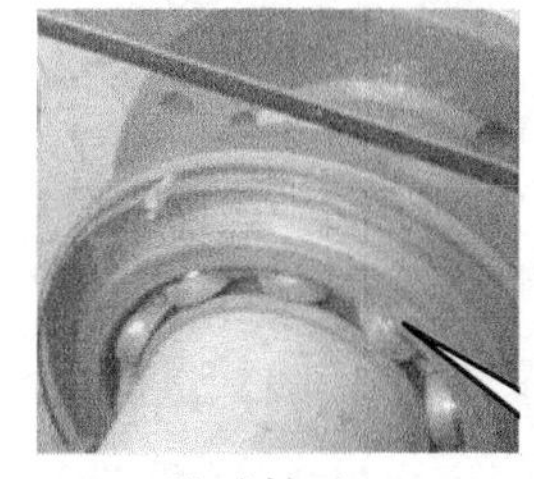

a) 滚动轴承

b) 滑动轴承

图 11-9 轴承的分类

在机器设备中轴承的形状类型较多，功能各有不同。本项目通过学习滑动轴承的相关知识，使同学们认识滑动轴承的结构特点和应用场合。

滑动轴承是在工作时轴和轴承之间是滑动摩擦的轴承，它一般应用在低速重载场合。图 11-10a 所示为单缸内燃机曲柄滑块机构，其中连杆和曲柄之间采用的就是滑动轴承连接。图 11-10b 所示是起重机吊钩，上面的滑轮轴与吊钩体也是通过滑动轴承连接的。那么，这些设备为什么要使用滑动轴承连接，滑动轴承有哪些类型，具有哪些特点？

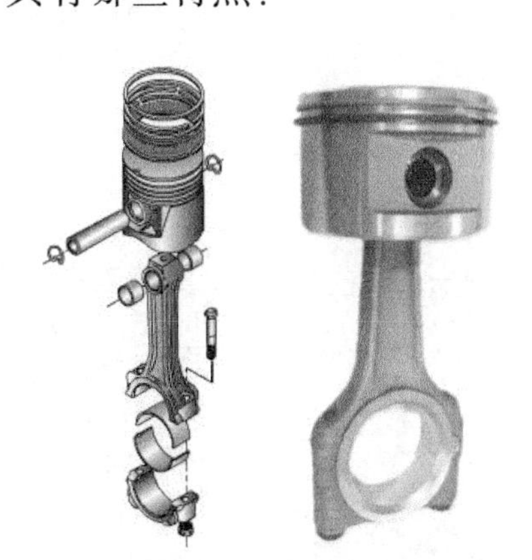

a) 单缸内燃机曲柄滑块机构

b) 起重机吊钩

图 11-10 滑动轴承的应用

相关知识

一、滑动轴承概述

滑动轴承主要由滑动轴承座、轴瓦或轴套衬和润滑装置组成。装有轴瓦或轴套的壳体称为滑动轴承座。轴承座的内圈和轴配合，支承轴旋转的称为轴瓦或轴套。其中，轴承座起固定支承作用；内圈为轴瓦，工作时，轴在轴瓦内旋转。

滑动轴承结构简单、易于制造、便于安装，适用于高速、重载、高精度或承受较大冲击载荷的机器。

二、滑动轴承的类型

按所受载荷方向的不同，滑动轴承可分为径向滑动轴承和止推滑动轴承两大类。径向滑动轴承负载的方向与轴线垂直；止推滑动轴承负载的方向平行于轴线，其功能除了支承轴做旋转运动外，还能阻止零件沿轴向移动。其具体分类及应用见表 11-6。

表 11-6　滑动轴承的分类及应用

类型	结构与简图	实物图	应用特点
整体式	轴套（轴瓦）上开有油孔和油沟，轴承座用螺栓与机座联接，顶部有装油杯的螺纹孔 轴承座　轴套		结构简单，制造容易，价格低廉，但轴只能从轴承的端部装入，装拆不方便，磨损后轴承的径向间隙无法调整。它适用于轻载、低速或间歇工作、不需要装拆的场合
剖分式	主要由轴承座、轴承盖、剖分式轴瓦及双头螺柱等组成。轴承盖上有注油孔，可保证轴承的润滑 注油孔　双头螺柱　轴承盖　上轴瓦　轴承座　下轴瓦		轴承盖和轴承座的接合面做成阶梯形定位止口，便于在装配时对中和防止其横向移动。装拆方便，磨损后轴承的径向间隙可以调整，应用较广

（续）

类型	结构与简图	实物图	应用特点
自动调心式	轴瓦与轴承盖、轴承座之间为球面接触，轴瓦可以自动调整，可适应轴受力弯曲时轴线产生的倾斜，避免出现边缘接触		主要用于轴承宽度与直径之比大于 1.5 ~ 1.7 的场合。自动调心式轴承须成对使用
止推滑动轴承	用来承受轴向载荷的滑动轴承称为止推滑动轴承。按止推轴颈支承面类型不同，有实心、空心、单环和多环等类型 出油　进油 1—轴承座　2—止推轴瓦　3—衬套 4—轴　5—径向轴瓦　6—销		用于承受横向载荷。它是靠轴的端面或轴肩、轴环的端面向止推支承面传递轴向载荷

三、轴瓦的结构

1. 轴瓦概述

轴瓦是滑动轴承中直接与轴颈相接触的重要零件，它的结构形式和性能将直接影响轴承的寿命、效率和承载能力。滑动轴承轴瓦的结构可分为整体式和剖分式两种。整体式轴瓦是套筒形，结构简单，一般称为轴套（见图 11-11a）。剖分式轴瓦多由两半组成（见图 11-11b），拆装比较方便。

a) 整体式轴瓦

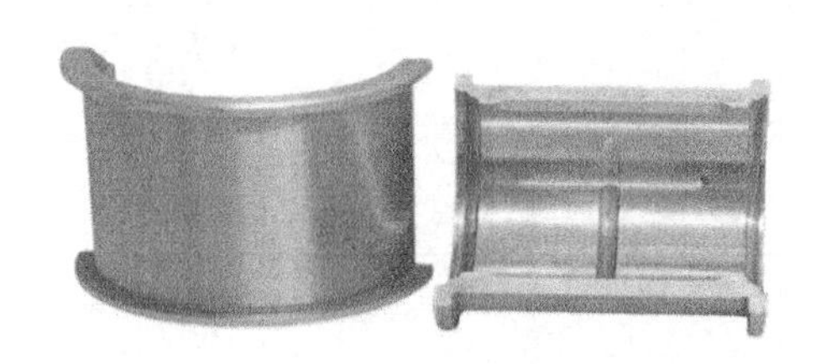

b) 剖分式轴瓦

图 11-11　轴瓦结构

2. 油孔、油沟与油室

油孔与油沟的作用是使润滑油均匀分布在整个轴颈上。为便于给轴承注入润滑油，在轴瓦上制有油沟。油沟的形式有纵向、周向和斜向等，如图 11-12 所示。油孔和油沟应开在非承载区，以免降低油膜承载能力。为了使润滑油能均匀地分布在整个轴颈上，油沟应有足够的长度，但不能开通，以免润滑油从轴瓦端部大量流失。油室的作用是储存和稳定供应润滑油，使润滑油沿轴向均匀分布，主要用于液体动压滑动轴承。

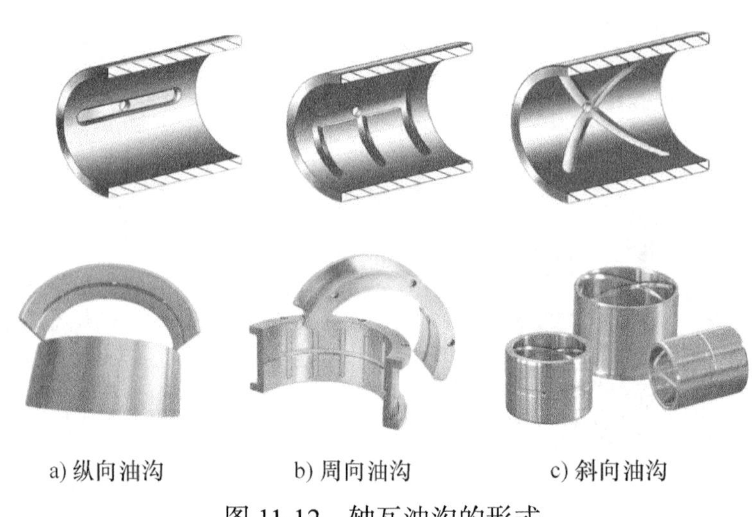

a) 纵向油沟　　b) 周向油沟　　c) 斜向油沟

图 11-12　轴瓦油沟的形式

四、滑动轴承的材料

轴承座和轴承盖一般不与轴颈直接接触，常用灰铸铁制造，轴瓦和轴承衬与轴颈直接接触，所用材料应具有较小的摩擦因数、高的耐磨性和抗胶合性，有足够的强度和良好的塑性。常用的轴瓦材料主要是铸造轴承合金，有些牌号的黄铜、铝合金、粉末冶金和非金属材料等也可用于一些中低速工作的轴承，如图 11-13 所示。铸造轴承合金的牌号、硬度及用途见表 11-7。

表 11-7　铸造轴承合金的牌号、硬度及用途

类型	代号	硬度 HBW（不小于）	应用范围
锡基轴承合金	ZSnSb8Cu4	24	用于一般高速重载轴承及轴衬
	ZSnSb12Pb10Cu4	29	适用于中等速度和受压的主轴承，但不适用于高温环境
	ZSnSb11Cu6	27	适用于 1471kW 以上的高速蒸汽机和 368kW 的涡轮压缩机、涡轮泵及高速内燃机等

（续）

类型	代号	硬度 HBW（不小于）	应用范围
铅基轴承合金	ZPbSb16Sn16Cu2	30	适用于工作温度 < 120℃，无显著冲击载荷，重载高速轴承，如汽车、拖拉机的曲柄轴承，750kW 以内的电动机轴承
	ZPbSb15Sn10	24	适用于中等载荷、中速、冲击载荷的机械轴承，如汽车、拖拉机的曲轴轴承、连杆轴承，也适用于高温轴承

a) 铸造轴承合金

b) 铜合金

c) 粉末冶金

d) 非金属材料

图 11-13 滑动轴承轴瓦不同材料

五、滑动轴承的润滑

滑动轴承润滑的目的是减少工作表面间的摩擦和磨损，同时起冷却、散热、防锈蚀及减振等作用。合理正确的轴承润滑对保证机器的正常运转、延长使用寿命具有重要意义。润滑剂分为润滑油、润滑脂、固体润滑剂三种。

1. 润滑油及其选择

工业用的润滑油有矿物油和合成油两类。矿物油应用最广；合成油具有优良的润滑性能，耐高温和低温，但价格高，适用于高速或工作温度较高的特殊场合。选用润滑油主要是确定油品的种类和牌号（黏度）。一般根据机械设备的载荷、速度等工作条件，先确定合适的黏度范围，再选择适当的润滑油品种。润滑油的选择原则如下：

1）转速高、压力小选用黏度低的润滑油。

2）转速低、压力大选择黏度高的润滑油。

3）高温（$t > 60℃$）下工作选用较高黏度的润滑油。

2. 润滑脂及其选择

润滑脂是润滑油与稠化剂、添加剂等的膏状混合物。润滑脂按所用润滑油的不同可分为矿物油润滑脂和合成油润滑脂。润滑脂主要适用于要求不高、难以经常供油或低速重载及做摆动运动的轴承中。润滑脂的选择原则如下：

1）当压力高和滑动速度低时，选择针入度小一些的品种；反之，选择针入度大一些的品种。

2）润滑脂的滴点一般应比轴承工作温度高 20~30℃，以免工作时润滑脂过多地流失。

3）在有水淋或潮湿的环境下，应选择防水性能强的钙基或铝基润滑脂。

4）在温度较高时应选用钠基或复合钙基润滑脂。

3. 固体润滑剂

固体润滑剂主要适用于有特殊要求的场合，如环境清洁要求高、真空或高温中。使用时涂敷、黏结或烧结在轴瓦表面，也有制成复合材料，依靠材料自身的润滑。

4. 润滑方式及装置

滑动轴承的润滑方式可分为间歇供油和连续供油两类。常用的滑动轴承润滑方式及装置见表 11-8。

表 11-8　常用的滑动轴承润滑方式及装置

润滑方式		装置示意图	说明
间歇润滑	针阀式油杯	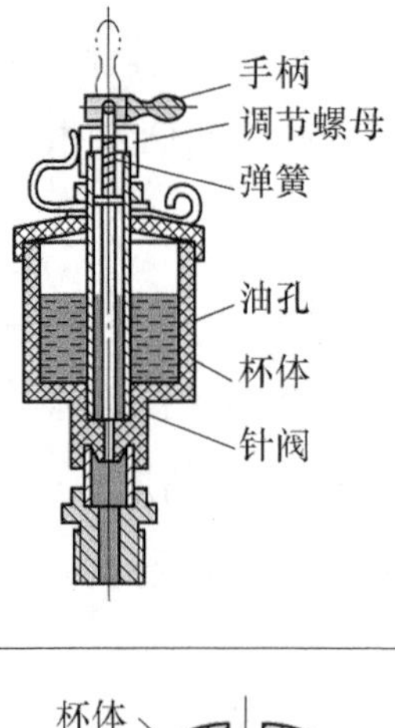 手柄 调节螺母 弹簧 油孔 杯体 针阀	用于油润滑，将手柄置于垂直位置，针阀上升，打开油孔供油；将手柄置于水平位置，针阀降回原位，停止供油。旋动调节螺母可调节注油量的大小
	旋套式油杯	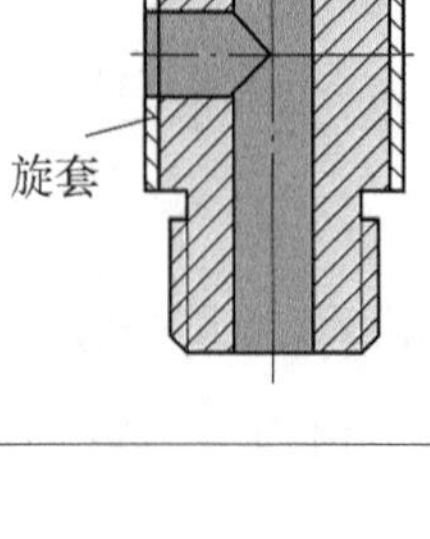 杯体 旋套	用于油润滑，转动旋套，当旋套孔与杯体注油孔对正时可用油壶或油枪注油；在不注油时，旋套壁遮挡杯体注油孔，起密封作用

（续）

润滑方式		装置示意图	说明
间歇润滑	压配式油杯	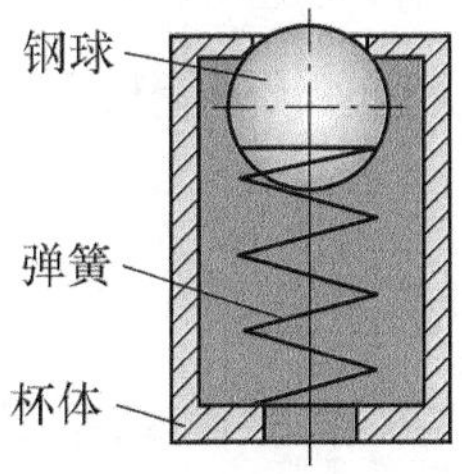	用于油润滑或脂润滑。将钢球压下可注油；在不注油时，钢球在弹簧的作用下，使杯体注油孔封闭
	旋盖式油杯	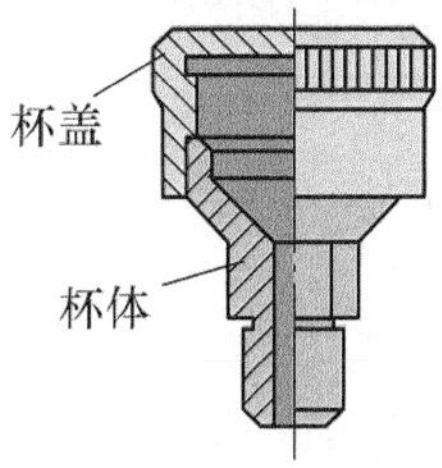	用于脂润滑。杯盖与杯体采用螺纹连接，旋合时在杯体和杯盖中都装满润滑脂，定期旋转杯盖，可将润滑脂挤入轴承内
连续润滑	芯捻式油杯	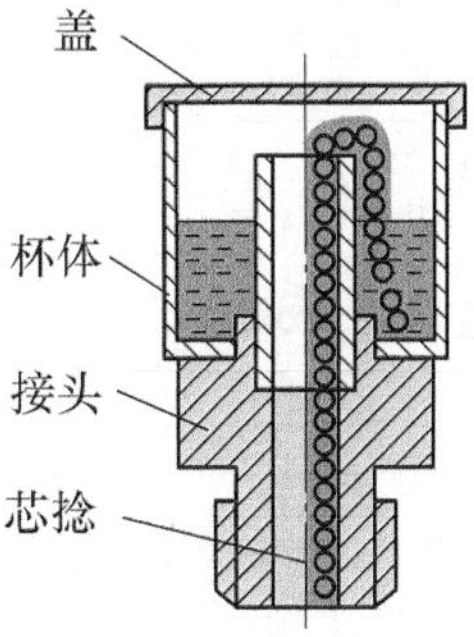	用于油润滑。在杯体中储存润滑油，靠芯捻的毛细作用实现连续润滑。这种润滑方式注油量较小，适用于轻载及轴颈转速不高的场合
	油环润滑	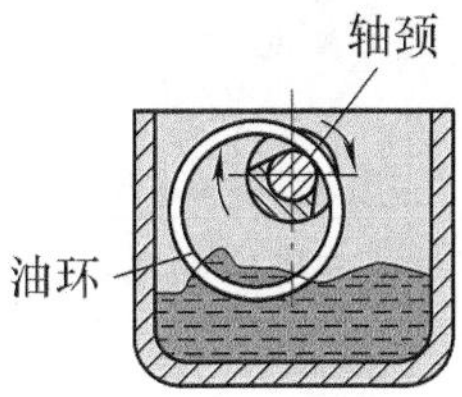	用于油润滑。油环套在轴颈上并垂入油池，在轴旋转时，靠摩擦力带动油环转动，将润滑油带至轴颈处进行润滑。这种润滑方式结构简单，由于靠摩擦力带动油环甩油，故轴的转速需适当方能充足供油
	压力润滑	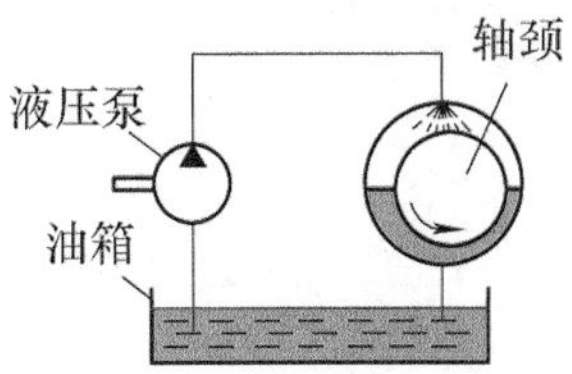	用于油润滑。利用液压泵压力将润滑油送入轴承进行润滑。这种润滑方式工作可靠，但结构复杂，对轴的密封性要求高，且费用较高，适用于大型重载、高速、精密和自动化机械设备

六、滑动轴承的主要失效形式

滑动轴承的失效形式主要有磨损、胶合、腐蚀和安装不正确引起的损坏。滑动轴承常见的失效形式见表 11-9。

1. 磨损

轴与轴承相对运动时，由于轴上较硬物体或硬质颗粒切削或刮擦作用引起轴承表面材料的脱落、损伤，从而破坏摩擦表面的现象称为磨损。

2. 胶合

滑动轴承工作时，特别是在重载条件下工作时，由于温度和压力很大，轴颈和轴瓦之间的润滑油膜可能被挤出，从而使金属表面直接接触，因摩擦面发热而使温度迅速升高，严重时表面金属局部软化或熔化，导致接触区发生牢固的黏着或焊合而形成胶合。由于摩擦表面瞬时温度很高，黏着区较大，黏着点强度高，黏着点不能被从基体上剪切掉，使轴与轴瓦发生咬死而不能转动。咬死是胶合失效最严重的表现形式。

3. 腐蚀

轴承里润滑剂在使用中不断氧化，所生成的酸性物质对轴承材料造成腐蚀。

4. 轴承安装不正确引起的损坏

轴承安装不正确也会引起轴承损坏。

表 11-9　滑动轴承的失效形式

<table>
<tr><th colspan="2">失效形式</th><th>失效过程</th><th>图示</th></tr>
<tr><td rowspan="3">磨损</td><td>磨粒磨损</td><td>硬质颗粒→磨料→研磨轴和轴承表面</td><td></td></tr>
<tr><td>刮伤</td><td>轴表面硬轮廓峰顶刮削轴承</td><td></td></tr>
<tr><td>疲劳剥落</td><td>载荷反复作用→疲劳裂纹→扩展→剥落</td><td></td></tr>
</table>

（续）

失效形式	失效过程	图示
胶合	温升 + 压力 + 油膜破裂→焊接	
腐蚀	润滑剂氧化→酸性物质→腐蚀	
轴承安装不正确引起的损坏		

课后练习

1. 按所能承受载荷的方向不同，滑动轴承可分为________滑动轴承和________滑动轴承。

2. 滑动轴承由________、________、润滑和密封装置等部分组成。

3. 径向滑动轴承按结构的不同可分为________式和________式。

4. 剖分式滑动轴承的轴承盖与轴承座的剖分面常做成阶梯形，其目的是__________。

5. 滑动轴承的失效形式主要是轴瓦的________和________。

6. 滑动轴承常用的润滑剂有________和________两种。

7. 常见的润滑装置有________、________、________和________。

8. 请举出在日常生活或生产实践中，应用滑动轴承的两个实例。

项目 3 滚动轴承

知识目标：

1. 能说出滚动轴承的类型、代号、特点。
2. 能说出滚动轴承的选择原则。
3. 能分析滚动轴承的失效形式。

技能目标：

1. 会判断并根据不同使用环境正确选择滚动轴承。
2. 能正确拆卸滚动轴承。

综合职业能力目标：

利用学习资料，与小组成员讨论分析滚动轴承的类型、组成和滚动轴承的安装与润滑。

课堂讨论

滑动轴承有着诸如易磨损、效率低、维修难等难以克服的缺点，这在一定程度上限制了它的使用。近年来，随着机器人及人工智能设备的飞速发展、广泛应用，高速、低载、精密滚动轴承的使用越来越广泛。滚动轴承成功地克服了滑动轴承的上述缺点，满足了技术发展的需要。

滚动轴承是轴和轴承之间做滚动摩擦的轴承。图 11-14 所示为滚动轴承在日常生活中的应用。在实际生产中由于机械设备工作状况的不同，采用的滚动轴承的类型也不尽相同。那么，这些轴承在使用中和结构上有何特点呢？

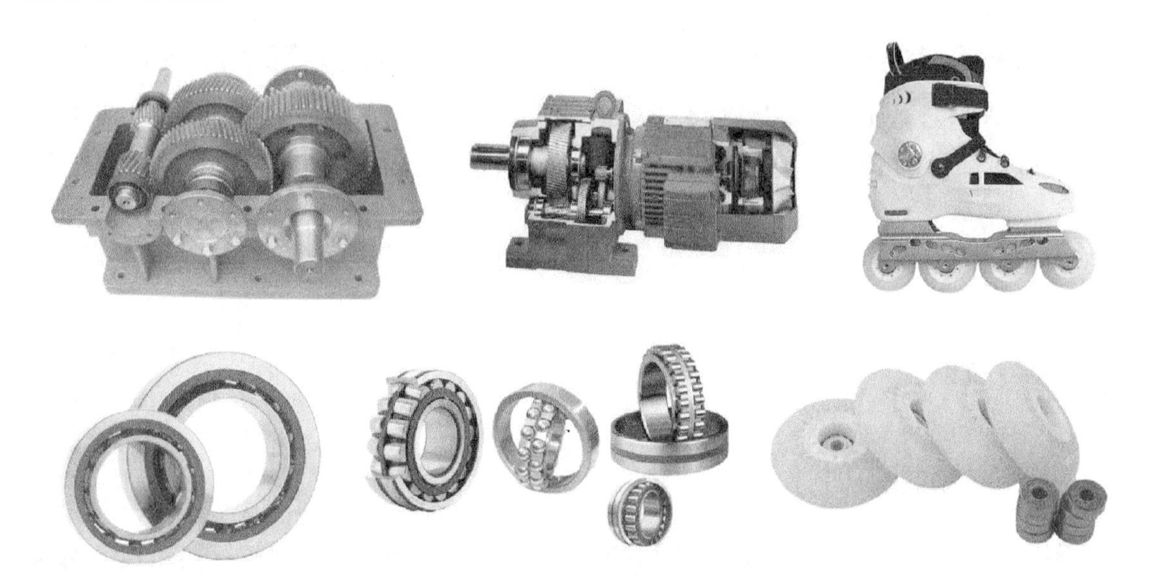

图 11-14　滚动轴承在日常生活中的应用

问题与思考

在滚动轴承的外圈端面的外沿上（见图 11-15），一般压有这样的标记：6208、71210B、LN312/P5，它们分别代表什么含义？

图 11-15　滚动轴承实物图

项目描述

滚动轴承是标准件，一般由轴承厂家大批量生产，在机械设备中广泛应用。

所以，国家标准对滚动轴承的类型、尺寸、精度和结构特点等都做了规定，用轴承代号来表示，压在滚动轴承的外圈端面的外沿上。要求通过了解滚动轴承的类型、特点、代号含义等，能够正确识读轴承代号的含义，正确选用合适的轴承类型。

相关知识

一、滚动轴承概述

图 11-16 所示为常见的滚子轴承和球轴承，其结构都由内圈、外圈、滚动体和保持架组成。不同之处在于两者的滚动体结构有所不同，一个使用圆柱滚子作为滚动体，一个使用钢珠作为滚动体。

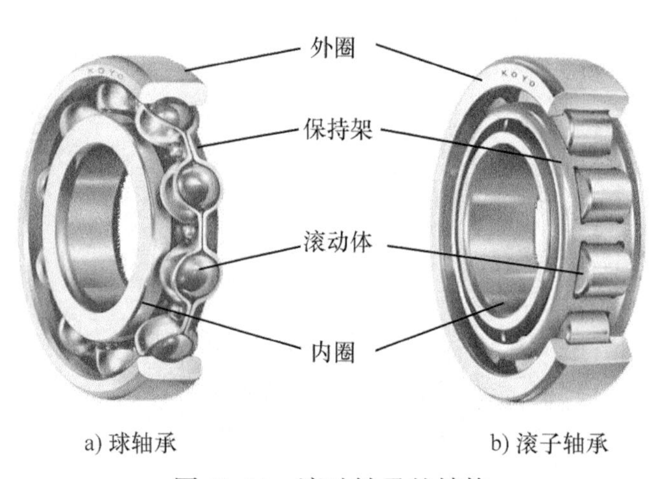

图 11-16　滚动轴承的结构

滚动轴承的外圈装在基座的轴承孔内，和机座连为一体，固定不动；内圈装在轴颈上，与轴一起转动；滚动体是固定件与旋转件之间的媒质。当内、外圈之间相对旋转时，滚动体沿着滚道滚动。常见的滚动体有球、圆柱滚子、圆锥滚子、球面滚子、滚针等，如图 11-17 所示。滚动轴承一般由轴承铬钢制造，并经淬硬磨光，现在陶瓷、树脂等材料也被广泛用于轴承上。保持架是将滚动体在滚道上等距隔离的装置，它使滚动体不发生相互接触，减少摩擦和噪声。保持架一般由低碳钢板冲压成形，它与滚动体间有较大的间隙，也有的用铜合金、铝合金或塑料经切削加工制成，具有较好的定心作用。

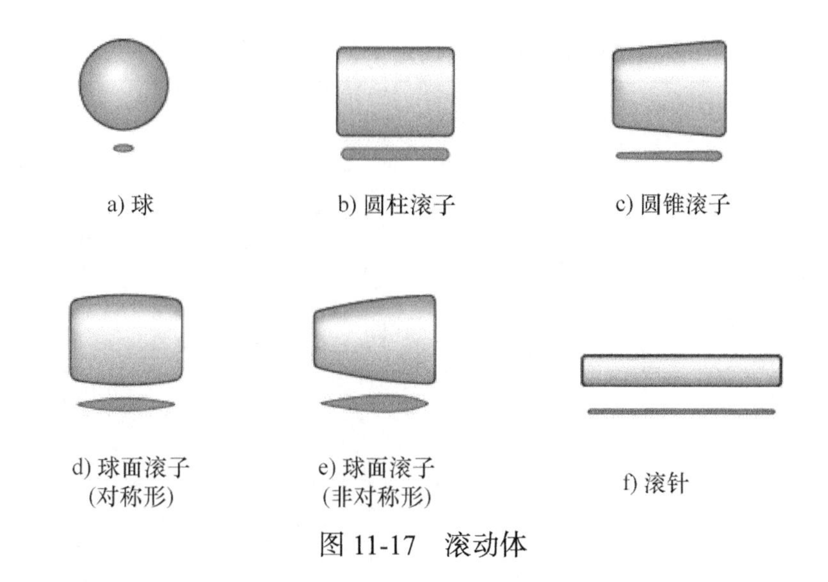

图 11-17　滚动体

滚动轴承已经标准化，具有摩擦力矩小、起动灵敏、轴向尺寸小、易润滑、维修方便、工作效率较高、类型和规格多，以及载荷、转速、工作温度的适用范围广等优点。

二、滚动轴承的类型

1. 滚动轴承的分类

1）根据滚动轴承所能承受的主要载荷方向，滚动轴承可分为：

① 向心轴承。主要承受径向载荷，也可承受轻微轴向载荷。

② 推力轴承。只能承受轴向载荷。

③ 向心推力轴承。能同时承受径向载荷和轴向载荷，一般以承受径向载荷为主。

2）按滚动体的形状不同，可分为球轴承和滚子轴承。球轴承的滚动体与内、外圈滚道为点接触，其承载能力低，耐冲击性差，但摩擦阻力小，极限转速高，价格低。滚子轴承包括圆柱滚子轴承、圆锥滚子轴承、调心滚子轴承、长弧面滚子轴承和滚针轴承。滚子轴承的滚动体与内、外圈滚道为线接触，其承载能力高、耐冲击性好，但摩擦阻力大，极限转速低，价格也高。滚动体的列数可以是单列或双列等。

2. 常用滚动轴承的类型及特性

常用滚动轴承的类型及特性见表 11-10。

表 11-10　常用滚动轴承的类型及特性

类型及代号		实物图	简图及承载方向	结构性能及应用	标准号
双列角接触球轴承（0）				能承受较大的径向负荷为主的径向和轴向联合负荷和力矩负荷，限制轴的两方面的轴向位移。主要用于限制轴和外壳双向轴向位移的部件中	—
调心球轴承（1）				主要承受径向载荷，也可同时承受不大的双向轴向载荷。外圈滚道为球面，具有自动调心性能，适用于弯曲刚度小及难于对中的轴	GB/T 281—2013
调心滚子轴承（2）				调心性能好，其承载能力比调心球轴承大，也能承受少量的双向轴向载荷，适用于重载及冲击载荷的场合	GB/T 288—2013
圆锥滚子轴承（3）				能承受较大的径向载荷和轴向载荷。内外圈可分离，故轴承游隙可在安装时调整，通常成对使用、对称安装	GB/T 297—2015
双列深沟球轴承（4）				主要承受径向载荷，也能承受一定的双向轴向载荷。它比深沟球轴承的承载能力大	—
推力球轴承（5）	单向			只能承受单向轴向载荷，适用于轴向载荷大、转速不高的场合	GB/T 301—2015
	双向			可承受双向轴向载荷，常用于轴向载荷大、转速不高的场合	

（续）

类型及代号	实物图	简图及承载方向	结构性能及应用	标准号
深沟球轴承（6）			主要承受径向载荷，也可同时承受少量双向轴向载荷。其摩擦阻力小，极限转速高，结构简单，价格低廉，应用最普遍	GB/T 276—2013
角接触球轴承（7）			能同时承受径向载荷与轴向载荷，接触角 α 有 15°、25°、40° 三种，适用于转速较高，同时承受径向载荷和轴向载荷的场合	GB/T 292—2007
推力圆柱滚子轴承（8）			只能承受单向轴向载荷，承载能力比推力球轴承大得多，不允许角偏移，适用于轴向载荷大而不需调心的场合	GB/T 4663—2017
圆柱滚子轴承（N）			只能承受径向载荷，不能承受轴向载荷。其承受载荷能力比同尺寸的球轴承大，适用于重载和冲击载荷，以及要求支承刚性好的场合	GB/T 283—2007
滚针轴承（NA）		a) b)	径向尺寸最小，径向承载能力很大，摩擦系数较大，极限转速较低，适用于径向载荷很大而径向尺寸受限制的场合，如万向联轴器、活塞销等	GB/T 309—2000

【观察与思考】

想一想，在日常生活、生产中，你见过的滚动轴承属于哪种类型？

三、滚动轴承的代号

滚动轴承的类型很多，同一类型的轴承又有多种不同的结构、尺寸、公差等级和技术性能等。为了完整地反映滚动轴承的外形尺寸、结构及性能参数等方面要求，国家标准 GB/T 272—2017《滚动轴承　代号方法》规定了滚动轴承代号的表示方法。图 11-18 所示为深沟球轴承实物图片。

滚动轴承代号由前置代号、基本代号和后置代号构成，其中基本代号是滚动轴承代号的基础和核心，对于普通轴承，其前置代号和后置代号可以省略。滚动轴承的代号组成见表 11-11。

a) 不同尺寸的轴承

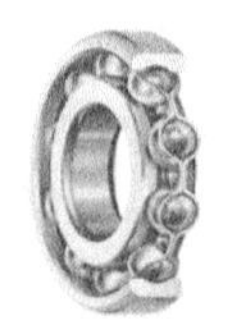

b) 普通深沟球轴承

c) 带防尘盖的轴承

d) 外圈上有止动槽的轴承

图 11-18　深沟球轴承

表 11-11　滚动轴承的代号组成

<table>
<tr><th rowspan="2">前置代号</th><th colspan="5">基本代号</th><th colspan="9">后置代号</th></tr>
<tr><th>一</th><th>二</th><th>三</th><th>四</th><th>五</th><th>1</th><th>2</th><th>3</th><th>4</th><th>5</th><th>6</th><th>7</th><th>8</th><th>9</th></tr>
<tr><td rowspan="3">轴承分部件（轴承组件）代号</td><td colspan="3">轴承系列</td><td colspan="2" rowspan="3">内径代号</td><td rowspan="3">内部结构代号</td><td rowspan="3">密封防尘与外部形状代号</td><td rowspan="3">保持架及其材料代号</td><td rowspan="3">轴承零件材料代号</td><td rowspan="3">公差等级代号</td><td rowspan="3">游隙代号</td><td rowspan="3">配置代号</td><td rowspan="3">振动及噪声代号</td><td rowspan="3">其他代号</td></tr>
<tr><td rowspan="2">类型代号</td><td colspan="2">尺寸系列代号</td></tr>
<tr><td>宽度（或高度）系列代号</td><td>直径系列代号</td></tr>
</table>

1. 基本代号（滚针轴承除外）

基本代号表示轴承的基本类型、结构和尺寸，一般由轴承类型代号、尺寸系列代号和内径代号组成。

（1）类型代号　轴承的类型代号用阿拉伯数字或英文字母表示，具体见表 11-12。另外，代号为“0”（双列角接触球轴承）则省略。

（2）尺寸系列代号　尺寸系列代号由轴承的宽（高）度系列代号（基本代号左起第二位）和直径系列代号（基本代号左起第三位）组合而成。轴承的尺寸系列代号见表 11-13。

表 11-12 轴承类型代号（摘自 GB/T 272—2017）

类型代号	轴承类型	类型代号	轴承类型
0	双列角接触球轴承	N	圆柱滚子轴承
1	调心球轴承		双列或多列用字母 NN 表示
2	调心滚子轴承和推力调心滚子轴承	U	外球面球轴承
3	圆锥滚子轴承	QJ	四点接触球轴承
4	双列深沟球轴承	C	长弧面滚子轴承（圆环轴承）
5	推力球轴承		
6	深沟球轴承		
7	角接触球轴承		
8	推力圆柱滚子轴承		

表 11-13 轴承的尺寸系列代号

直径系列代号	向心轴承								推力轴承			
	宽度系列代号								高度系列代号			
	8	0	1	2	3	4	5	6	7	9	1	2
7（超特轻）	—	—	17	—	37	—	—	—	—	—	—	—
8（超轻）	—	08	18	28	38	48	58	68	—	—	—	—
9（超轻）	—	09	19	29	39	49	59	69	—	—	—	—
0（特轻）	—	00	10	20	30	40	50	60	70	90	10	—
1（特轻）	—	01	11	21	31	41	51	61	71	91	11	—
2（轻）	82	02	12	22	32	42	52	62	72	92	12	22
3（中）	83	03	13	23	33	—	—	63	73	93	13	23
4（重）	—	04	—	24	—	—	—	—	74	94	14	24
5（特重）	—	—	—	—	—	—	—	—	—	95	—	—

1）宽（高）度系列代号。宽度系列指径向接触轴承或向心角接触轴承的内径和直径系列相同，而宽度有一个递增的系列尺寸（递增次序为 8，0，1，2，3，4，5，6）。高度系列指轴向接触轴承的内径和直径系列相同，而轴承高度有一个递增的系列尺寸（递增次序为 7，9，1，2）。当宽度系列为 0 时，则组合代号中不用标出（少数轴承除外）。以圆锥滚子轴承为例的宽度系列示意图如图 11-19 所示。

2）直径系列代号。直径系列代号表示同一类型、内径相同而具有不同外径的轴承系列，其外径和宽度有一个递增的系列尺寸（递增次序为 7，8，9，0，1，2，3，4，5）。以深沟球轴承为例的直径系列示意图如图 11-20 所示。

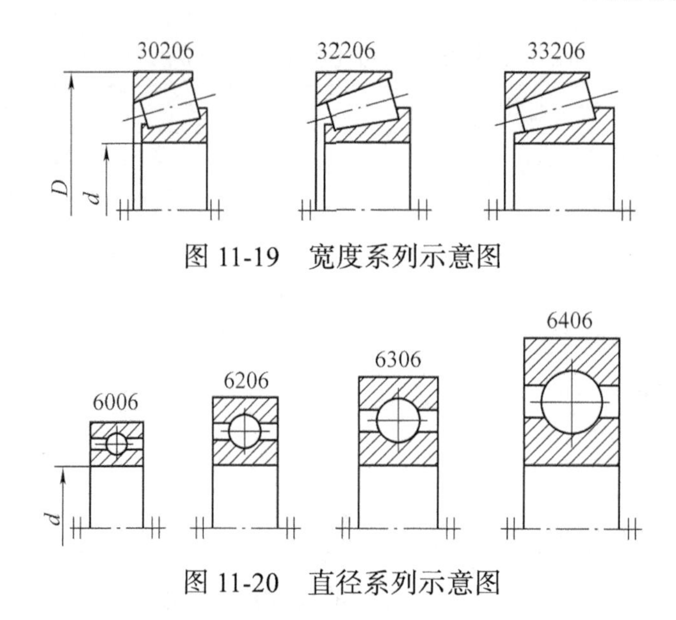

图 11-19　宽度系列示意图

图 11-20　直径系列示意图

（3）内径代号　内径代号（基本代号最后两位）表示轴承公称内径尺寸，用阿拉伯数字表示，见表 11-14。

表 11-14　内径 $d \geqslant$ 10mm 的滚动轴承内径代号

内径代号（两位数）	00	01	02	03	04~96
内径尺寸 /mm	10	12	15	17	代号 ×5

注：当轴承公称内径为 0.6~10mm（非整数）、1~9mm（整数）、22mm、28mm、32mm 或≥ 500mm 时，内径代号直接用内径毫米数表示，在标注时与尺寸系列代号之间要用“/”分开。例如，深沟球轴承 62/22，表示其公称内径 d=22mm。

2. 前置代号和后置代号

前置、后置代号是轴承在结构形状、尺寸、公差、技术要求等有改变时，在其基本代号左右添加的补充代号。一般情况下可部分或全部省略，其详细内容请查阅《机械设计手册》中相关标准规定。

（1）前置代号　用字母表示成套轴承的分部件。滚动轴承的前置代号及其含义见表 11-15。

表 11-15　滚动轴承的前置代号及其含义

代号	含义	代号	含义
L	可分离轴承的可分离内、外圈	WS	推力圆柱滚子轴承轴圈
R	不带可分离内、外圈的组件	CS	推力圆柱滚子轴承座圈
K	滚子和保持架组件		

（2）后置代号　后置代号用字母或字母与数字的组合表示，置于基本代号右边并与基本代号空半个汉字距（代号中有符号“-”“/”除外），用以说明轴承的内部结构、密封，以及防尘圈形状、材料、公差等级等变化的补充代号，代号及其含义随技术内容不同而不同。后置代号及相关内容可查国家标准GB/T 272—2017《滚动轴承　代号方法》。

1）内部结构代号。内部结构代号是用字母表示轴承内部结构的变化情况，见表 11-16。

表 11-16　轴承内部结构常用代号

轴承类型	代号	含义	示例
角接触球轴承	B	α=40°	7120 B
	C	α=15°	7005 C
	AC	α=25°	7210 AC
圆锥滚子轴承	B	接触角 α 加大	32310 B
圆柱滚子轴承	E	加强型	NU 207 E

2）公差等级代号。滚动轴承的公差等级分为八级，其代号用“/P+ 数字”或“/ 字母 +P”表示，数字代表公差等级，见表 11-17。

表 11-17　轴承公差等级及其代号

代号		/PN	/P6	/P6X	/P5	/P4	/P2	/SP	/UP
公差	等级	普通精度	6 级	6X	5 级	4 级	2 级	尺寸精度 5 级，旋转精度 4 级	尺寸精度 4 级，旋转精度 4 级
	示例	6203	6203/P6	30210/P6X	6203/P5	6203/P4	6203/P2	234420/SP	234730/UP

3）游隙代号。游隙是指轴承内、外圈之间的相对极限移动量，游隙代号用“/C+ 数字”或“/C+ 字母”表示，数字为游隙组号。游隙组有 N、2、3、4、5，游隙量按序由小到大排列。其中游隙 N 组为基本游隙，“/CN”在轴承代号中省略不表示。

【提示】

当轴承的公差等级代号与游隙代号需同时表示时，可用公差等级代号加上游隙组号的组合形式表示。例如，“/P63”表示轴承的公差等级为 6 级，游隙为 3 组。

3. 滚动轴承的代号示例

例　请说明滚动轴承代号 6215、30208/P6X、7310C/P5 的含义。

解：

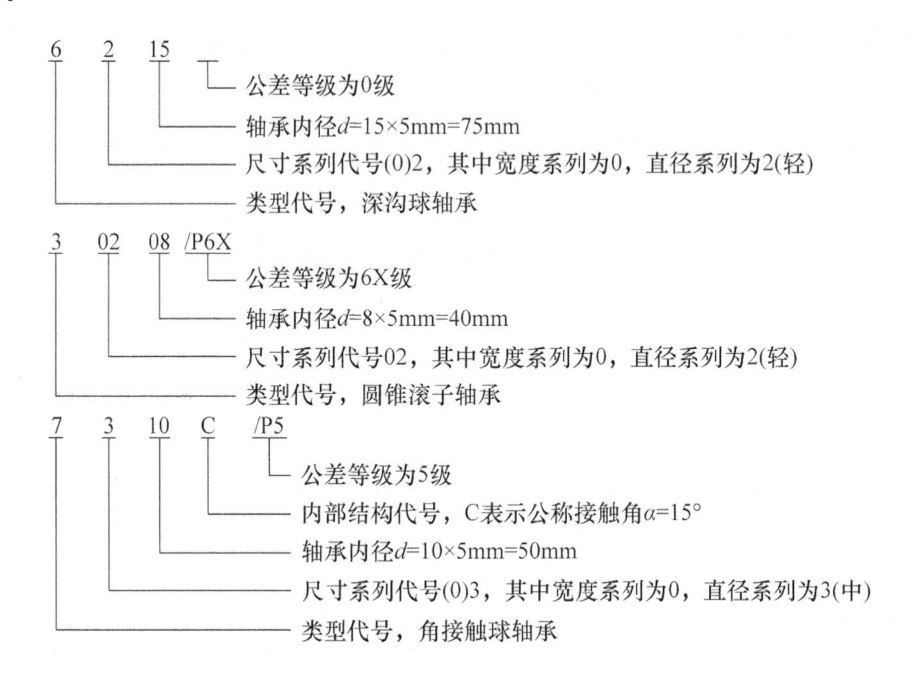

四、滚动轴承类型的选择

滚动轴承类型的选择应根据轴承的工作载荷（大小、方向和性质）、转速高低、支承刚性、安装精度，结合各类轴承的特性和应用经验进行综合分析，选用合适的型号即可。但是滚动轴承类型很多，选择时应从以下几方面进行考虑，尽可能做到经济合理且满足使用要求。

1. 载荷的大小、方向和性质

1）按载荷大小、性质选择。在外轮廓尺寸相同时，球轴承适用于承受轻载荷，滚子轴承适用于承受重载荷及冲击载荷。

2）按载荷方向选择。当承受纯径向载荷时，通常选用圆柱滚子轴承或深沟球轴承；当承受纯轴向载荷时，通常选用推力球轴承或推力圆柱滚子轴承；当承受较大径向载荷和一定轴向载荷时，可选用角接触球轴承或圆锥滚子轴承；当承受较大轴向载荷和一定径向载荷时，可选用推力角接触轴承，或者将径向轴承和推力轴承进行组合，分别承受径向和轴向载荷，其效果和经济性都比较好。

2. 轴承的转速

一般情况下，工作转速的高低对轴承类型的选择影响不大，只有在转速较高时，才会有比较显著的影响。

1）球轴承与相同尺寸、同精度的滚子轴承相比，具有更高的极限转速和旋转精度，在高速转动时优先选择球轴承。

2）为减小离心力，在高速时宜选用同一直径系列中外径较小的轴承。外径较大的轴承适用于低速、重载场合。

3）推力轴承的极限转速都较低，当工作转速高、轴线载荷不大时，可用角接触球轴承或深沟球轴承代替推力轴承。

4）保持架的材料和结构对轴承转速影响很大，实体保持架比冲压保持架允许更高的转速。

3. 自动调心性能要求

当轴的中心线与轴承座中心线不重合而有角度误差时，或者因外力作用轴承内外圈轴线发生偏斜时，应采用有调心性能的调心轴承。需要指出的是，调心轴承需两端同时使用，否则将失去调心作用。

4. 装调性能

圆锥滚子轴承、滚针轴承等属于内外圈可分离的轴承类型（即分离型轴承），安装拆卸方便。轴承在长轴上安装时，为便于装拆，可选用内圈孔呈 1∶12 锥度的轴承。

5. 经济性

在满足使用要求的情况下，优先选用价格低的轴承。同型号轴承，精度高一级价格将急剧增加。因此在满足使用功能的前提下，尽量选用低精度、价格便宜的轴承。当公差等级相同时，球轴承的价格比滚子轴承便宜。

6. 特殊要求

如允许空间、装拆位置、润滑、密封、噪声及其他特殊性能要求。

五、滚动轴承的组合设计

为了保证轴和轴上零件正常运转，除正确选用轴承类型、型号外，还应解决轴承的组合结构问题，其中包括轴承组合的轴向固定、支撑结构形式、滚动轴承的配合及滚动轴承的装拆等一系列问题。

1. 单个滚动轴承内、外圈的轴向固定

轴承在工作时，受到轴向外力会导致轴向窜动，仅仅靠过盈配合对轴承圈进行轴向固定是不够的。为保证轴的正常工作，应使轴承在轴或机座上相对固定，

防止轴向移动，同时考虑热胀冷缩，允许轴承有一定的轴向游动，为此，应采用适当的支承结构及相应的套圈固定形式。

（1）轴承内圈的固定　轴承内圈的固定方法较多，常见的主要有 4 种方法，见表 11-18。

表 11-18　轴承内圈的固定方法

序号	1	2	3	4
简图				
固定方式	内圈靠轴肩定位，结合过盈配合固定	用弹性挡圈紧固	内圈用螺母与止动垫圈紧固	在轴端用压板和螺钉紧固，用弹簧垫片和铁丝防松
特点	结构简单，装拆方便，占用空间小，可用于两端固定的支撑中	结构简单，装拆方便，占用空间小，多用于深沟球轴承的固定	结构简单，装拆方便，坚固可靠	不能调整轴承游隙，多用于轴颈直径 d>70mm 的场合，允许转速较高

（2）轴承外圈的固定　轴承外圈在机座孔中一般用座孔台肩定位，定位端面与轴线也需保持良好的垂直度。轴承外圈的轴向固定可采用轴承盖或孔用弹性挡圈等结构。常用轴承外圈的固定方式主要有 5 种，见表 11-19。

表 11-19　轴承外圈的固定方法

序号	1	2	3	4	5
简图					
固定方式	外圈用端盖紧固	外圈用弹性挡圈紧固	外圈用挡肩定位，轴系另一端支撑靠螺母或端盖紧固	外圈由套筒上的挡肩定位，再用端盖紧固	外圈用螺钉和调节环紧固
特点	结构简单，紧固可靠，调整方便	结构简单，装拆方便，占用空间小，多用于向心类轴承	结构简单，工作可靠	结构简单，外壳孔可为通孔，利用垫片可调整轴系的轴向位置，装配工艺性好	便于调整轴承游隙，用于角接触轴承的紧固

2. 轴承组的支承形式

两个配对使用的轴承构成一对轴承组。在生产中根据使用场合和实现功能的需要，轴承组的支承形式通常有两端固定、一端固定一端游动和两端游动 3 种形式。

（1）两端固定形式　左右两个轴承两端都加以固定，限制轴及轴承的轴向移动，如图 11-21 所示。为保证轴承定位牢靠、方便修调，在轴承的一端设置有调整垫片。两端固定形式适用于轴承组跨距较小、温度变化不大的场合。

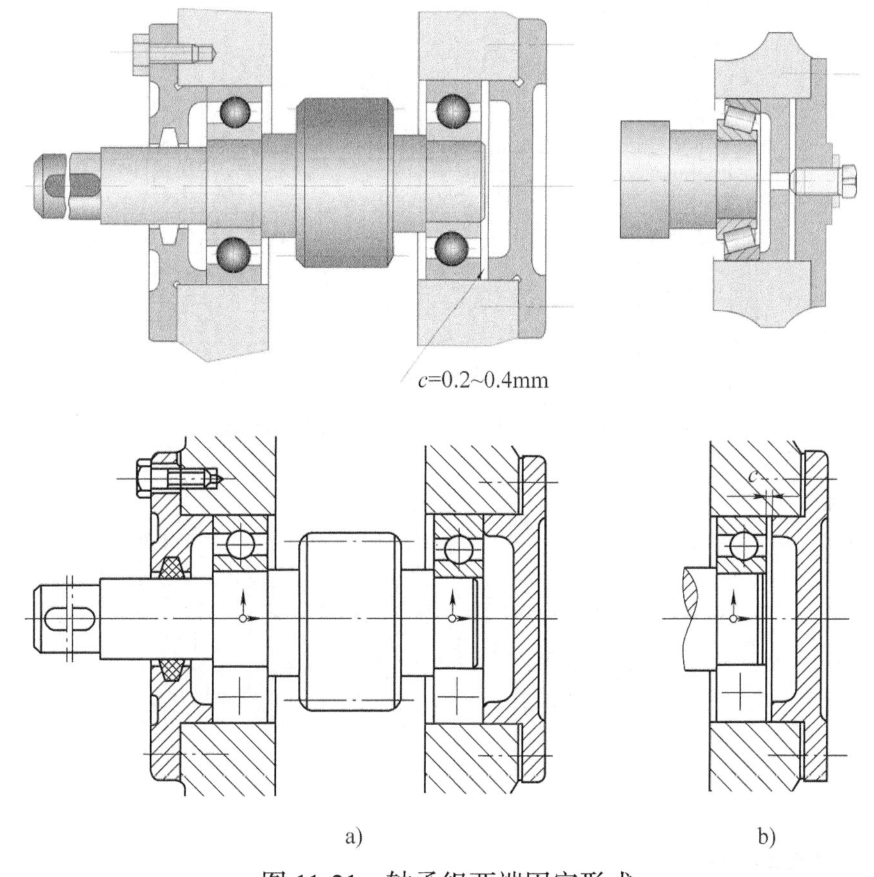

图 11-21　轴承组两端固定形式

（2）一端固定一端游动形式　左右两个轴承一端固定，另一端可以在一定范围游动，如图 11-22 所示。一端固定一端游动形式适用于细长轴或工作温度变化大的场合。

（3）两端游动形式　左右两个轴承两端都可以在一定范围游动。它主要适用于小的人字齿轮轴（双斜齿轮轴）高速旋转的场合，如图 11-23 所示。

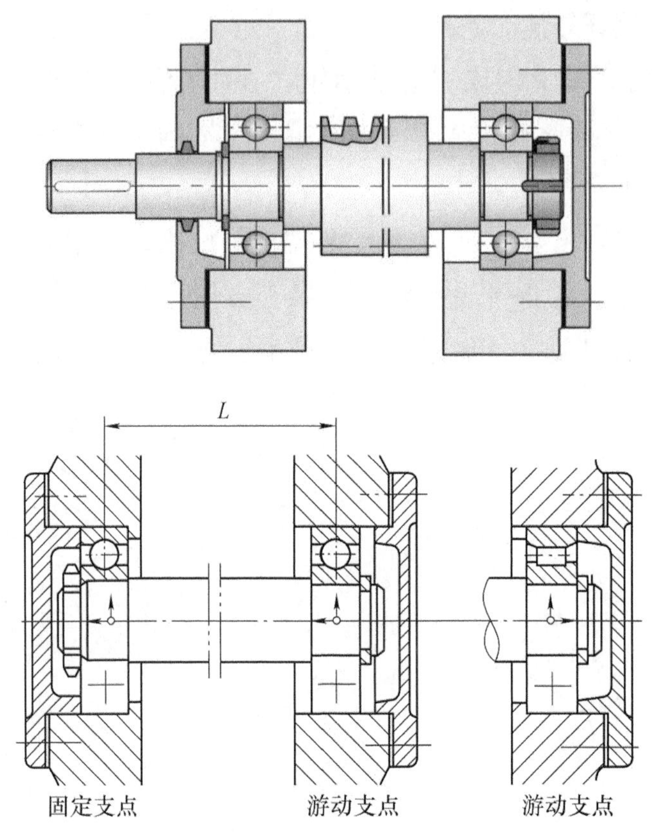

图 11-22　轴承组一端固定一端游动形式

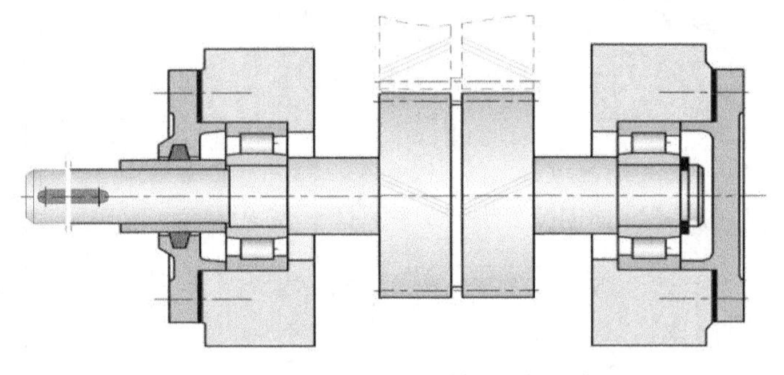

图 11-23　轴承组两端游动形式

3. 轴承组合的调整

轴承组合的调整分为轴承间隙的调整和轴系轴向位置的调整两个方面。

（1）轴承间隙的调整　滚动轴承间隙的大小对轴承的使用寿命、摩擦力矩、旋转精度、工作温度及噪声均有很大影响，故在安装时应仔细调整达到要求。轴承间隙调整的方法有：

1）靠加减轴承盖与机座间垫片的厚度（见图 11-24a）或轴承盖与机座间调整环的厚度（见图 11-24b）进行间隙调整。

2）利用螺钉推动轴承外圈压盖移动滚动轴承外圈进行间隙调整，调整后用螺母锁紧（见图 11-24c）。

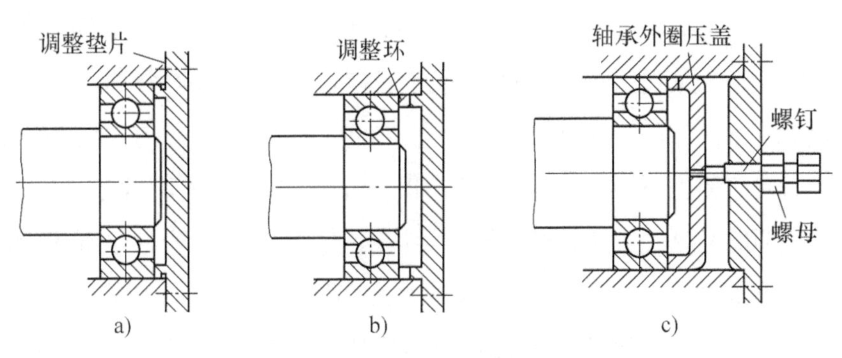

图 11-24 轴承间隙的调整

（2）轴系轴向位置的调整 轴承组合位置调整的目的是使轴上零件（如齿轮、带轮等）具有准确的工作位置。例如：蜗杆传动，要求蜗轮的中间平面必须通过蜗杆轴线；直齿锥齿轮传动，要求两锥齿轮的锥顶点必须重合，方能保证正确啮合。

图 11-25 所示为小锥齿轮轴的轴承组合结构，轴承装在轴承套杯 3 内，通过加减套杯与箱体间垫片 2 的厚度来调整轴承套杯的轴向位置，即可调整小锥齿轮的轴向位置。而轴承盖与套杯间的垫片 1 是用来调整轴承间隙的。

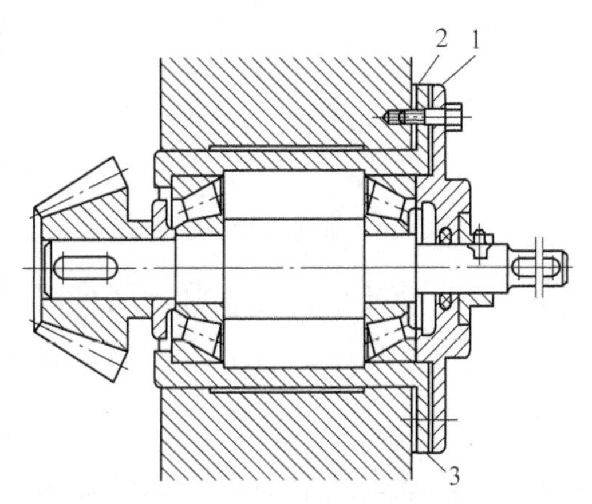

图 11-25 小锥齿轮轴的轴承组合结构

六、滚动轴承的装拆、润滑与密封

1. 滚动轴承的安装与拆卸

（1）轴承装配前的注意事项 由于轴承经过防锈处理并加以包装，因此要到安装前才打开包装。轴承上涂抹的防锈油具有良好的润滑性能，对于一般用途的轴承或填充润滑脂的轴承，可不必清洗直接使用。对于仪表用轴承或用于高速旋转的轴承，应用清洁油将防锈油洗去，清洗后的轴承容易生锈，要尽快安装。在安装轴承前，还要仔细检查轴承和外壳有无伤痕，尺寸、形状和加工质量要求是否与图样符合，并在检查合格的轴与外壳的各配合面涂抹润滑油。

（2）轴承的安装方法　轴承的安装应根据轴承结构、尺寸大小和轴承部件的配合性质而定。安装方法主要有热套法和冷压法两种。利用金属热胀冷缩原理，在安装轴承时，可用热油预热轴承来增大内孔直径，以便安装，但温度不得高于80~90℃，以避免回火；也可利用机械外力如用铜棒和锤子安装，或用套筒安装等；将轴承压入轴中，为使受力均匀，可使用压力套，在压装内圈时只能内圈受力，在压装外圈时只有外圈受力，压力直接加在紧配合的套圈端面上，不得通过滚动体传递压力，以免损坏滚动体，如图 11-26 所示。

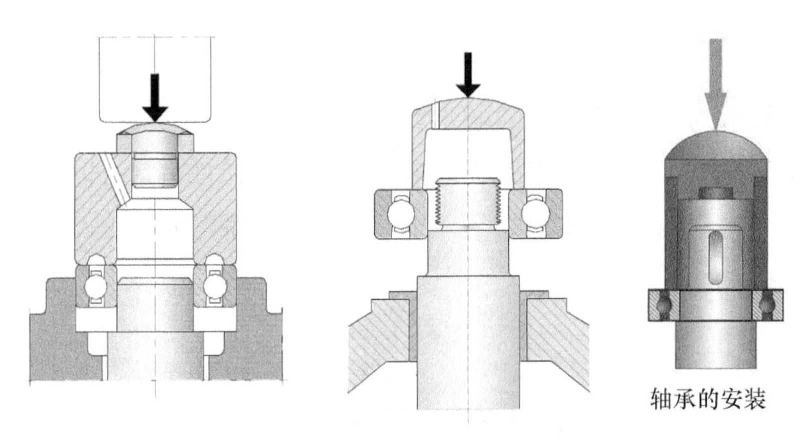

图 11-26　轴承的安装方法

（3）轴承的预紧　轴承的预紧就是在安装轴承时使其受到一定的轴向力，以消除轴承的游隙并使滚动体和内、外圈接触处产生弹性预变形。预紧的目的在于提高轴承的刚度和旋转精度。

（4）轴承装配后的检验　轴承安装后应进行运转试验，首先检查旋转轴或轴承箱，若无异常，便进行无负荷、低速运转，然后根据运转情况逐步提高旋转速度及负荷，检测噪声、振动及温升情况，若发现异常，应停止运转并检查。在运转试验正常后方可交付使用。

（5）轴承的拆卸　滚动轴承的拆卸可利用顶拔器等专业工具进行。为了便于拆卸，轴肩高度应低于轴承内圈高度的 3/4。若轴肩过高，就难以放置拆卸工具的钩头，如图 11-27 所示。拆卸过程中，要特别注意安全，要工具牢固，操作准确。对于不通孔，可在端部开设专用拆卸螺纹孔。

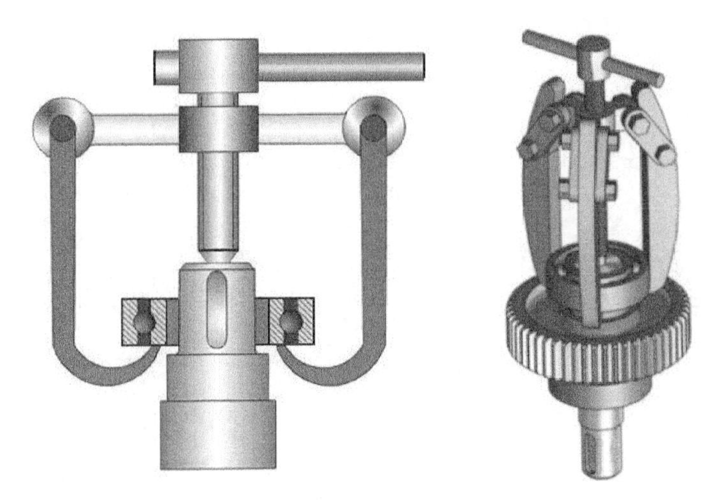

图 11-27　轴承的拆卸

2. 滚动轴承的润滑

滚动轴承润滑的主要目的是减少摩擦和减轻磨损。滚动轴承接触部位如果能形成油膜，则有吸收振动、降低工作温度和减少噪声等作用。

滚动轴承的润滑有脂润滑、油润滑和固体润滑 3 种。一般情况下，滚动轴承采用脂润滑，但在轴承附近已经具有润滑油源时，也可采用油润滑。

1）脂润滑。润滑脂是一种黏稠的凝胶状材料，强度高，能承受较大的载荷。因润滑脂不易流失，故便于密封和维护，且一次充填润滑脂可运转较长时间。润滑脂适用于轴颈圆周速度不高于 5m/s 的滚动轴承润滑。

2）润滑油。润滑油的优点是比润滑脂摩擦阻力小，并能散热，主要用于高速或工作温度较高的轴承。

3）固体润滑。固体润滑剂有石墨、二硫化钼（MoS_2）等多个品种，一般在重载或高温条件下使用。

3. 滚动轴承的密封

轴承密封的目的在于防止轴承部位内部润滑剂的外漏，以及防止外部灰尘、水分、异物等杂质侵入轴承内部，保证轴承在所要求的条件状态下安全而持久地运转。滚动轴承多用于高速、高精度旋转的场合，其密封要求比滑动轴承高。滚动轴承常用的密封方法有接触式密封和非接触式密封两类，它们的密封形式、适用范围和说明见表 11-20。

表 11-20　滚动轴承的密封

类型	图例	适用范围	说明
接触式密封	毛毡圈式密封	适用于脂润滑、工作环境清洁、轴颈圆周速度 $v<4\sim5$m/s、工作温度 <90℃的场合。这种结构简单，制作成本低	矩形毡圈压在梯形槽内与轴接触，产生压力，起到密封作用
	皮碗式密封	适用于油润滑或脂润滑、轴颈圆周速度 $v<7$m/s、工作温度为 −40~100℃的场合。这种结构要求成对使用	利用环形螺旋弹簧，将皮碗的唇部压在轴上，图中唇部向外，可防止灰尘入内;唇部向内，可防止润滑油泄漏
非接触式密封	油沟式密封	适用于脂润滑且工作环境清洁、干燥的场合，密封效果较差	在轴与轴承盖之间，留有细小的环形间隙，半径间隙为 0.1~0.3mm
	迷宫式密封（径向）	适用于脂润滑或油润滑且工作环境要求不高、密封可靠的场合。这种结构复杂，制作成本高	在轴与轴承盖之间有曲折的间隙，在间隙中填充润滑油或润滑脂以增强密封效果，纵向间隙要求 1.5~2mm，以防止轴受热膨胀
	迷宫式密封（轴向）		

课后练习

1. 常见的滚动轴承一般由________、________、________和保持架组成。

2. 按照滚动轴承所受载荷不同分为三大类：________、________、________。

3. 常见的滚动体有________、________、________、________等。

4. 轴承代号由________、________、________三部分构成，前置代号位于基本代号________，后置代号位于基本代号________。

5. 基本代号（滚针轴承除外）由________、________及________组成并按顺序由左向右依次排列。

6. 6312 滚动轴承内圈的内径是________mm。

7. 6208 深沟球轴承的直径系列代号为________。

8. 深沟球轴承可承受________及________的双向轴向载荷。

9. 角接触球轴承不但有较高的________负载能力，也可承受单向的________推力，可同时承受________及________载荷，宜________使用。

10. 圆锥滚子轴承能承受较大的________和________载荷，通常________使用，对称安装。

11. 选择滚动轴承时，主要考虑哪些因素？

12. 根据滚动体的形状不同，滚动轴承又可分为哪几类？

单元 12

联轴器、离合器和制动器

项目1　联轴器的选择与应用

学习目标

知识目标：

能说出联轴器的常见类型及结构特点。

技能目标：

了解联轴器的应用特点。

综合职业能力目标：

利用学习资料，与小组成员讨论分析联轴器的结构特点，能按工作条件选择合适的联轴器。

课堂讨论

轴与轴上零件（如齿轮、带轮等）之间可以通过键联接、销联接等连接形式实现周向固定。而轴与轴之间通过联轴器来实现连接，如图 12-1 所示。

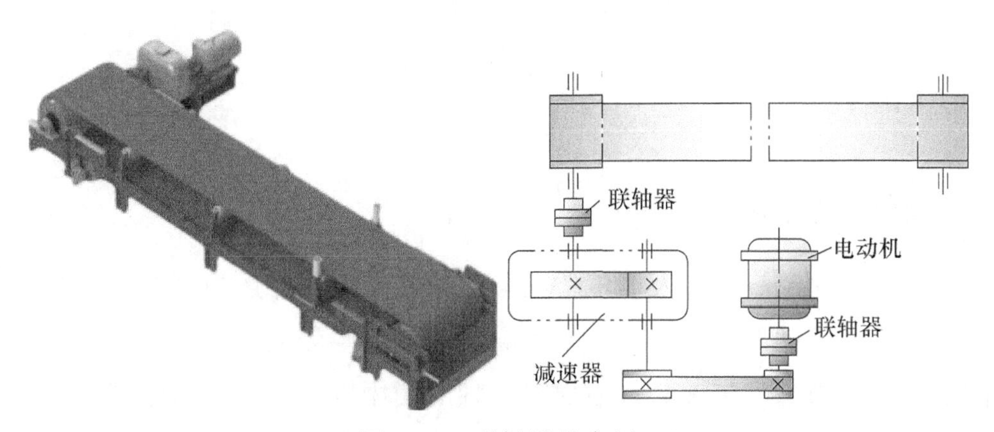

图 12-1　联轴器的应用

问题与思考

联轴器是将轴与轴进行连接的一类装置，广泛应用在日常生产、生活中（见图 12-2）。请同学们想一想：在生活、生产实际中，联轴器有哪些类型？它们用在什么场合？

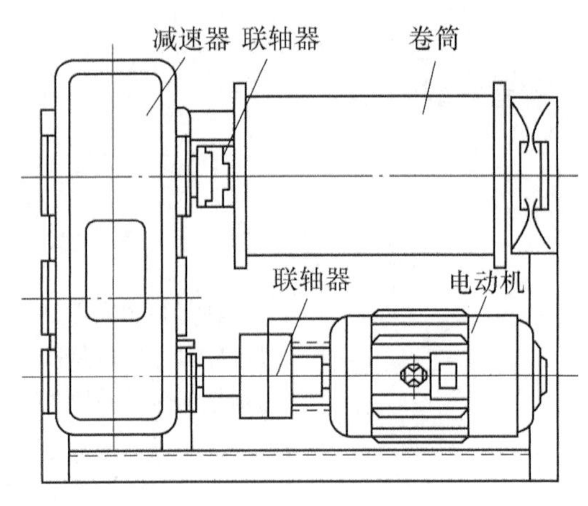

图 12-2　联轴器应用在卷扬机上

项目描述

1. 如图 12-3 所示为凸缘联轴器，学习完联轴器相关知识后，对凸缘联轴器进行拆装，进一步了解联轴器的结构。

2. 参观学校实训车间或上网搜集资料，分别列举出几个有关联轴器的应用实例，同学们也可拍摄成图片或视频，相互之间进行分享与交流。

图 12-3　凸缘联轴器实物

相关知识

一、联轴器概述

由于设计、制造、安装及运输等方面的原因，机器一般由多个分离的部件组合而成，如汽车传动系统等。通常采用联轴器将这些分离的部件连接起来，以保证其间的运动和载荷的传递。一般而言，轴的使用以整体制造为原则，在实际使用时可能因下列原因必须将轴分段制造，再利用联轴器连接后使用。

1）由于材料或加工上的限制，若原动轴太长或过长，且因机械加工或热处理的条件有限而无法整体制成，则必须分段处理。

2）因功能上的需要，传动轴的前后两段转速不同，且前后两段转速需随时变更时，则前后两段必须分段制造，再利用适当的联轴器连接后使用。

3）两转轴不在同一中心线上且两轴的轴线无法对准时，两转轴必须分别制造后再使用特殊方法连接使用。

联轴器是用来连接不同机构中的两根轴（主动轴和从动轴）使之共同旋转以传递转矩的机械零件。在有些场合联轴器也可作为一种安全装置，用来防止被连接件承受过大的载荷，起到过载保护的作用。在机器运转时两轴不能分离，只有当机器停机并将连接拆开后，两轴才能分离。在高速重载的动力传动中，有些联轴器还起到缓冲、减振和提高轴系动态性能的作用。联轴器由两个半联轴器组成，分别与主动轴和从动轴连接。一般动力机大都借助于联轴器与工作机相连接。

二、联轴器的类型及应用

轴的连接装置在应用上可分为永久接合的联轴器及间歇配合的离合器两种。按结构特点的不同，联轴器可以分为刚性联轴器和挠性联轴器。刚性联轴器和挠性联轴器再根据结构不同，又可以分别分成若干种不同类型。联轴器的常见类型、特点及应用见表 12-1。

表 12-1　联轴器的常见类型、特点及应用

类型	实物图	结构示意图	机构特点及应用
刚性联轴器	凸缘联轴器	半联轴器 对位凸台 联接螺栓 一般型凸缘联轴器　对中榫型凸缘联轴器	结构简单，成本低，传递转矩大，在使用时轴必须对中，是最常用的一种刚性联轴器，两凸缘半联轴器分别用键和轴连接，再用螺栓对中锁紧，适用于两轴对中性好、工作平稳的一般传动

（续）

类型		实物图	结构示意图	机构特点及应用
刚性联轴器		 套筒联轴器	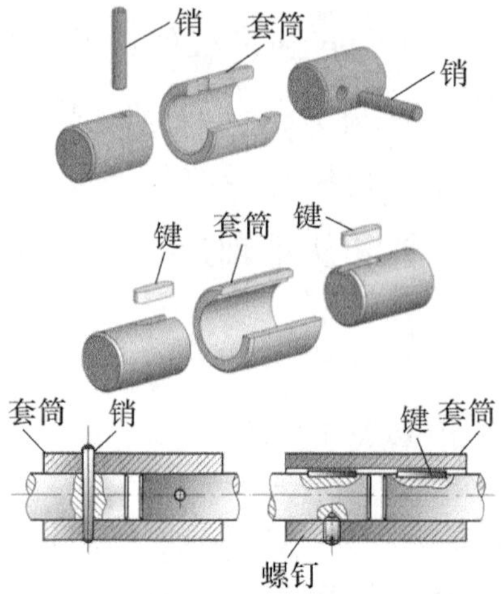	结构简单，径向尺寸小，套筒与转轴间可用销或紧定螺钉锁紧固定。通常用于传递转矩较小的场合，被连接轴的直径一般不大于 60~70mm
挠性联轴器	无弹性元件挠性联轴器	 滑块联轴器	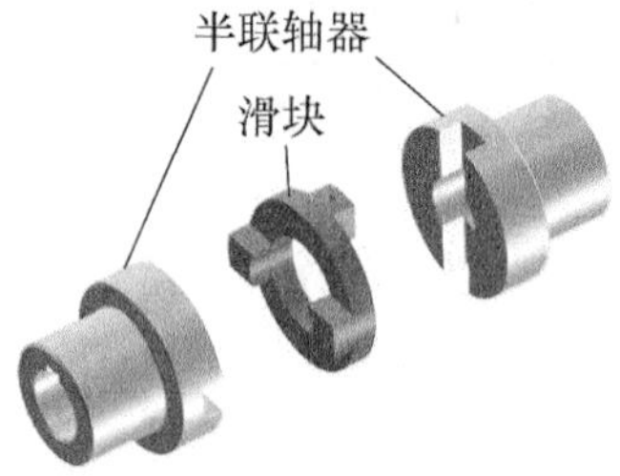	两轴端各有一半联轴器，其面上各具有径向凹槽，中间有一滑块，滑块的两面各具有互相垂直的径向凸出长方条，分别与两轴端半联轴器的凹槽相互嵌合，适用于低速、轴的刚度较大、无剧烈冲击的场合
		 万向联轴器	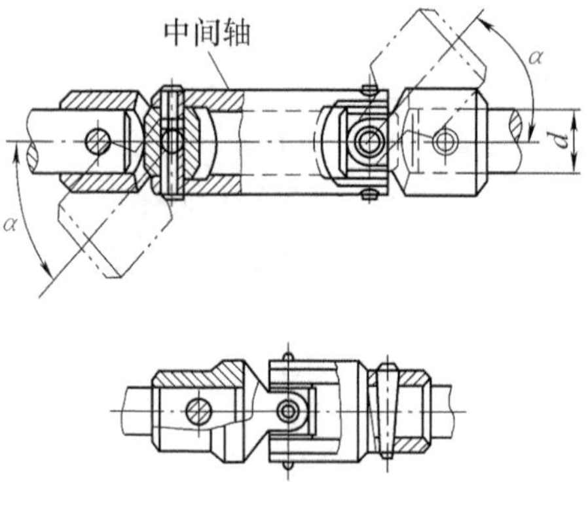	由两轴叉分别与中间十字轴以铰链相连，允许两轴有较大的角位移，传递转矩较大，但传动中将产生附加动载荷，使传动不平稳。一般成对使用，广泛应用于汽车、拖拉机及金属切削机床中

（续）

类型		实物图	结构示意图	机构特点及应用
挠性联轴器	无弹性元件挠性联轴器	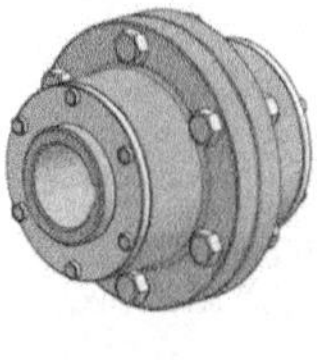  齿式联轴器	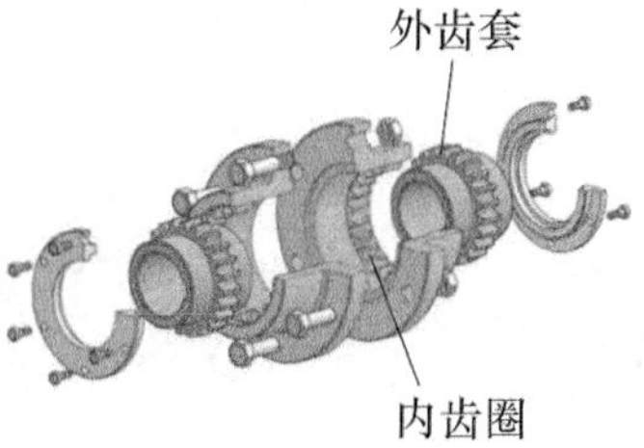 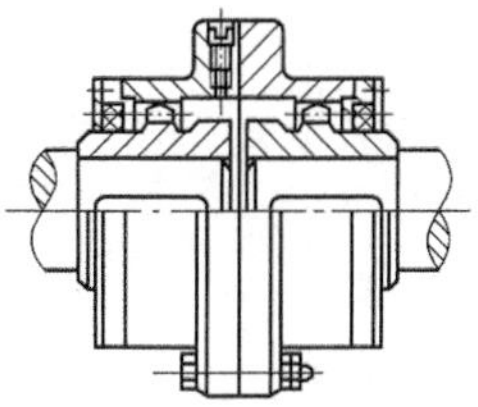 外齿套 内齿圈	两轴端各装有一外齿轮，再与两个相对应的内齿轮啮合后用螺栓与轴连接。结构紧凑，具有补偿性，允许有综合位移。可在高速重载下可靠工作，常用于正反转变化多、起动频繁的场合
	有弹性元件挠性联轴器	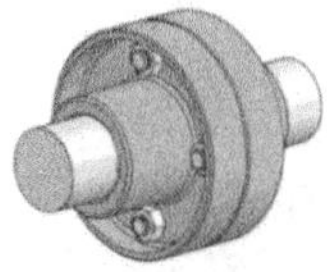  弹性套柱销联轴器	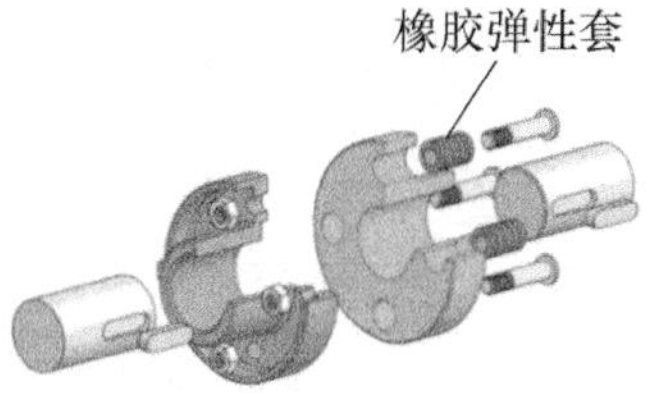 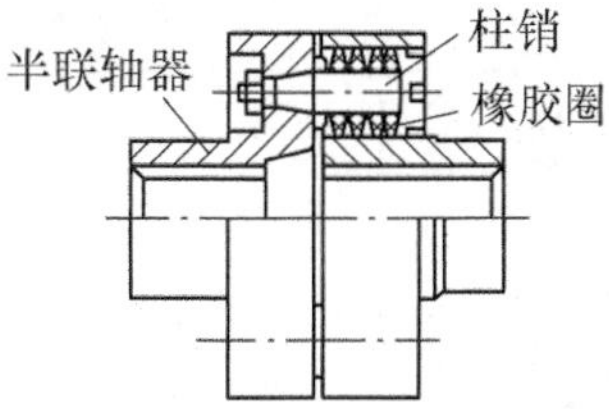 橡胶弹性套 半联轴器 柱销 橡胶圈	结构与凸缘联轴器相似，只是用带有橡胶弹性套的柱销代替了联接螺栓。制造容易，装拆方便，成本较低，但使用寿命短，适用于载荷平稳，起动频繁，转速高，传递中、小转矩的轴
		  弹性柱销联轴器	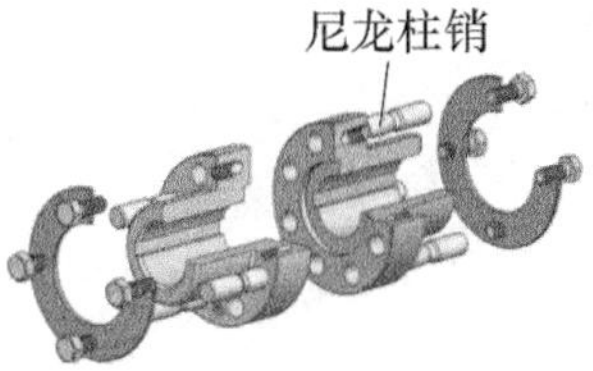 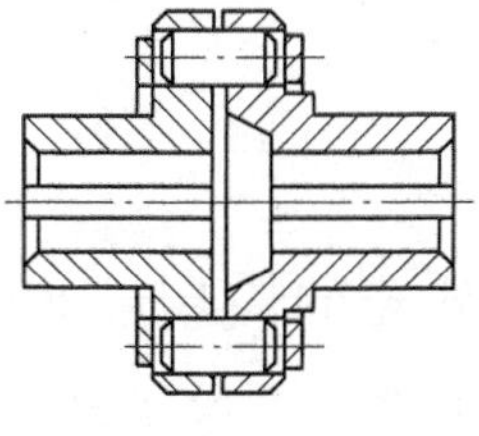 尼龙柱销	结构比弹性套柱销联轴器简单，制造容易，维护方便，适用于轴向窜动量较大、正反转起动频繁的传动和轻载的场合

（续）

类型		实物图	结构示意图	机构特点及应用
挠性联轴器	有弹性元件挠性联轴器	梅花形弹性联轴器	梅花滑(塑料) ◁1:10	能补偿两轴相对位移，减振，结构简单，承载能力较高，维护方便。适用于强烈振动和高转速的场合
		轮胎联轴器	轮胎	轮胎联轴器由一个像轮胎一样的弹性元件和两个结构完全相同的半联轴器所组成。结构简单、减振能力强、补偿能力大、承载能力不高，径向尺寸较大。适用于起动频繁、正反向运转、有冲击振动、有较大轴向位移的潮湿多尘环境中

三、安全联轴器

在生产中，安全联轴器的应用越来越广泛。安全联轴器能在轴转矩过载时，实现联轴器的主动分离，以保护驱动设备。安全联轴器安装在动力传动的主、被动侧之间，当发生过载故障时（转矩超过设定值），安全联轴器便会分离，从而有效保护了驱动机械（如电动机、减速器、伺服电动机）。它的常见形式有摩擦式安全联轴器及钢球式安全联轴器，图 12-4 所示为安全联轴器实物图。

a) 摩擦式安全联轴器

b) 钢球式安全联轴器

图 12-4 安全联轴器实物图

课后练习

1. 联轴器分为________、________。

2. 十字滑块的凸肩在两套筒凹槽中可________滑动，从而实现对两轴________的补偿，适用于________、________、________的场合。

3. 弹性柱销联轴器适用于________、________的场合。

4. 常用的挠性联轴器有________、________、________、________。

5. 弹性套柱销联轴器常用于转矩小、转速高、起动频繁的机械中。(　　)

6. 万向联轴器主要用于两轴交角较大的场合传动。(　　)

7. 刚性联轴器和挠性联轴器的区别在于是否能补偿两轴间的相对位移。(　　)

8. 凸缘联轴器常用于低速、大转矩、载荷平稳、对中精度低的场合。(　　)

项目 2　离合器的选择与应用

学习目标

知识目标：

能说出离合器的常见类型及结构特点。

技能目标：

了解离合器的应用特点。

综合职业能力目标：

利用学习资料，与小组成员讨论分析离合器的结构特点，能按工作条件选择合适的离合器。

课堂讨论

离合器是能根据需要方便、迅速地实现主动轴和从动轴分离或接合的装置。生活中离合器的应用广泛。图 12-5a 所示为汽车离合器实物图；图 12-5b 所示为离合器工作原理图，它是依靠弹簧压紧的摩擦块离合器；图 12-5c 所示为 CA6140 型车床摩擦块离合器。

观察比较下列离合器，有何不同?

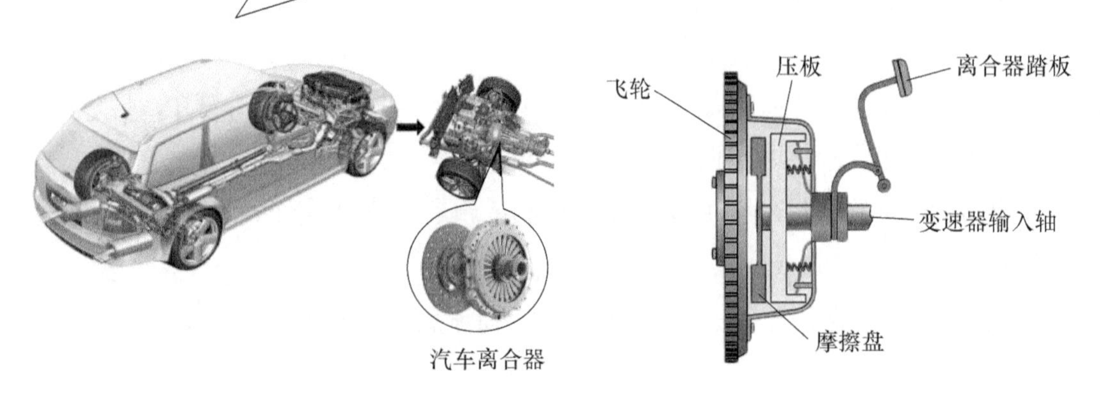

a) 汽车离合器实物图　　b) 汽车离合器工作原理图

图 12-5　离合器日常应用实例

c) CA6140型车床摩擦块离合器

图 12-5　离合器日常应用实例（续）

问题与思考

想一想：离合器还有哪些类型？它们用在什么场合？

项目描述

1. 图 12-6 所示为多片摩擦块离合器，学习完离合器相关知识后，对多片摩擦块离合器进行拆装，进一步了解离合器的结构。

2. 参观学校实训车间或上网搜集资料，分别列举出几个有关离合器的应用实例，同学们也可拍摄成图片或视频，相互之间进行分享与交流。

图 12-6　多片摩擦块离合器

相关知识

一、离合器概述

离合器用来连接两轴，使其一起转动并传递转矩，在机器运转过程中可以随时接合或分离。另外，离合器也可用于过载保护等，通常用于机械传动系统的起动、停止、换向及变速等操作。

离合器在工作时需随时分离或接合被连接的两轴，不可避免地存在摩擦、发热、冲击、磨损等情况，因此要求离合器具备工作可靠、接合平稳、分离迅速彻底、动作准确、调节和维修方便、操作方便省力、结构简单、散热好、耐磨损、使用寿命长等特点。

二、离合器的类型

1. 按工作原理的不同进行分类

按工作原理的不同，离合器可分为啮合式离合器（见图 12-7a）和摩擦式离合器（见图 12-7b）。

a) 啮合式离合器

b) 摩擦式离合器

图 12-7　常用的离合器

（1）啮合式离合器　它结构简单而又有确定动作，是靠颚爪啮合处的剪切力来递动力，可承受较大的负载，能保证两轴同步运转，但接合的功能只能在停机或低速时进行。常见的啮合式离合器有牙嵌离合器和齿形离合器等。

（2）摩擦式离合器。它是利用工作表面的摩擦力来传递转矩的，能在任何转速下离合，并能防止过载（在过载时打滑），但不能保证两轴完全同步运转，它适用于转速较高的场合。

2. 按照操纵方式的不同进行分类

按照操纵方式的不同，离合器可分为操纵离合器和自控离合器。

（1）操纵离合器　它包括机械操纵、电磁操纵、液压操纵、气压操纵等离合器。

（2）自控离合器　它是能够自动进行接合或分离，不需要人来操纵的离合器。常见的自动离合器有离心离合器、安全离合器和超越离合器等。其中，离心离合器的转速达到一定值时，能使两轮自动接合或分离；安全离合器的转矩超过允许值时，能使两轴自动分离；超越离合器只允许单向转动，反转时使两轴自动分离。

三、常用机械离合器

常用机械离合器的类型、结构、特点及应用见表 12-2。

表 12-2　常用机械离合器的类型、结构、特点及应用

类型		三维图或实物图	结构示意图	特点及应用
啮合式离合器	牙嵌离合器		半离合器1　半离合器2　滑环　A　A	接合时必须处于两轴静止或两轴转速同步的状态下，否则机械零件容易损坏。其结构简单、外廓尺寸小，两轴向无相对滑动，适用于低速或停机时接合
	齿形离合器			用内齿和外齿组成嵌合副的离合器，多用于机床变速箱
摩擦式离合器	单片离合器		主动轴　F_Q　从动轴	结构简单，散热性好，但传递转矩不大，适用于经常起动、制动或频繁改变速度大小和方向的机械，如拖拉机、汽车等
	多片离合器			实际是增加了多个摩擦盘，且盘的两侧都有摩擦面，增加了传递的转矩，一般用于汽车的传动系统

四、常用自控离合器

常用的自控离合器有超越离合器、离心离合器和安全离合器三类。

1. 超越离合器

目前广泛应用的超越离合器是滚柱离合器，如图 12-8 所示，由星轮、外圈、滚柱、弹簧和顶杆组成。滚柱的数目一般为 3~8 个，星轮和外圈都可做主动件。当星轮为主动件并做顺时针转动时，滚柱受摩擦力作用被楔紧在星轮与外圈之间，从而带动外圈一起回转，离合器为接合状态。当星轮逆时针转动时，滚柱被推到楔形空间的宽敞部分而不再楔紧，离合器为分离状态。若外圈和星轮做顺时

针同向回转，则当外圈转速大于星轮转速时，离合器为分离状态，当外圈转速小于星轮转速时，离合器为接合状态。

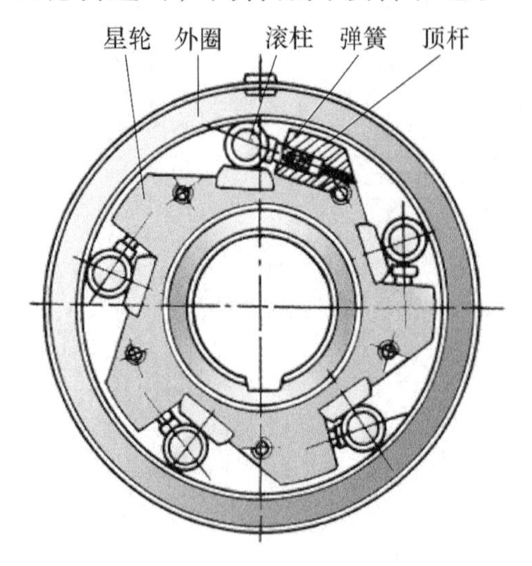

图 12-8　滚柱离合器

超越离合器只允许主动件在单方向旋转时将动力传至从动件，若主动件反向旋转，则从动件不发生运动，故又称为单向超越离合器，或者称为自由轮。它广泛应用于金属切削机床、汽车、摩托车和各种起重设备的传动装置中。

2. 离心离合器

离心离合器有自动接合式和自动分离式两种。自动接合式是当主动轴达到一定转速时能自动接合，后者相反，自动分离式是当主动轴达到一定转速时能自动分离。

如图 12-9 所示为一种自动接合式离合器。它主要由与主动轴 4 相连的轴套 3，与从动轴（图中未画出）相连的外鼓轮 1、瓦块 2、弹簧 5 和螺母 6 组成。瓦块一端铰接在轴套上，一端通过弹簧力拉向轮心，安装时使瓦块与外鼓轮保持一适当间隙。这种离合器常用作起动装置，当机器起动后，主动轴的转速逐渐增加，

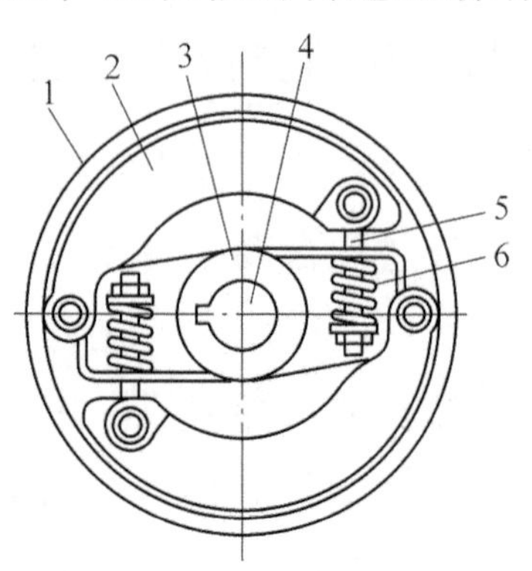

图 12-9　自动接合式离合器

1—外鼓轮　2—瓦块　3—轴套　4—主动轴　5—弹簧　6—螺母

当达到某一值时，瓦块将因离心力带动外鼓轮和从动轴一起旋转。拉紧瓦块的力可以通过螺母来调节。

3. 安全离合器

安全离合器在所传递的转矩超过一定数值时自动分离。它有许多种类型，如图 12-10a 所示为片式安全离合器。它的基本构造与一般片式离合器基本相同，只是没有操纵机构，而是利用调整螺钉来调整弹簧对内、外摩擦片组的压紧力，从而控制离合器所能传递的极限转矩。当载荷超过极限转矩时，内、外摩擦片接触面间会出现打滑现象，以此来限制离合器所传递的最大转矩。

图 12-10b 所示为牙嵌安全离合器。它的基本构造与牙嵌离合器相同，只是牙面的倾角 α 较大，在工作时啮合牙面间能产生较大的轴向力。这种离合器也没有操纵机构，而是用弹簧压紧机构使两个半离合器接合，当转矩超过一定值时，将超过弹簧压紧力和有关的摩擦阻力，半离合器 1 就会向左滑移，使离合器分离；当转矩减小时，离合器又自动接合。

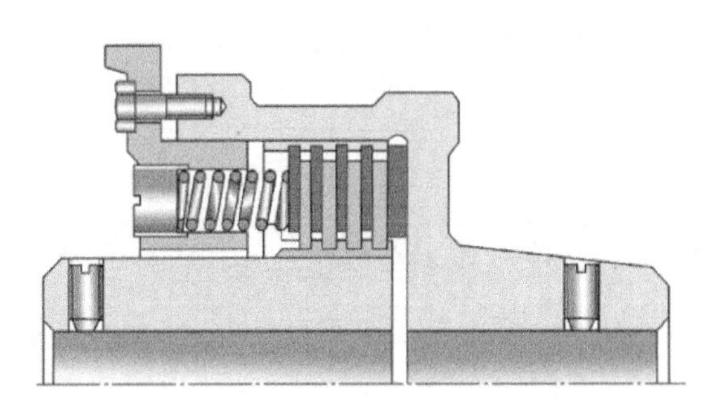

a) 片式安全离合器

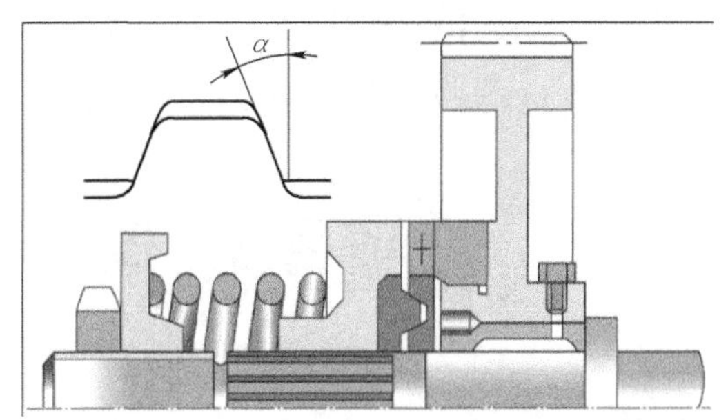

b) 牙嵌安全离合器

图 12-10　安全离合器

五、离合器的选择

大多数离合器已标准化或规格化，设计时，只需参考有关手册对其进行类比设计或选择即可。

选择离合器时，首先根据机器的工作特点和使用条件，结合各种离合器的性能特点，确定离合器的类型。当类型确定后，可根据被连接的两轴的直径、计算转矩和转速，从有关手册中查出适当的型号，必要时，可对其薄弱环节进行承载能力校核。

课后练习

1. 离合器用来连接不同________上的两根轴，传递________，且在工作过程中可使两轴随时________。

2. 牙嵌离合器常用的牙型有________、________、________、________等。

3. 自控离合器是一种能根据自身运转参数（如______、______或______）自动进行接合式分离的离合器。

4. 自控离合器是能根据自身运转参数的变化而自动完成接合或分离动作的离合器。常用的自控离合器有______、________和________3 类。

5. 片式离合器在接合时必须处于两轴静止或两轴转速同步状态下，否则机械零件容易损坏。(　　)

6. 离合器与联轴器功用的区别在于：离合器可随时实现两轴分离或接合，联轴器只能在停机时经拆卸才能使两轴分离。(　　)

7. 牙嵌离合器是通过固定套筒、滑动套筒上的凸牙相互啮合来传递转矩和运动的。(　　)

8. 牙嵌离合器可承受较大的负载，且能在转速较高时进行接合。(　　)

9. 牙嵌离合器和摩擦块离合器各有何优缺点？各适用于什么场合？

10. 离合器应满足哪些基本要求？

项目 3　制动器的选择与应用

知识目标：

了解制动器的常见类型及结构特点。

技能目标：

了解制动器的应用特点。

综合职业能力目标：

了解制动器的常见类型，熟悉各种制动器的结构及应用特点，能掌握常见制动器的不同制动方式，并能根据不同需要做出正确选择。

课堂讨论

制动器是利用摩擦阻力矩降低机器运动部件的转速或使其停止回转的装置。其基本原理是利用接触面的摩擦力、流体的黏滞力或电磁的阻尼力，来吸收运动机械零件的动能或势能，达到使机械零件减速或停止运动的目的，其中所吸收的能量以热量的形式散发出去。制动器一般设置在机构中转速较高的轴上（转矩小），以减小制动器的尺寸。

制动器是各种运转机械中控制零件速度不可缺少的装置，广泛应用于各种车辆、起重机械、工作机械等。例如，车床、铣床利用制动器可瞬间停机，快速更换刀具，节省切削时间；汽车驾驶人利用制动器可轻易地驾驶车辆；当电梯缆绳因保养不当而断裂时，制动器可使电梯缓慢下降而不致造成人员伤害及设备损坏。图 12-11a、b、c 所示分别为电动自行车制动器、汽车制动器和 CA6140 型车床主轴箱制动器。

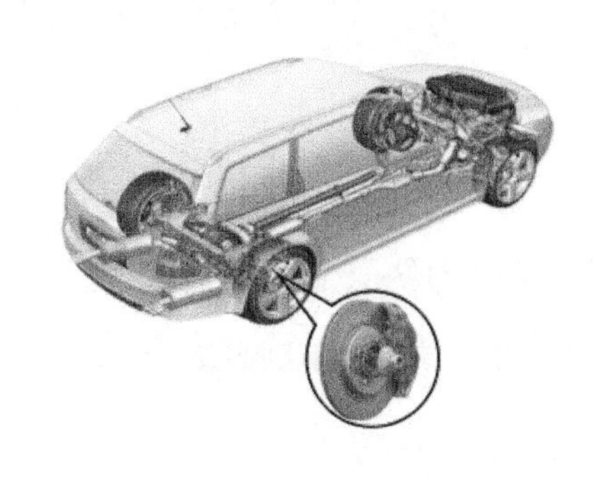

a) 汽车制动器

b) 电动自行车制动器

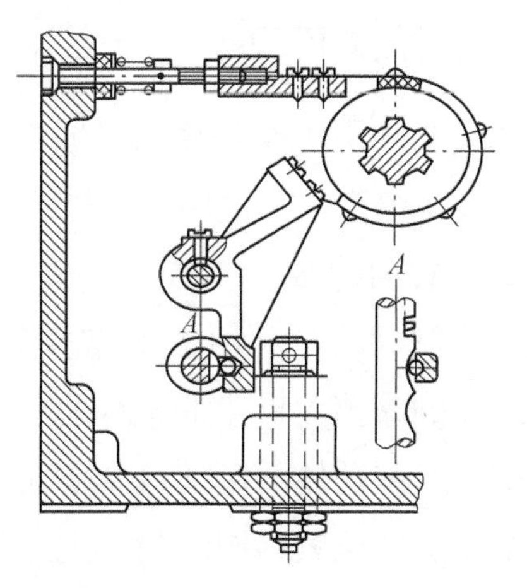

c) CA6140型车床主轴箱制动器

图 12-11　常用的制动器

观察比较图 12-11 中的制动器，有何不同？电动自行车的制动装置为什么能起制动作用？

问题与思考

想一想：在生活中还有哪些类型的制动器？它们用在什么场合？

项目描述

1. 图 12-12 所示为普通车床制动器，该车床因长时间使用而磨损，不能有效制动。学习完制动器相关知识后，对制动器进行拆装调整，使其恢复制动效果，并通过拆装调整进一步了解制动器的结构。

2. 参观学校实训车间或上网搜集资料，分别列举出几个有关制动器的应用实例。同学们也可拍摄成图片或视频，相互之间进行分享与交流。

图 12-12　普通车床制动器

相关知识

制动器应满足的基本要求是：能产生足够大的制动力矩，制动平稳、迅速、可靠，操纵灵活、方便，散热好，结构简单，外形紧凑，有较高的耐磨性和耐热性，调整和维修方便等。

制动器根据制动方法的不同可分为机械式、电磁式和液体式等形式。

一、机械式制动器

机械式制动器主要是靠两机械零件间的摩擦力产生制动作用，使运动的机械零件减速或完全停止。常用的机械式制动器有以下几种。

1. 瓦块式制动器

瓦块式制动器是利用一个或多个制动块，依靠杠杆作用，加压于制动轮上，由两者之间的摩擦力产生制动作用。图 12-13 所示为起重机中使用的瓦块式制动器，它由位于制动轮两旁的两个制动臂和两个制动闸瓦块组成，弹簧 3 通过制动臂 5 使闸瓦块 2 压紧在制动轮 1 上，使制动器经常处于闭合（制动）状态。当松闸器 6 通电时，利用电磁作用把顶柱顶起，推杆 4 带动制动臂 5 外张，使闸瓦块 2 与制动轮 1 松脱。

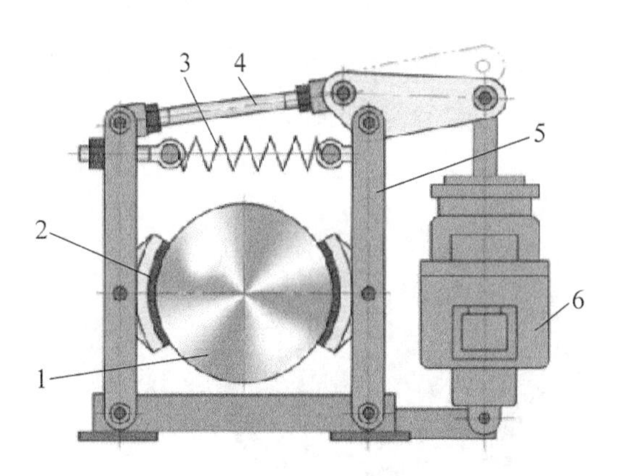

图 12-13　瓦块式制动器

1—制动轮　2—闸瓦块　3—弹簧　4—推杆　5—制动臂　6—松闸器

瓦块常用金属（如铸铁、钢、铜）或非金属（如碳、玻璃）纤维与铁粉、石墨等材料压制而成。瓦块式制动器最大的优点是制动速度快，常用于大型绞车、起重机等设备中。

2. 带式制动器

带式制动器主要包括制动轮、制动带及杠杆连件等部分，如图 12-14 所示。带式制动器是利用制动带与制动轮之间的摩擦力来实现制动的。当施加外力于杠杆上时，收紧制动带，通过制动带与制动轮之间的摩擦力实现对轴的制动。

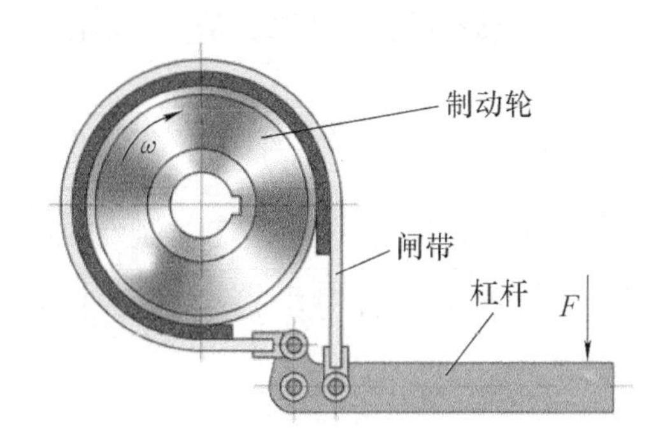

图 12-14　带式制动器

带式制动器结构简单、紧凑、包角大、制动力矩大，但制动轮轴受较大的弯曲作用力，制动带磨损不均匀，散热差，常用于中小型起重、运输机械和人工操纵的场合。

3. 鼓式制动器

鼓式制动器是利用内置的制动蹄在径向向外挤压制动轮，产生制动转矩来制动的。鼓式制动器可分为单蹄、双蹄、多蹄等形式。

图 12-15 所示为鼓式制动器，当制动器工作时，推动器 4（液压缸或气缸）克服弹簧 5 的作用使左右制动蹄 2 和 7 分别与制动轮 6 相互压紧，即产生制动作用。当推动器卸压后，弹簧 5 使两制动蹄与制动轮分离松闸。

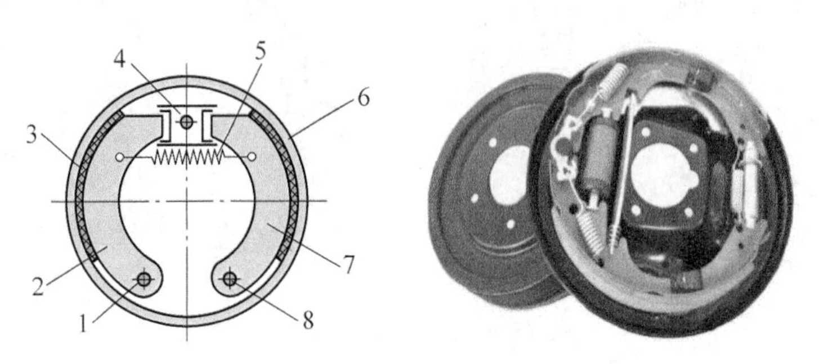

图 12-15 鼓式制动器

1、8—销轴 2、7—制动蹄 3—摩擦片 4—液压缸 5—弹簧 6—制动轮

鼓式制动器结构紧凑，散热性好，密封容易，广泛应用于轮式起重机、各种车辆等结构尺寸受到限制的场合。这种制动器主要用于汽车的制动，因操作力产生方式不同，可分为气压式、液压式和机械式 3 种形式。气压式制动器是利用高压空气为动力，推动制动块移动，产生制动作用，这种制动器常见于大型汽车；液压式制动器是利用液压驱动摩擦衬片与制动轮间产生摩擦作用，使制动轮减速或停止，它常用于小型汽车制动；机械式制动器是使用极为普遍的制动把手连接钢线，牵动拉杆，使凸轮转动而迫使制动块外张，获得制动效果，它一般用在制动力要求不大的场合，如自行车、电动车等的制动。

4. 盘式制动器

盘式制动器又称圆盘制动器，其操作力通常由液压控制，主要由制动圆盘、卡钳、制动踏板及摩擦衬片等组成，如图 12-16 所示。这种制动器目前是小型汽车使用最多的一种，也广泛应用在其他各种车辆上。

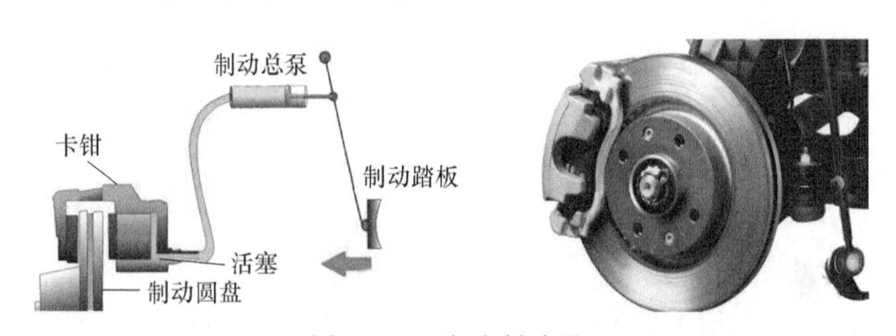

图 12-16 盘式制动器

二、电磁式制动器

电磁式制动器的原理是利用可变电阻控制电流大小，产生电磁阻尼力，使制动器根据需要提供制动、减速或精确的定位滑移的动力，如图 12-17 所示。电磁式制动器的制动不靠摩擦力，不易造成机械零件过热以致制动性能衰退或失效，因此适合较长时间的制动。

图 12-17　电磁式制动器

三、液体式制动器

液体式制动器是利用液体的黏滞力取代机械式的摩擦力以达到制动目的，它常用于矿山运送重物或油田钻探设备。这种制动器只能减缓运动速度，而无法使运动的机械零件完全停止。

课后练习

1. 制动器一般是利用________来降低机器运动部件的________或使其________的装置。

2. 按制动零件的结构特征，制动器一般可分为________、________和________等。

3. 制动器的零件要有足够的________和________，还要有较高的________和________。

4. 常用制动器的工作原理是什么？有哪几种类型？

5. 试述外抱块式、鼓式和带式制动器的结构、工作原理及应用特点。

单元 13 液压传动与气压传动

项目 1　液压传动的基本原理及组成

知识目标：

1. 了解液压传动的基本原理，掌握液压传动系统的组成。
2. 掌握液压元件图形符号所表达的含义。
3. 掌握液压传动的应用特点。

技能目标：

认识液压传动原理。

综合职业能力目标：

结合生产实际，通过网络、课本等学习资料，采用小组合作的方式，认识液压传动原理。

课堂讨论

图 13-1　液压传动

问题与思考

在我们日常的生产生活中，经常遇到或见到利用液压传动的仪器设备，为什么选择液压传动?

项目描述

在机械加工中液压千斤顶是常用的加工辅助设备，它的工作原理就是利用液压传动。本项目就是要带领大家通过认识液压千斤顶，了解液压传动的原理及组成。

相关知识

液压传动是以液体为工作介质，利用液体压力来传递动力和进行控制的一种传动方式。图 13-2 所示为液压千斤顶。

液压千斤顶是一种简单的液压传动装置，从其工作过程可以看出，液压传动的工作原理是：以油液为工作介质，通过密封容积的变化来传递运动，通过油液内部的压力来传递动力。液压传动装置实质上是一种能力转换装置，它先将机械能转换为便于输送的液压能，然后再将液压能转换为机械能做功。

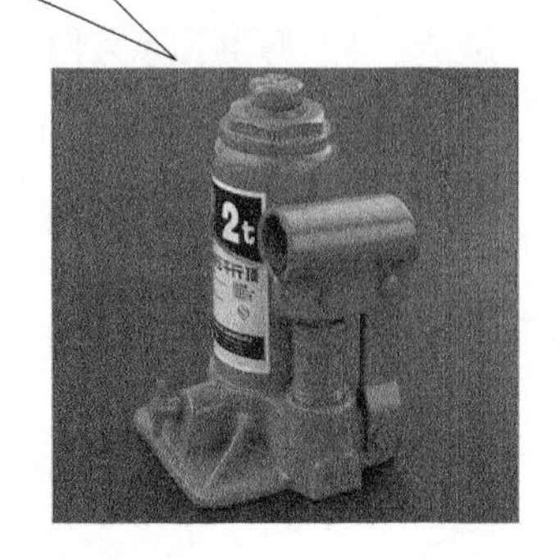

图 13-2　液压千斤顶

一、液压传动的基本原理

液压传动工作原理

液压传动的基本原理如图 13-3 所示。

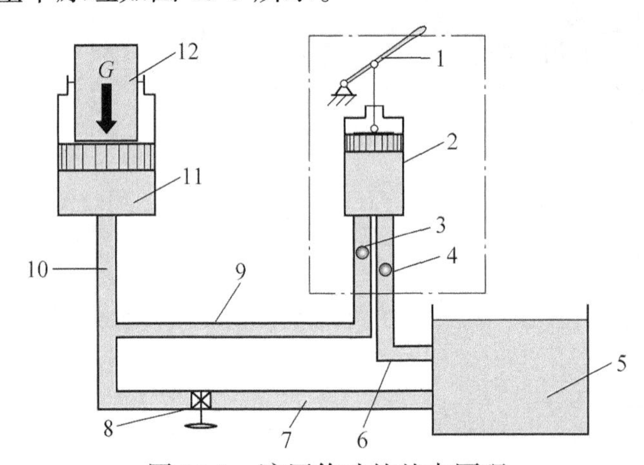

图 13-3　液压传动的基本原理

1—杠杆手柄　2—泵体（油腔）　3—排油单向阀　4—吸油单向阀　5—油箱
6、7、9、10—油管　8—放油阀　11—液压缸（油腔）　12—重物

1. 泵吸油过程

泵吸油过程如图 13-4 所示。

2. 泵压油和重物举升过程

泵压油和重物举升过程如图 13-5 所示。

3. 重物落下过程

重物落下过程如图 13-6 所示。

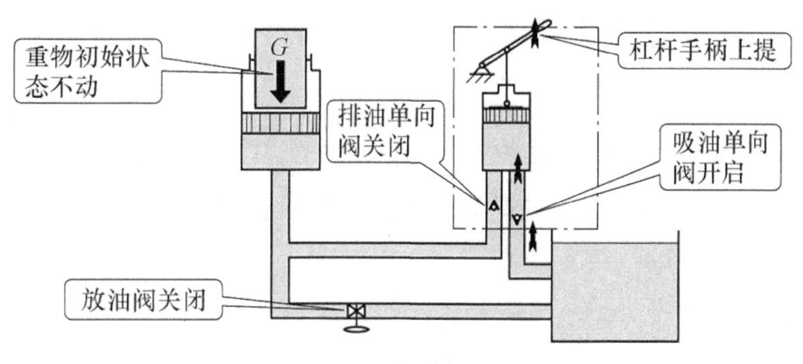

图 13-4　泵吸油过程

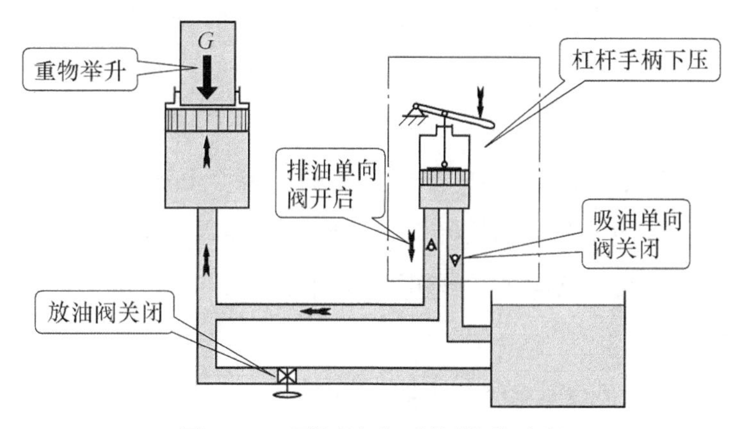

图 13-5　泵压油和重物举升过程

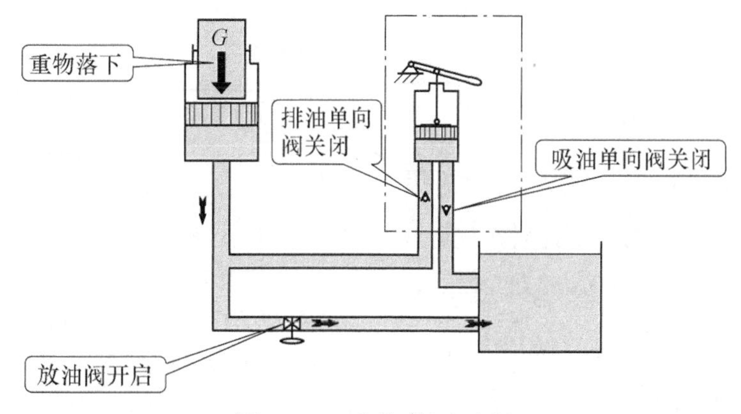

图 13-6　重物落下过程

二、液压传动系统的组成

液压传动系统由动力部分、执行部分、控制部分、辅助部分和工作介质五部分组成。

1. 动力元件

动力元件是把原动机输入的机械能转换为油液压力能的能量

转换装置，其作用是为液压系统提供液压油。动力元件为各种液压泵。

2. 执行元件

执行元件是将油液的压力能转换为机械能的能量转换装置，其作用是在液压油的推动下输出力和速度（直线运动）或力矩和转速（回转运动）。这类元件包括各类液压缸和液压马达。

3. 控制调节元件

控制调节元件是用来控制或调节液压系统中油液的压力、流量和方向，以保证执行元件完成预期工作的元件。这类元件主要包括各种溢流阀、节流阀及换向阀等。

4. 辅助元件

辅助元件是指油箱、油管、油管接头、蓄能器、过滤器、压力表、流量表及各种密封元件等。这些元件分别起储油、输油、连接、蓄能、过滤、测量压力、测量流量和密封等作用，以保证系统正常工作。

5. 工作介质

工作介质在液压传动及控制中起传递运动、动力及信号的作用。工作介质为液压油或其他合成液体。

三、液压元件的图形符号

根据 GB/T 786.1—2009《流体传动系统及元件图形符号和回路图　第 1 部分：用于常规用途和数据处理的图形符号》，图 13-7 所示为液压千斤顶工作原理简化结构示意图。

图 13-7　液压千斤顶工作原理简化结构示意图

1—杠杆　2—活塞　3—液压泵　4、5—单向阀　6—油箱　7—放油阀　8—活塞缸　9—柱塞

四、液压传动的应用特点

液压传动有如下特点：

1）易于获得很大的力和力矩。

2）调速范围大，易实现无级调速。

3）质量轻，体积小，动作灵敏。

液压传动的优缺点及应用

4）传动平稳，易于频繁换向。

5）易于实现过载保护。

6）便于采用电液联合控制以实现自动化。

7）液压元件能够自动润滑，元件的使用寿命长。

8）液压元件易于实现系列化、标准化、通用化。

9）传动效率较低。

10）液压系统在产生故障时，不易找到原因，维修困难。

11）为减少泄漏，液压元件的制造精度要求较高。

课后练习

1. 简述液压传动的工作原理。

2. 简述液压传动系统的组成。

项目 2　液压传动系统的压力和流量

学习目标

知识目标：

1. 掌握压力、流量的概念。

2. 了解压力、流量的计算方法。

技能目标：

掌握压力、流量的概念。

综合职业能力目标：

结合生产实际，通过网络、课本等学习资料，采用小组合作的方式，认识压力、流量的概念。

课堂讨论

自来水管内水的压力和自行车内胎中气体的压力。图 13-8 所示为压力和流量。

图 13-8　压力和流量

问题与思考

油液在单位面积上承受的作用力，在工程中习惯称为压力。

项目描述

液压千斤顶的简化模型如图 13-9 所示。液压千斤顶可以认为是两个连通的液压缸，当对小活塞施加一个足够大的压力 F_1 时，就会对小液压缸中的液压油产生一个压力，并通过管路中的液压油传递给大活塞2，从而顶起重物 G。要想掌握液压传动的基本原理和性质，必须首先了解压力、流量和流速的概念。

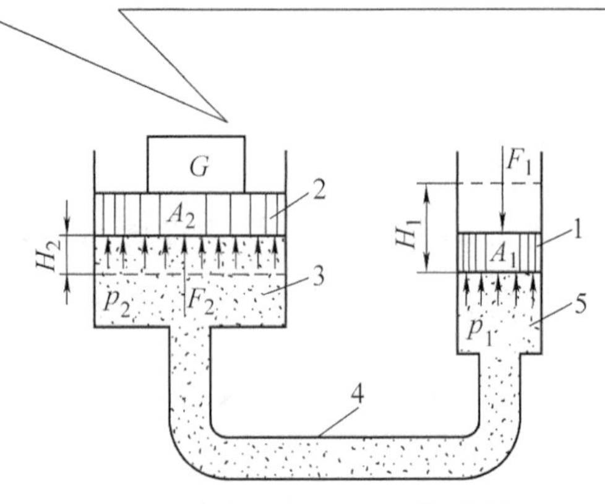

图 13-9　液压千斤顶的简化模型

1—小活塞　2—大活塞　3—大液压缸　4—管路　5—小液压缸

相关知识

一、压力的形成及传递

1. 压力的概念

油液在单位面积上承受的作用力称为压力。油液的压力是由油液的自重和油液受到外力作用而所产生的。

2. 液压传动系统压力的建立

液压传动系统压力的建立如图 13-10 所示。

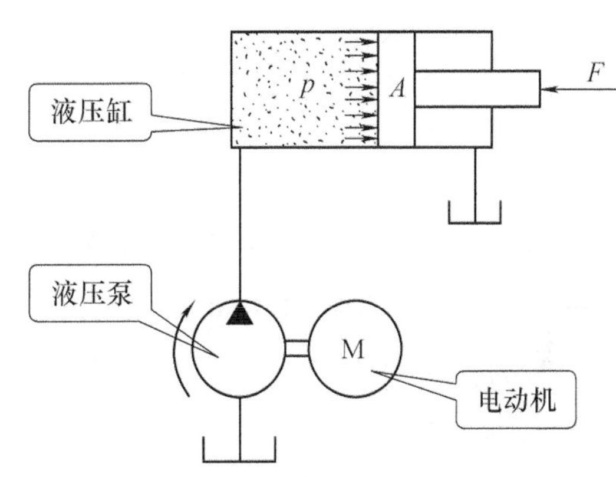

图 13-10　液压传动系统压力的建立

活塞被压力油推动的条件：

$$p \geqslant \frac{F}{A}$$

3. 液压传动系统及元件的公称压力

额定压力——液压系统及元件在正常工作条件下，按试验标准连续运转的最高工作压力。

过载——工作压力超过额定压力。

额定压力应符合流体传动系统及元件的公称压力系列。

4. 静压传递原理（帕斯卡定律）

静止油液压力的特性：在静止油液中任意一点所受到的各个方向的压力都相等，这个压力称为静压力。油液静压力的作用方向总是垂直指向承压表面，在密闭容器内静止油液中任意一点的压力如有变化，其压力的变化值将传递给油液的各点，且其值不变。这称为静压传递原理，即帕斯卡原理，如图 13-11 所示。

5. 静压传递原理（帕斯卡定律）在液压传动中的应用

液压系统中的压力取决于负载。

$$p_1 = \frac{F_1}{A_1} \quad p_2 = \frac{G}{A_2}$$

$$p_1 = p_2$$

$$\Downarrow$$

$$\frac{F_1}{A_1} = \frac{G}{A_2}$$

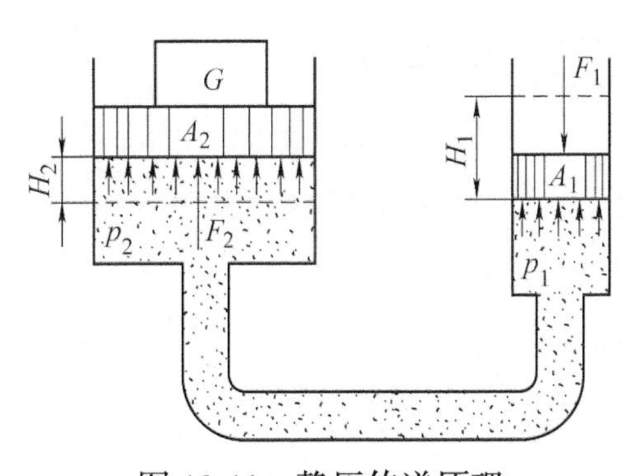

图 13-11　静压传递原理

二、流量和平均流速

1. 流量

流量——在单位时间内流过管道某一截面的液体体积，单位为 m^3/s。流量的计算公式为 $q_v=Av$（A 为管道截面面积，单位为 m^2；v 为液体流速，单位为 m/s）。

2. 平均流速

平均流速是一种假想的均布流速，单位为 m/s。平均流速的示意如图 13-12 所示。其计算公式为

$$v=\frac{q_v}{A}$$

液流连续性原理——理想液体在无分支管路中稳定流动时，通过每一截面的流量相等，如图 13-13 所示。

液体在无分支管路中作稳定流动时，流经管路不同截面时的平均流速与其截面面积大小成反比。

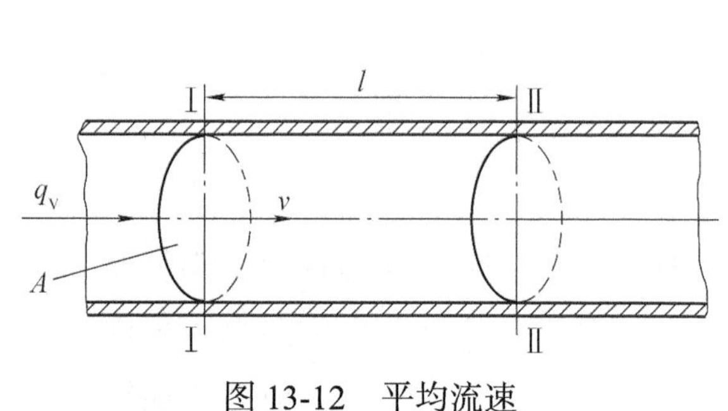

图 13-12　平均流速

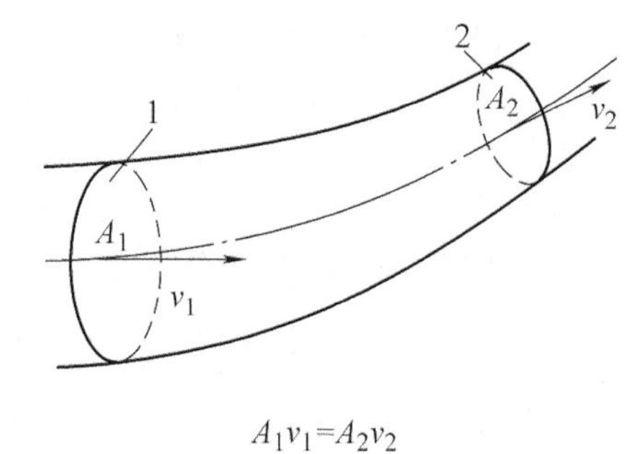

图 13-13　液流连续性原理

课后练习

在液压千斤顶压油过程中（见图 13-9），柱塞泵活塞 1 的面积 $A_1=1.13\times10^{-4}m^2$，液压缸活塞 2 的面积 $A_2=9.62\times10^{-4}m^2$，管路 4 的截面积 $A_4=1.3\times10^{-5}m^2$。若活塞 1 的下压速度 v_1 为 0.2m/s，试求活塞 2 的上升速度 v_2 和管路内油液的平均流速 v_4。

项目 3　液压动力元件

知识目标：

1. 掌握液压泵的工作原理。
2. 了解液压泵的类型及图形符号。
3. 认识常用液压泵。
4. 液压泵的比较与选择。

技能目标：

认识液压动力元件。

综合职业能力目标：

结合生产实际，通过网络、课本等学习资料，采用小组合作的方式，认识液压动力元件。

课堂讨论

区分各类泵，分析各类泵是如何工作的。

图 13-14 所示为液压泵。

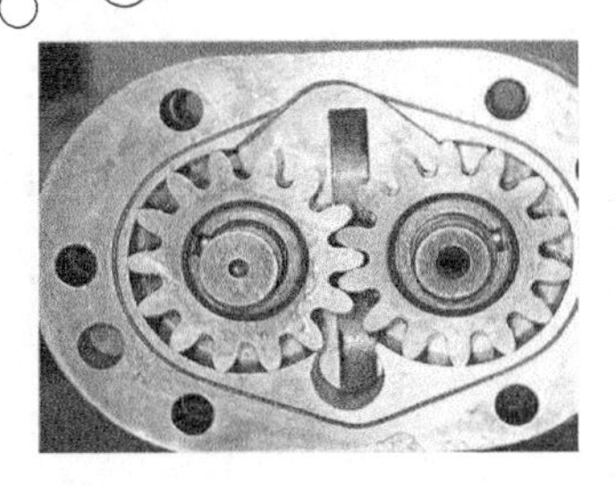
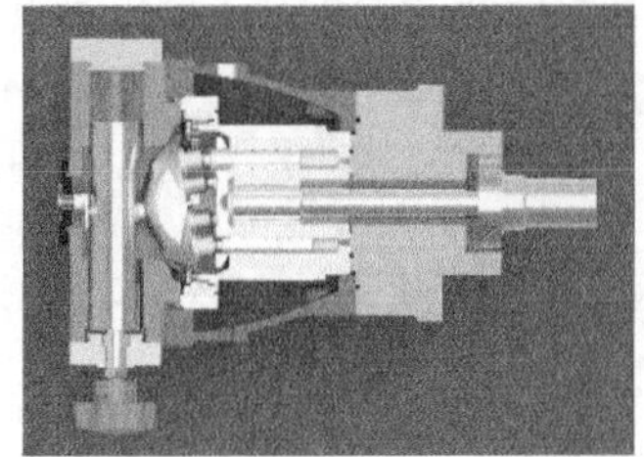

图 13-14　液压泵 1

问题与思考

液压泵作为液压传动系统中的动力元件，它是如何进行工作的？

项目描述

本项目就是要带领大家通过认识液压泵，掌握液压泵的工作原理，了解液压泵的类型及图形符号，了解齿轮泵、叶片泵和柱塞泵的优缺点，了解液压泵的选择方法。

相关知识

液压泵——液压系统的动力元件，它把电动机或其他原动机输出的机械能转换成液压能，其作用是向液压系统提供液压油。图 13-15 所示为液压泵。

图 13-15　液压泵 2

一、液压泵的工作原理

液压泵的工作原理如图 13-16 所示。

凸轮由电动机带动旋转。当凸轮推动柱塞向左运动时，柱塞和缸体形成的密封体积减小。油液从密封体积中挤出，经单向阀排到需要的地方去。当凸轮旋转至曲线的下降部位时，弹簧迫使柱塞向右，形成一定真空度，油箱中的油液在大气压力的作用下进入密封容积。凸轮使柱塞不断地移动，密封容积周期性地增大和减小，泵就不断吸油和排油。

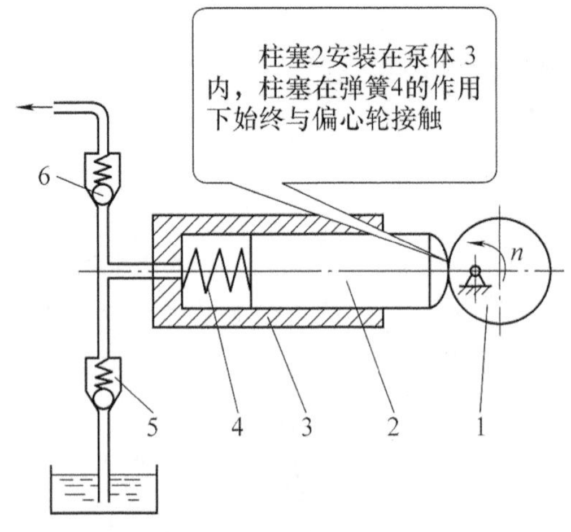

图 13-16　液压泵的工作原理

1—偏心轮　2—柱塞　3—泵体　4—弹簧　5、6—单向阀

二、液压泵的类型及图形符号

1. 液压泵的类型

按结构分为：齿轮泵、叶片泵、柱塞泵、螺杆泵。

按输油方向分为：单向泵、双向泵。

按输出流量分为：定量泵、变量泵。

按额定压力分为：低压泵、中压泵、高压泵。

2. 液压泵的图形符号

液压泵的图形符号见表 13-1。

表 13-1 液压泵的图形符号

序号	液压泵类型	图形符号
1	单向定量泵	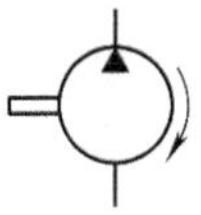
2	双向定量泵	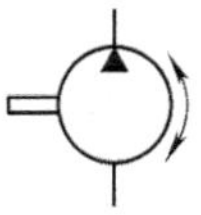
3	单向变量泵	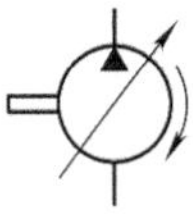
4	双向变量泵	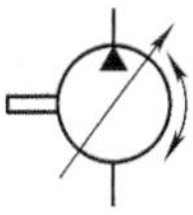

三、常用液压泵

常用液压泵的图形符号见表 13-2。

表 13-2 常用液压泵的图形符号

序号	液压泵类型	图例	
1	齿轮泵：外啮合齿轮泵和内啮合齿轮泵	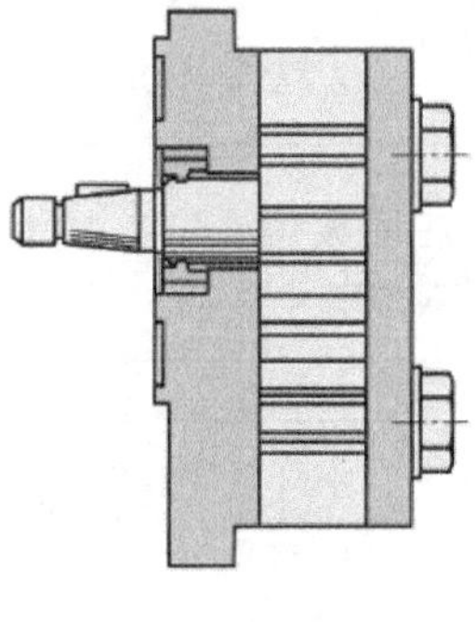	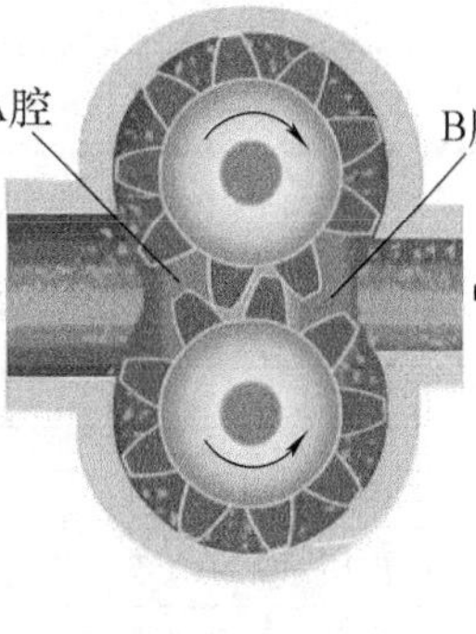 A腔 B腔 吸油口 出油口

（续）

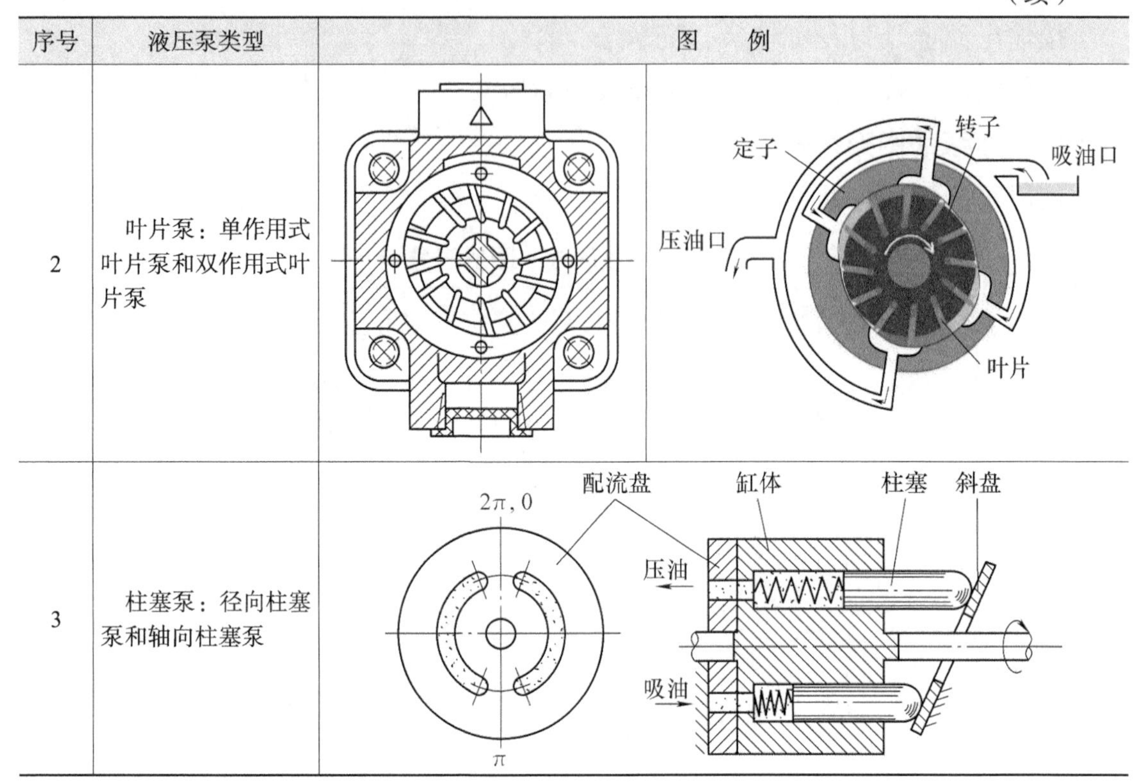

序号	液压泵类型	图　例
2	叶片泵：单作用式叶片泵和双作用式叶片泵	
3	柱塞泵：径向柱塞泵和轴向柱塞泵	

四、液压泵的比较与选择

液压泵的比较与选择分别见表 13-3、表 13-4。

表 13-3　液压泵的比较

类型	优点	缺点	工作压力
齿轮泵	结构简单，无需配流装置，价格低，工作可靠，维护方便，自吸性好，对油的污染不敏感	易产生振动和噪声，泄漏量大，容积效率低，径向液压力不平衡，流量不可调	低压
叶片泵	输油量均匀，压力脉动小，容积效率高	结构复杂，难加工，叶片易被脏物卡死	中压
轴向柱塞泵	结构紧凑，径向尺寸小，容积效率高	结构复杂，价格较贵	高压

表 13-4　液压泵的选择

应用场合	液压泵选择
负载小、功率低的机床设备	齿轮泵或双作用式叶片泵
精度较高的机床（如磨床）	螺杆泵或双作用式叶片泵
负载大、功率大的机床（如龙门刨床、拉床等）	柱塞泵
机床辅助装置（如送料机构、夹紧机构等）	齿轮泵

课后练习

1. 简述液压泵的工作原理。

2. 简述液压泵的选择。

项目 4　液压执行元件

学习目标

知识目标：

1. 了解液压缸的类型及图形符号。

2. 掌握典型液压缸的结构和工作原理 。

3. 了解液压缸的密封装置、缓冲结构及排气装置。

技能目标：

认识液压执行元件。

综合职业能力目标：

结合生产实际，通过网络、课本等学习资料，采用小组合作的方式，认识液压执行元件。

课堂讨论

分析各液压缸是如何工作的。图 13-17 所示为液压缸。

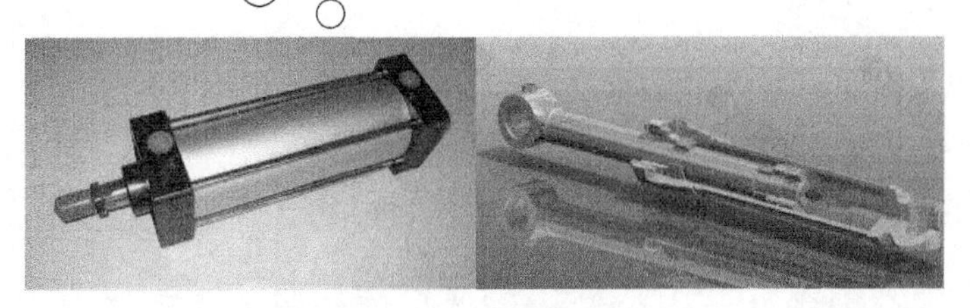

图 13-17　液压缸 1

问题与思考

液压缸作为液压传动系统中的执行元件，它是如何进行工作的？

项目描述

本项目就是要带领大家通过认识液压缸，掌握液压缸的工作原理，了解液压缸的类型及图形符号，了解液压缸的典型结构，了解液压缸的密封装置、缓冲结构及排气装置。

相关知识

液压缸——液压系统中的执行元件，将液压能转换为直线（或旋转）运动形式的机械能，输出运动速度和力。其结构简单，工作可靠。图 13-18 所示为液压缸。

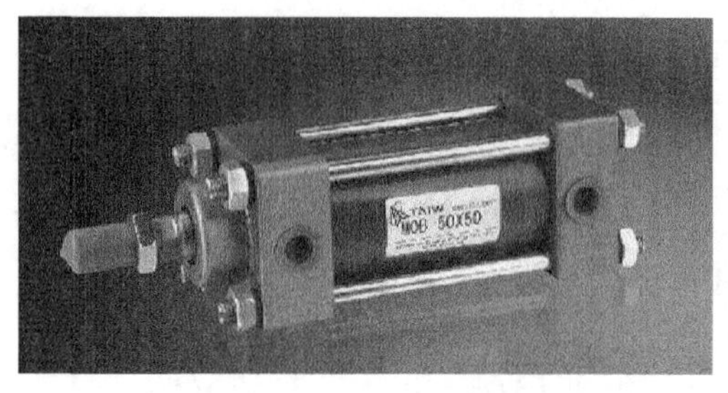

图 13-18　液压缸 2

一、液压缸的类型及图形符号

常用液压缸的图形符号见表 13-5。

表 13-5　常用液压缸的图形符号

单作用缸			双作用缸		
单活塞杆缸	单活塞杆缸（带弹簧）	伸缩缸	单活塞杆缸	双活塞杆缸	伸缩缸
详细符号	详细符号		详细符号	详细符号	

二、液压缸典型结构

1. 双作用双杆液压缸

（1）缸体固定式

图 13-19 所示为缸体固定式双作用双杆液压缸。

（2）活塞杆固定式

图 13-20 所示为活塞杆固定式双作用双杆液压缸。

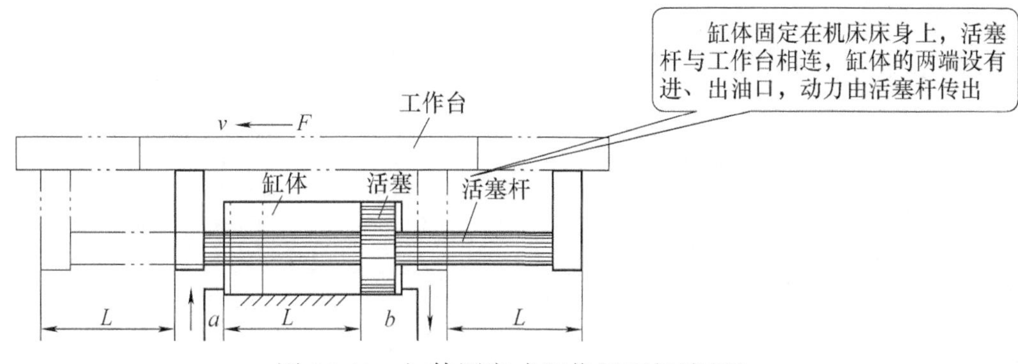

图 13-19　缸体固定式双作用双杆液压缸

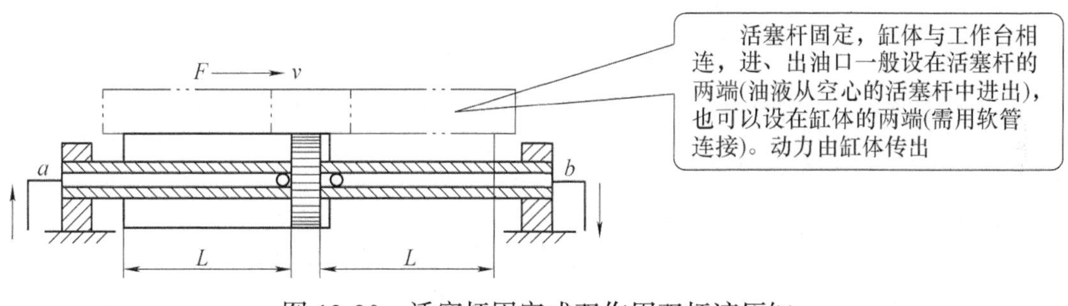

图 13-20　活塞杆固定式双作用双杆液压缸

（3）双作用双杆液压缸的工作特点

1）液压缸两腔的活塞杆直径 d 和活塞有效作用面积 A 通常相等。当左、右两腔相继进入液压油时，若两者流量 q_v 及压力 p 相等，则活塞（或缸体）往返运动的速度（v_1 与 v_2）及两个方向的液压推力（F_1 与 F_2）相等。

2）缸体固定的双作用双杆液压缸工作台的往复运动范围为活塞有效行程的 3 倍，占地面积较大，常用于小型设备；活塞杆固定的工作台往复运动的范围为活塞有效行程的 2 倍，占地面积较小，常用于中、大型设备。

2. 双作用单杆液压缸

图 13-21 所示为双作用单杆液压缸。

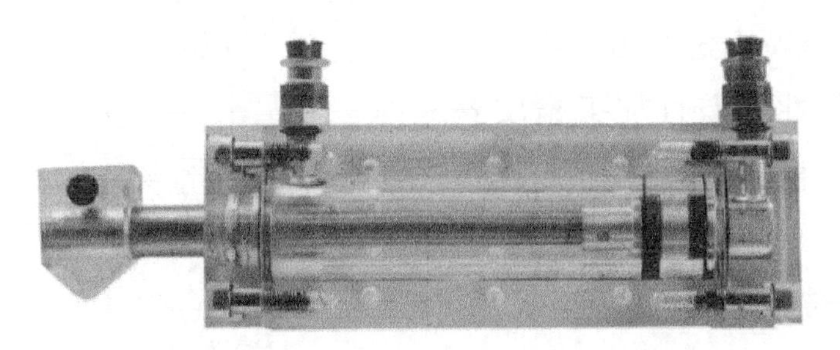

图 13-21　双作用单杆液压缸 1

结构特点：活塞的一端有杆，而另一端无杆，活塞两端的有效作用面积不等，如图 13-22 所示。

用途：实现机床的较大负载、慢速工作进给和空载时的快速退回。

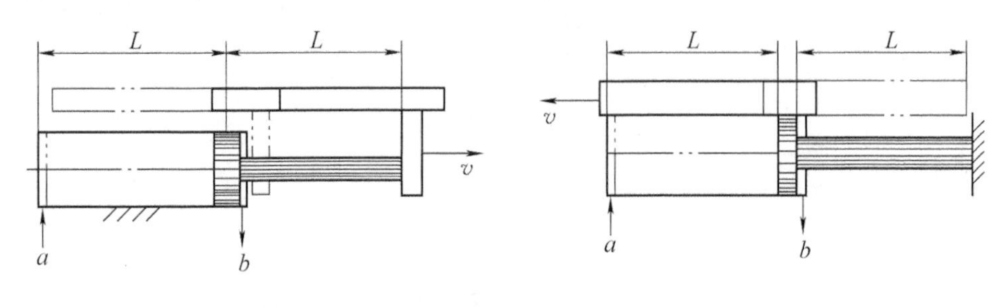

图 13-22　双作用单杆液压缸 2

双作用单杆液压缸的工作特点：

1）工作台往复运动速度不相等。

2）活塞两方向的作用力不相等（见图 13-23）。当工作台慢速运动时，活塞获得的推力大；当工作台快速运动时，活塞获得的推力小。

3）可作差动连接。

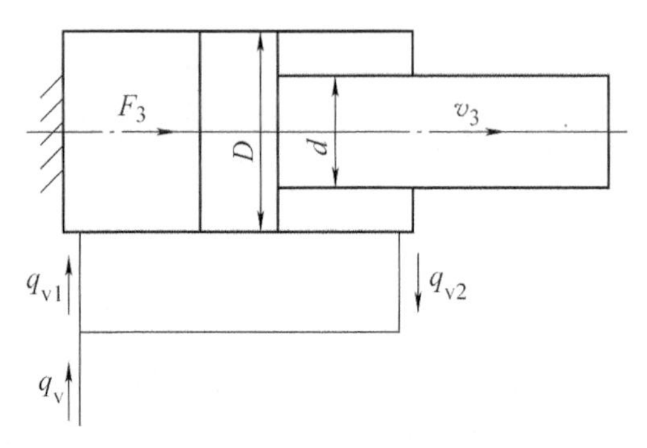

图 13-23　双作用单杆液压缸的工作特点

三、液压缸的密封

液压缸的密封包括固定件的静密封和运动件的动密封。常用的密封方法：间隙密封、密封圈密封。

1. 间隙密封

间隙密封是依靠液压缸运动件之间很小的配合间隙来实现密封的，如图 13-24 所示。其特点是摩擦力小、内泄漏量大、密封性能差且加工精度要求高，只适用于低压、运动速度较快的场合。

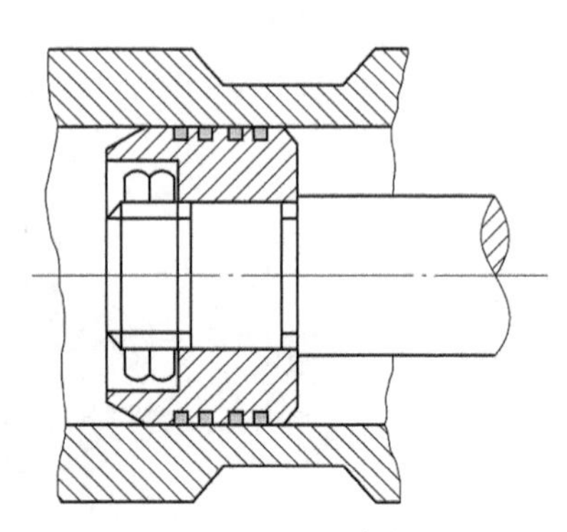

图 13-24　间隙密封

2. 密封圈密封

密封圈通常用耐油橡胶压制而成，

它通过本身的受压弹性变形来实现密封，如图 13-25 所示。

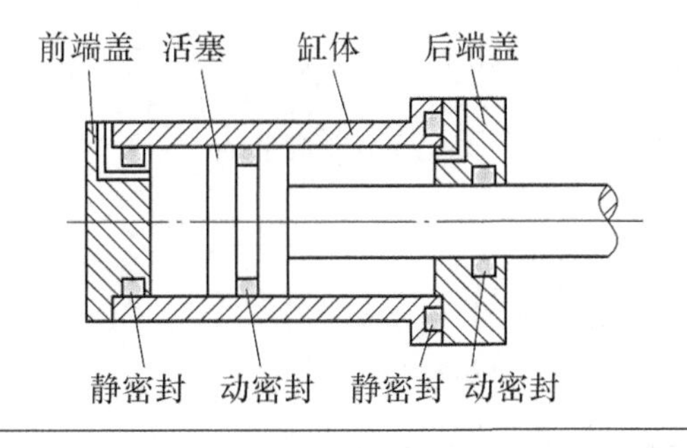

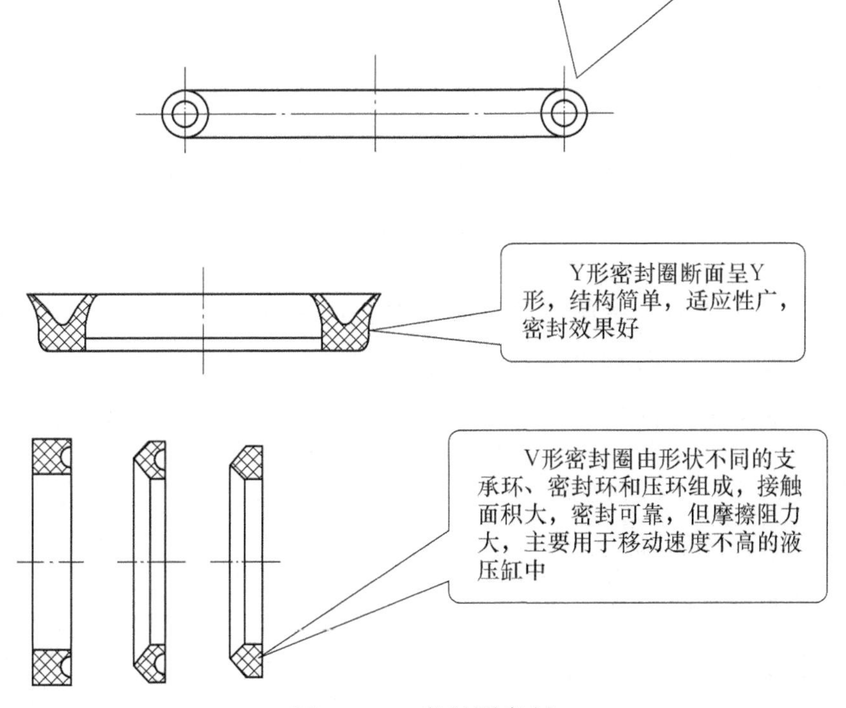

图 13-25　密封圈密封

四、液压缸的缓冲

目的：防止活塞在行程终了时，由于惯性力的作用与端盖发生撞击，影响设备的使用寿命。

原理：当活塞将要达到行程终点、接近端盖时，增大回油阻力，以降低活塞的运动速度，从而减小或避免对活塞的撞击。

五、液压缸的排气

液压系统中的油液如果混有空气，将会严重影响工作部件的平稳性。为了便于排除积留在液压缸内的空气，油液最好从液压缸的最高点进入和排出。对运动平稳性要求较高的液压缸，常在两端装有排气塞。

课后练习

1. 简述液压缸的结构和工作原理。
2. 简述单作用单杆液压缸的结构和特性。

项目 5　液压控制元件

学习目标

知识目标：

1. 了解单向阀和换向阀的分类、结构及工作原理。
2. 掌握三位换向阀中位机能及其图形符号。
3. 了解压力控制阀、流量控制阀的分类、结构和工作原理。

技能目标：

认识液压控制元件。

综合职业能力目标：

结合生产实际，通过网络、课本等学习资料，采用小组合作的方式，认识液压控制元件。

课堂讨论

分析各控制阀是如何工作的。图 13-26 所示为液压控制元件。

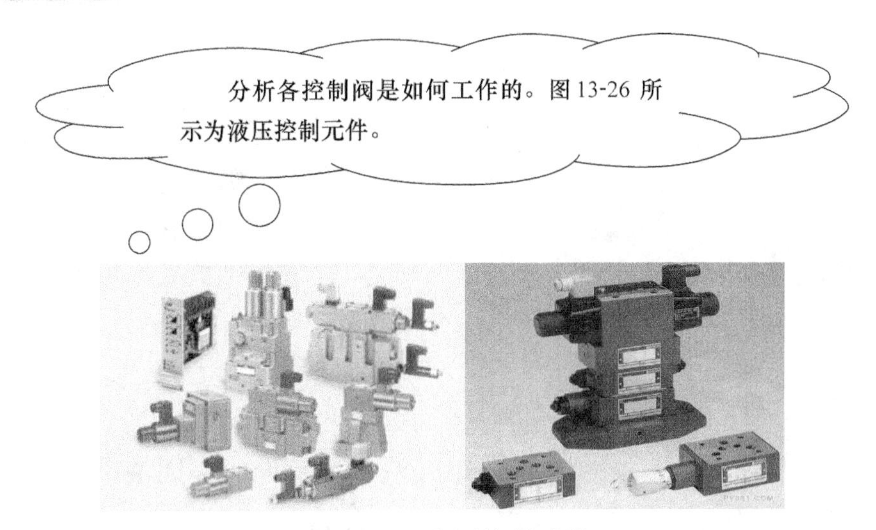

图 13-26　液压控制元件

问题与思考

在液压传动系统中，液压控制元件是如何控制和调节液流的方向、压力和流量，以满足工作机械的各种要求的？

项目描述

本项目就是要带领大家通过认识液压控制元件，掌握液压控制元件的工作原理，了解单向阀和换向阀的分类、结构及工作原理，掌握三位换向阀中位机能及其图形符号，了解压力控制阀、流量控制阀的分类、结构和工作原理。

相关知识

控制阀是控制与调节液流方向、压力和流量的阀门，控制阀又称液压阀，简称阀。图 13-27 所示为液压阀。为了控制与调节液流的方向、压力和流量，以满足工作机械的各种要求，就要用到控制阀。

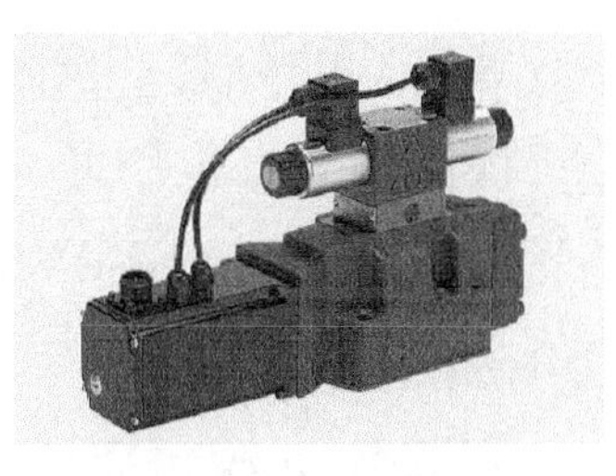

图 13-27　液压阀

一、方向控制阀

方向控制阀是控制油液流动方向的阀，如图 13-28 所示。

1. 单向阀

单向阀的作用是保证通过阀的液流只向一个方向流动而不能反方向流动，如图 13-29 所示。

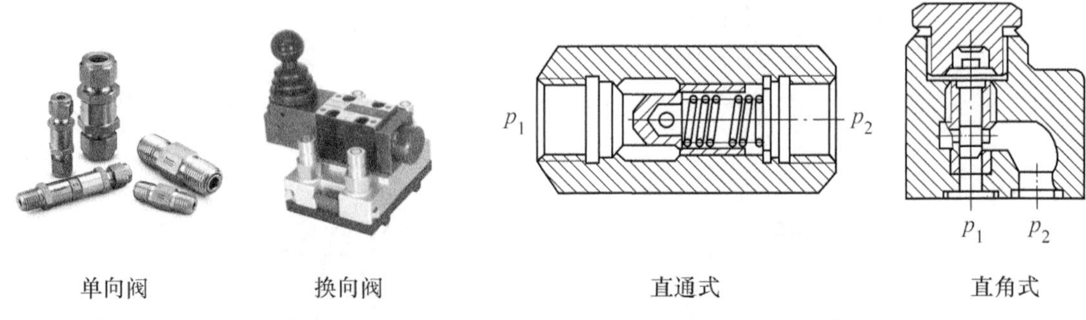

单向阀　　换向阀

图 13-28　方向控制阀

直通式　　直角式

图 13-29　单向阀

压力油从进油口 p_1 流入，从出油口 p_2 流出。反向时，因油口 p_2 一侧的液压油将阀芯紧压在阀体上，使阀口关闭，油流不能流动。单向阀图形符号如图 13-30 所示。

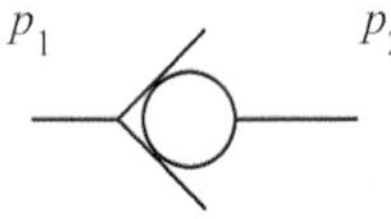

p_1　　p_2

图形符号

图 13-30　单向阀图形符号

2. 换向阀

换向阀的结构如图 13-31 所示。

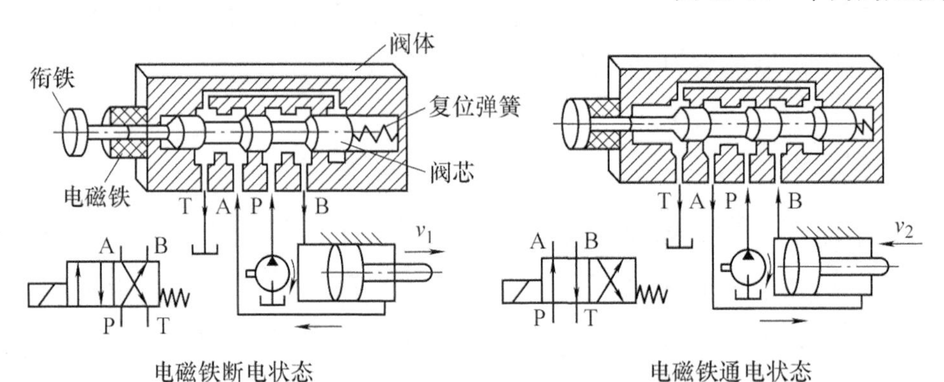

电磁铁断电状态　　电磁铁通电状态

图 13-31　换向阀的结构

换向阀的分类：按阀芯在阀体上的工作位置数和换向阀所控制的油口通路数分，换向阀有二位二通、二位三通、二位四通、二位五通、三位四通、三位五通等类型。图 13-32 所示为三位四通电磁换向阀。

不同的位数和通数是由阀体上不同的沉割槽和阀芯上台肩组合形成的。

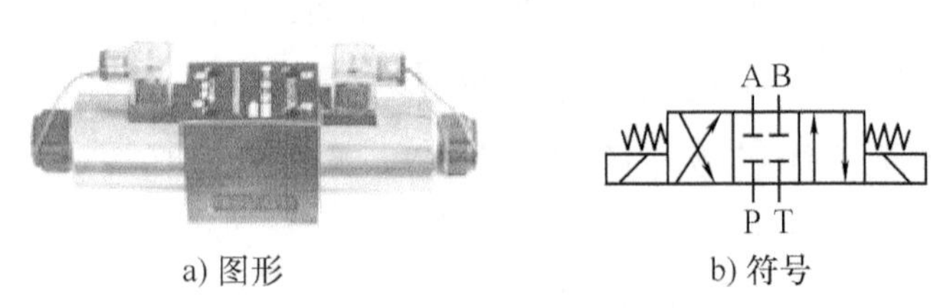

a) 图形　　b) 符号

图 13-32　三位四通电磁换向阀

三位换向阀的中位机能：三位换向阀的阀芯在阀体中有左、中、右三个工作位置。中间位置可利用不同形状及尺寸的阀芯结构，得到多种不同的油口连接方式。三位换向阀在常态位置（中位）时各油口的连通方式称为中位机能。

1）O 型：P、A、B、T 四个通口全部封闭，液压缸闭锁，液压泵不卸荷，如图 13-33 所示。

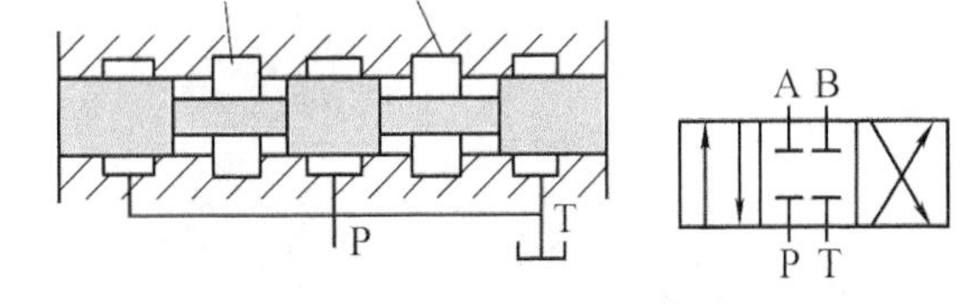

图 13-33　三位四通电磁换向阀“O 型”

2）H 型：P、A、B、T 四个通口全部相通，液压缸活塞呈浮动状态，液压泵卸荷，如图 13-34 所示。

3）Y 型：通口 P 封闭，A、B、T 三个通口相通，液压缸活塞呈浮动状态，液压泵不卸荷，如图 13-35 所示。

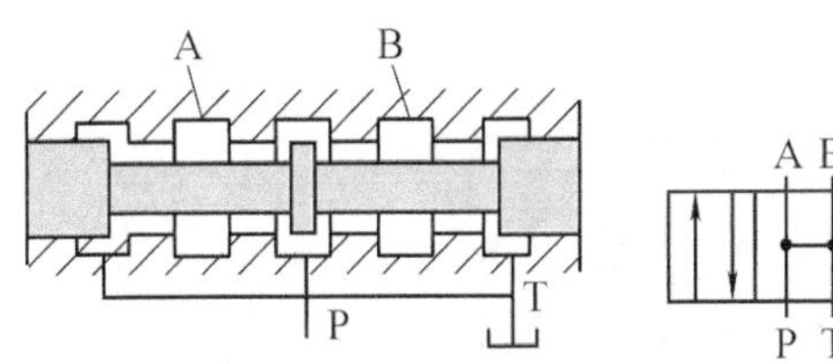

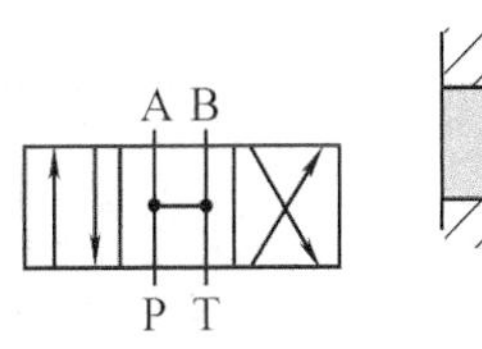

图 13-34　三位四通电磁换向阀“H 型”

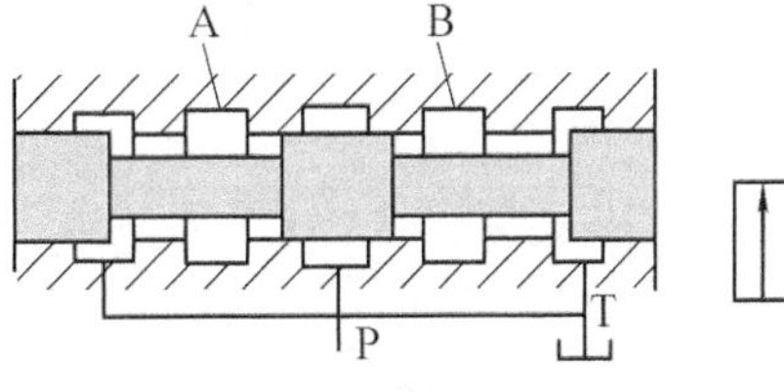

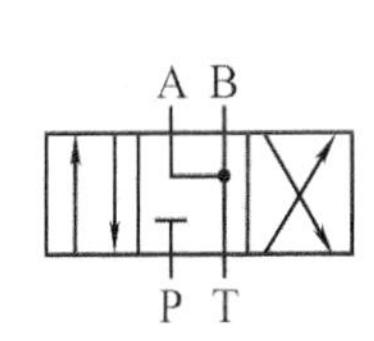

图 13-35　三位四通电磁换向阀“Y 型”

4）P 型：P、A、B 三个通口相通，通口 T 封闭，液压泵与液压缸两腔相通，可组成差动回路，如图 13-36 所示。

5）M 型：通口 P、T 相通，通口 A、B 封闭，液压缸闭锁，液压泵卸荷，如图 13-37 所示。

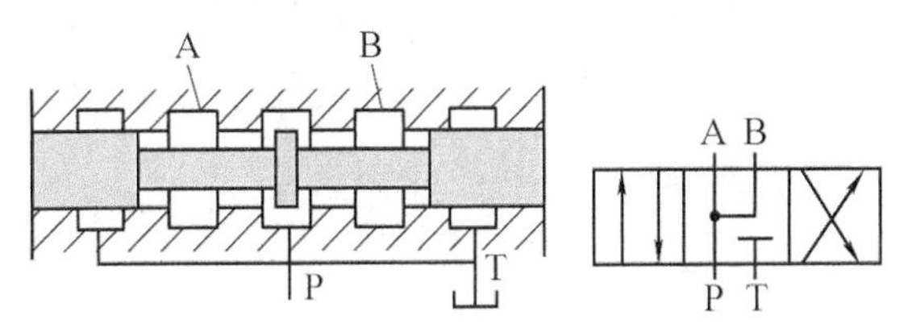

图 13-36　三位四通电磁换向阀“P 型”

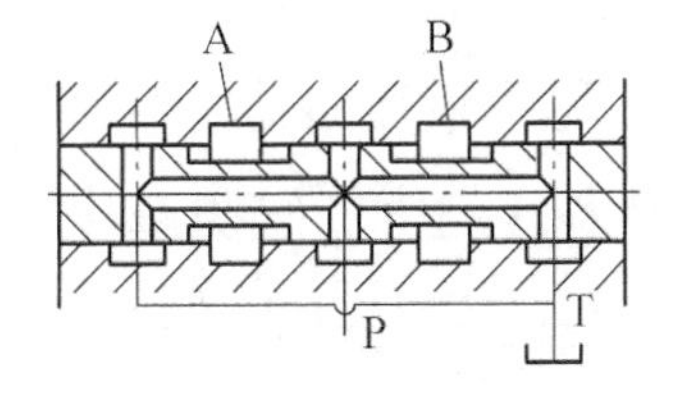

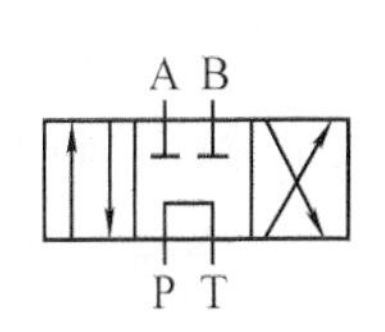

图 13-37　三位四通电磁换向阀“M 型”

二、压力控制阀

压力控制阀是指用来对液压系统中液流的压力进行控制与调节的阀，称压力阀。此类阀是利用作用在阀芯上的液体压力和弹簧力相平衡的原理来工作的。

1. 溢流阀

作用：

1）溢流和稳压作用，保持液压系统的压力恒定。

2）限压保护作用，防止液压系统过载。

分类：

溢流阀的分类见表 13-6。

表 13-6　溢流阀

类型	图形符号
直动式溢流阀	调压螺杆 弹簧 阀芯 阀体 T P
先导式溢流阀	调压手柄 先导阀 调压弹簧 Ⅱ Ⅰ K 阻尼孔 主阀弹簧 主阀芯 P T K

2. 减压阀

减压阀的作用：将进口压力减至某一需要出口压力，并使出口压力自动保持稳定。

减压原理：利用液压油通过缝隙（液阻）降压，使出口压力低于进口压力，并保持出口压力为一定值。缝隙越小，压力损失越大，减压作用就越强。

分类：减压阀的分类见表 13-7。

表 13-7　减压阀

类型	图形符号
直动式减压阀	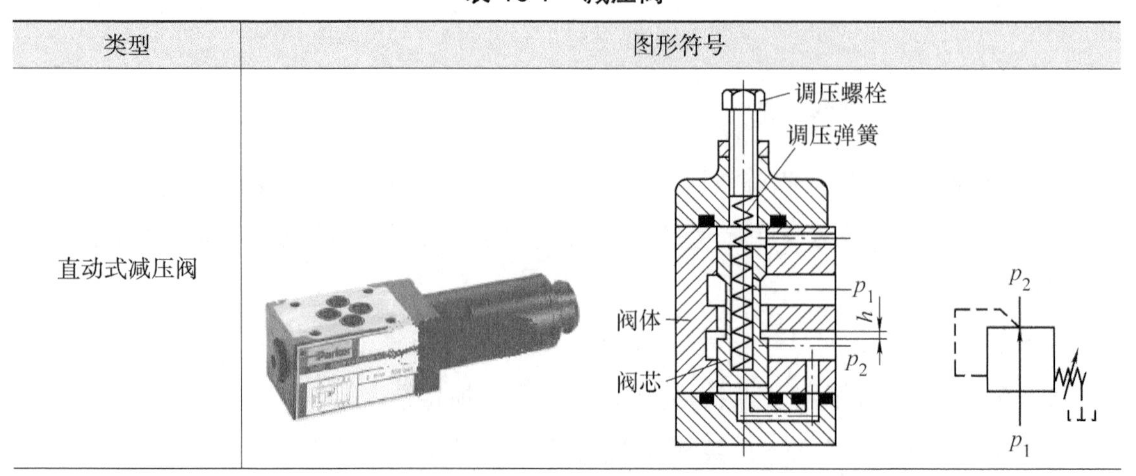

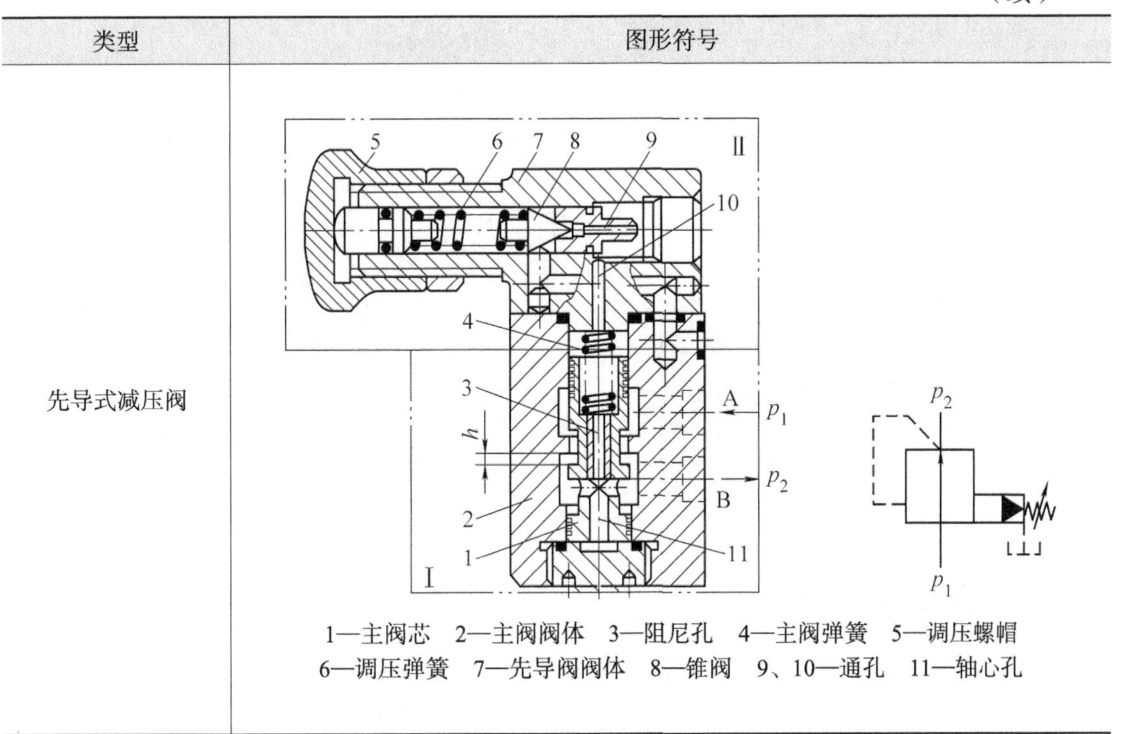

（续）

类型	图形符号
先导式减压阀	1—主阀芯 2—主阀阀体 3—阻尼孔 4—主阀弹簧 5—调压螺帽 6—调压弹簧 7—先导阀阀体 8—锥阀 9、10—通孔 11—轴心孔

3. 顺序阀

作用：利用液压系统中的压力变化来控制油路的通断，从而实现某些液压元件按一定的顺序动作。

分类：顺序阀的分类见表 13-8。

表 13-8 顺序阀

类型	图形符号
直动式顺序阀	泄油口L 出油口B 进油口A p_2 p_1

（续）

类型	图形符号
先导式顺序阀	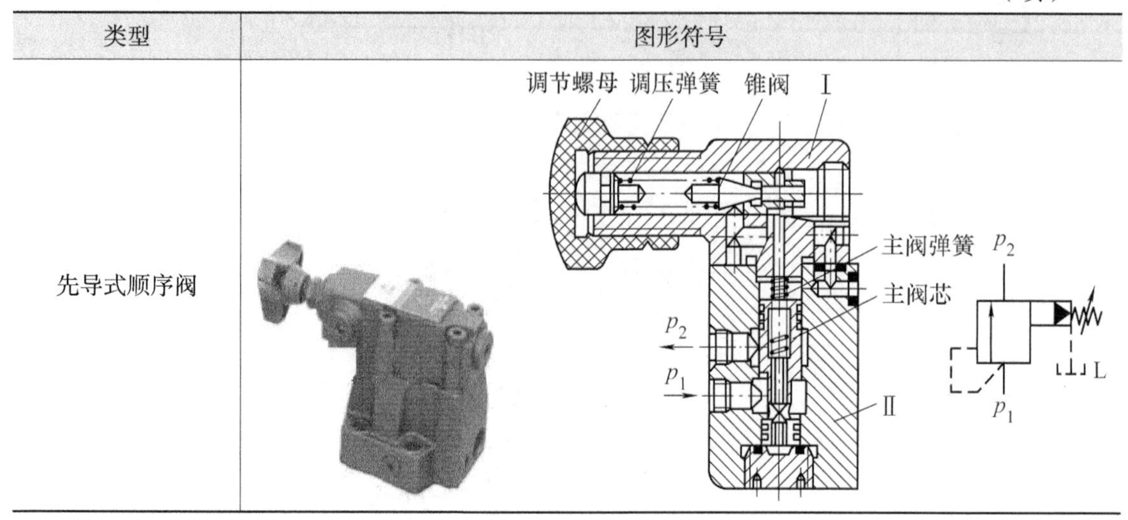

三、流量控制阀

作用：控制液压系统中液体的流量，简称流量阀。

原理：流量阀是在一定压力差下，通过改变阀口过流截面积来控制通过阀口的流量，从而调节执行元件运动速度。

1. 节流阀（见图 13-38）

节流阀的常用节流口形式见表 13-9。

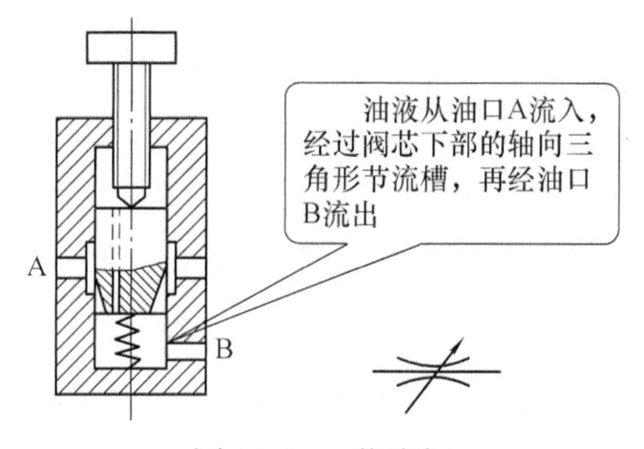

图 13-38 节流阀

表 13-9 节流阀常用节流口形式

节流阀常用节流口形式	图 示
针阀式节流口	p_2 p_1
偏心式节流口	p_2 p_1

（续）

节流阀常用节流口形式	图　　示
三角槽式节流口	
轴向缝隙式节流口	

2. 调速阀

调速阀是由减压阀和节流阀串联而成的组合阀，如图 13-39 所示。

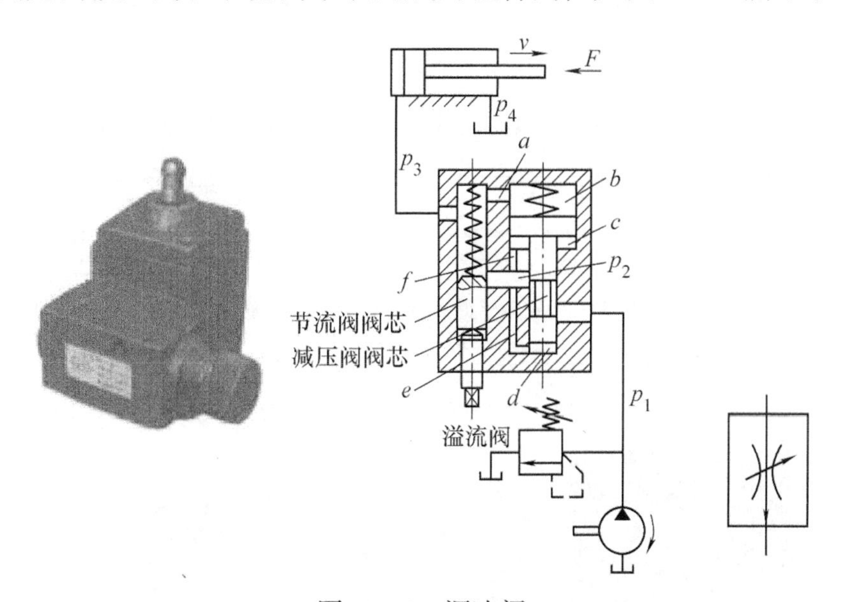

图 13-39　调速阀

课后练习

1. 先导式减压阀主阀芯与直动式减压阀的阀芯有何区别？

2. 如何调节节流阀的流量？

项目 6　液压辅助元件

学习目标

知识目标：

1. 了解过滤器、蓄能器、油管和管接头、油箱的结构，掌握其功能及特点。

2. 了解过滤器、蓄能器、油箱的图形符号 。

3. 了解管路节点的画法。

技能目标：

认识液压辅助元件。

综合职业能力目标：

结合生产实际，通过网络、课本等学习资料，采用小组合作的方式，认识液压辅助元件。

课堂讨论

认识下列液压辅助元件，如图 13-40 所示。

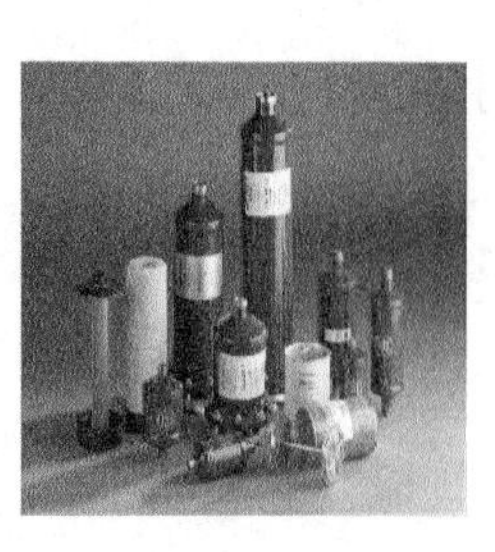

图 13-40　液压辅助元件

问题与思考

在液压传动系统中，液压辅助元件有什么重要作用？

项目描述

本项目就是要带领大家通过认识液压辅助元件，了解过滤器、蓄能器、油管和管接头、油箱的结构，掌握其功能及特点，了解过滤器、蓄能器、油箱的图形符号，了解管路节点的画法。

相关知识

液压辅助元件也是液压传动系统的基本组成之一，一些常用的辅助元件包括过滤器、蓄能器、油管和管接头、油箱等。

一、过滤器

作用：保持油的清洁。图 13-41 所示为过滤器。

过滤器安装在液压泵的吸油管路上或液压泵的输出管路上及重要元件的前面。通常情况下，在泵的吸油口装粗过滤器，在泵的输出管路上与重要元件之前装精过滤器。

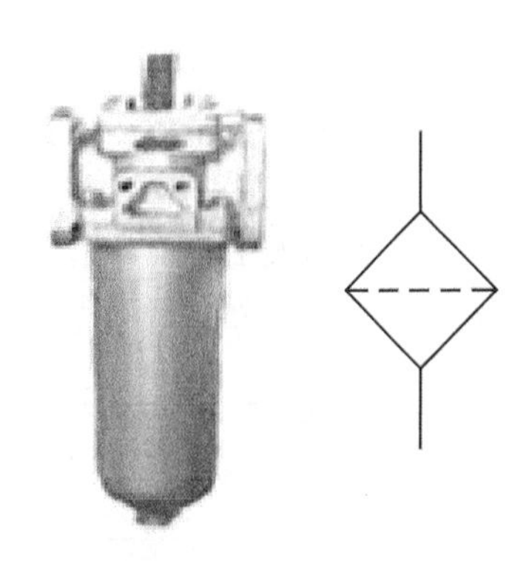

图 13-41　过滤器

二、蓄能器

蓄能器是储存液压油的一种容器，可以在短时间内供应大量液压油，补偿泄漏以保持系统压力，消除压力脉动与缓和液压冲击等。图 13-42 所示为蓄能器，其工作原理如图 13-43 所示。

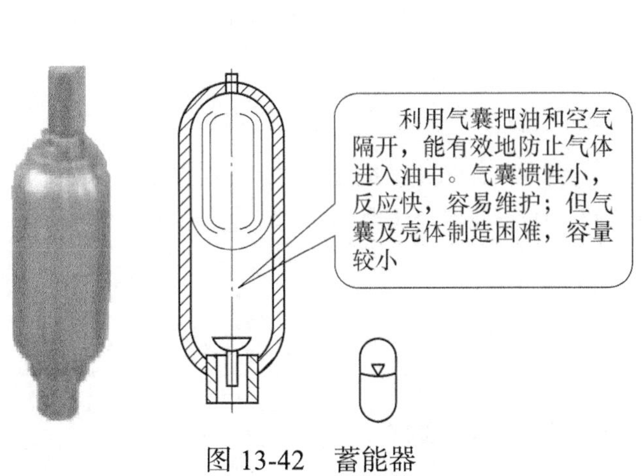

图 13-42　蓄能器

蓄能器

图 13-43　蓄能器工作原理

三、油管和管接头

1. 油管

常用的油管有钢管、铜管、橡胶软管、尼龙管和塑料管等。

固定元件间的油管常用钢管和铜管，有相对运动的元件之间一般采用软管连接。

2. 管接头

用于油管与油管、油管与液压元件之间的连接。图 13-44 所示为管接头。

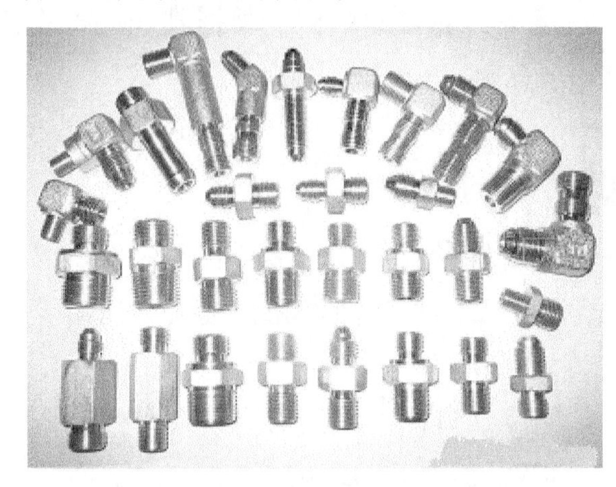

图 13-44　管接头

四、油箱

作用：除了用于储油外，还起散热及分离油中杂质和空气的作用。在机床液压系统中，可以利用床身或底座内的空间做油箱。精密机床多采用单独油箱，如图 13-45 所示。

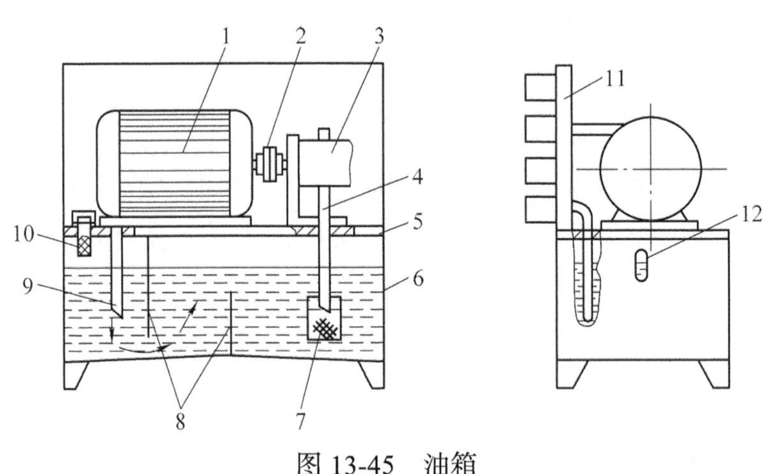

图 13-45　油箱

1—电动机　2—联轴器　3—液压泵　4—吸油管　5—盖板　6—油箱体　7—过滤器　8—隔板　9—回油管　10—加油口　11—控制阀连接板　12—液位计

课后练习

1. 蓄能器充气阀有何作用？

2. 油箱的回油管在什么位置？吸油管在什么位置？

项目 7　液压系统基本回路

学习目标

知识目标：

1. 了解液压系统基本回路。
2. 了解各回路中各液压元件的功能，掌握各回路的基本工作原理。

技能目标：

认识液压系统基本回路。

综合职业能力目标：

结合生产实际，通过网络、课本等学习资料，采用小组合作的方式，认识液压系统基本回路。

课堂讨论

液压系统如何完成某种特定的功能？图 13-46 所示为液压系统。

问题与思考

在液压传动系统中，如何完成方向、压力、速度及顺序动作的调节？

图 13-46　液压系统

项目描述

本项目就是要带领大家通过认识液压系统基本回路，了解方向控制回路、压力控制回路、速度控制回路及顺序动作控制回路的工作原理。

相关知识

液压基本回路是由某些液压元件和附件所构成的能完成某种特定功能的回

路，包括方向控制回路、压力控制回路、速度控制回路、顺序动作控制回路。

一、方向控制回路

方向控制回路是在液压系统中控制执行元件的起动、停止（包括锁紧）及换向的回路。方向控制回路的分类见表 13-10。

表 13-10 方向控制回路的分类

名称	说　明	图　示
换向回路	采用二位四通电磁换向阀的换向回路	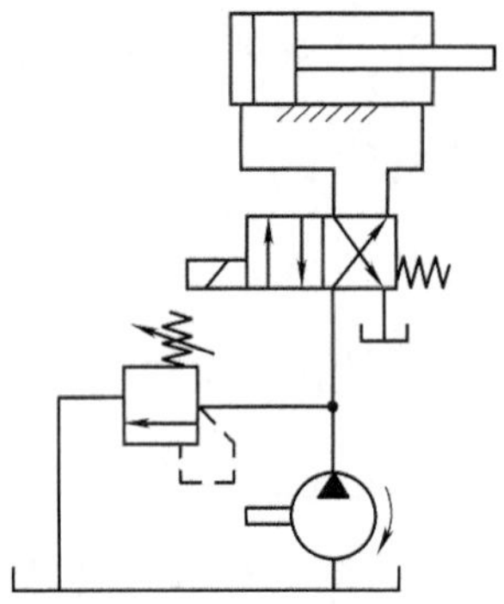
换向回路	采用三位四通手动换向阀的换向回路	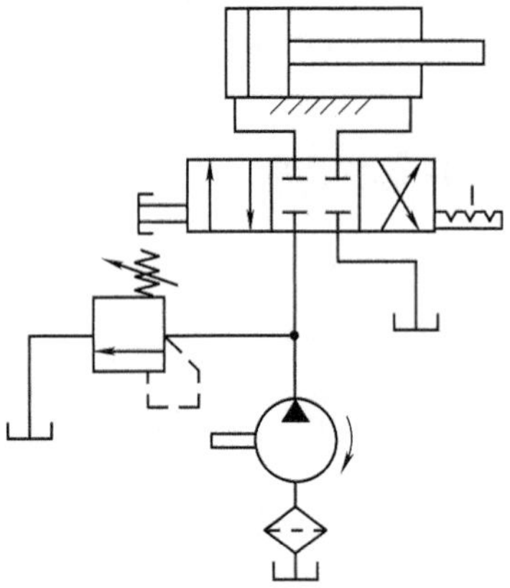
锁紧回路	采用 O 型中位机能的三位四通电磁换向阀的锁紧回路	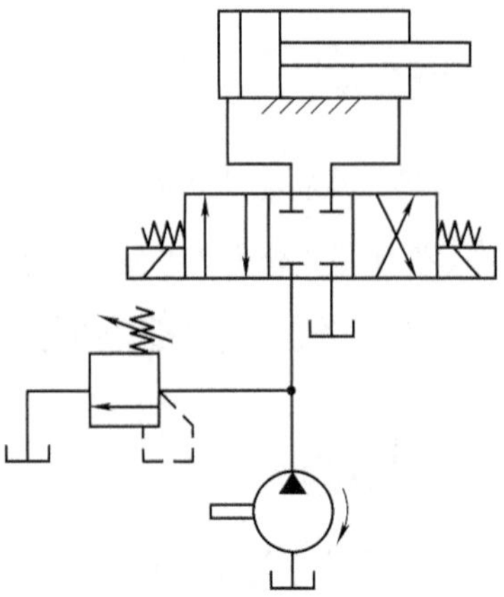

（续）

名称	说　明	图　示
锁紧回路	采用液控单向阀的锁紧回路	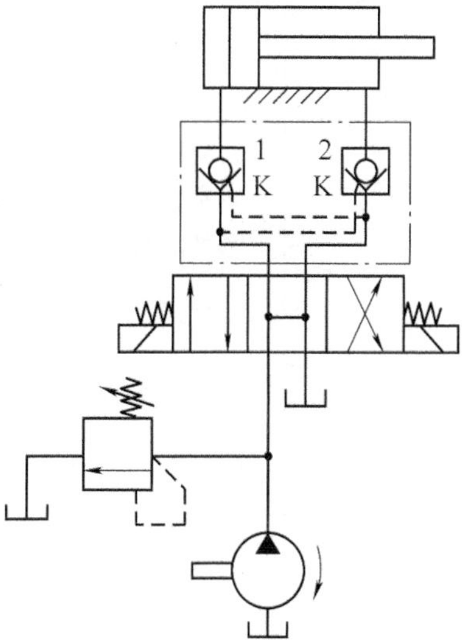

二、压力控制回路

压力控制回路是利用压力控制阀来调节系统或系统某一部分压力的回路，它可以实现调压、减压、增压、卸荷等功能。压力控制回路的分类见表 13-11。

表 13-11　压力控制回路的分类

名称	功　用	图　示
调压回路	使液压系统整体或某一部分的压力保持恒定或不超过某个数值。调压功能主要由溢流阀完成	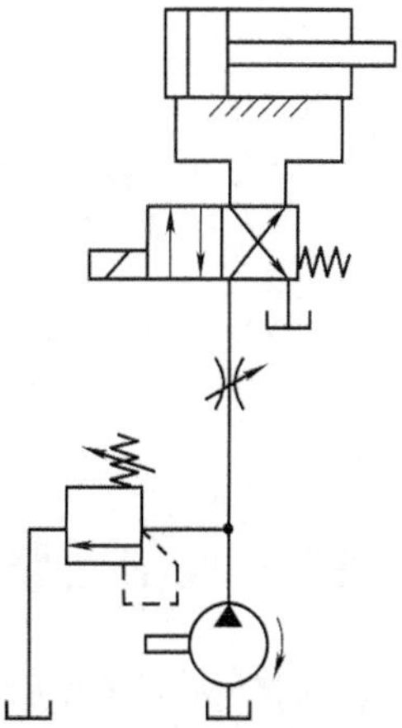

（续）

名称	功　用	图　示
减压回路	使系统中的某一部分油路具有较低的稳定压力。减压功能主要由减压阀完成	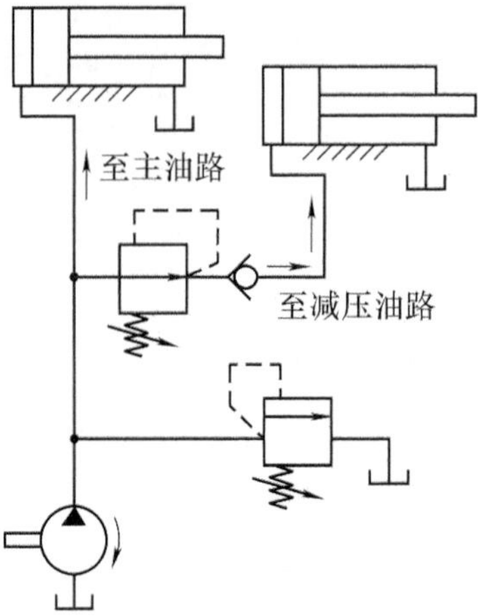 至主油路 至减压油路
增压回路	使系统中局部油路或个别执行元件得到比主系统压力高得多的压力	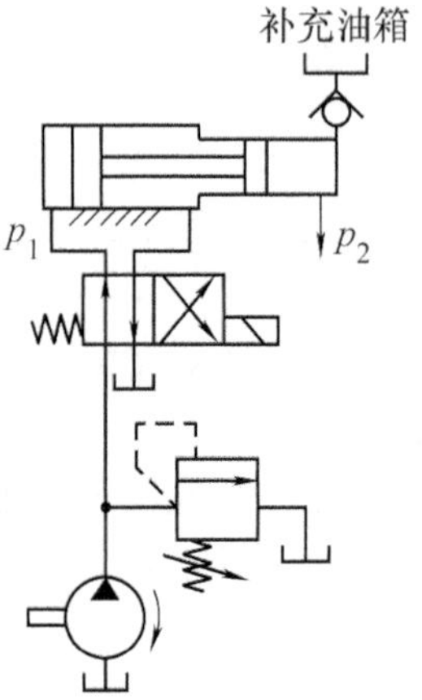 补充油箱 p_1 p_2
卸荷回路	避免使驱动液压泵的电动机频繁起闭，让液压泵在接近零压的情况下运转，以减少功率损失和系统发热，延长泵和电动机的使用寿命	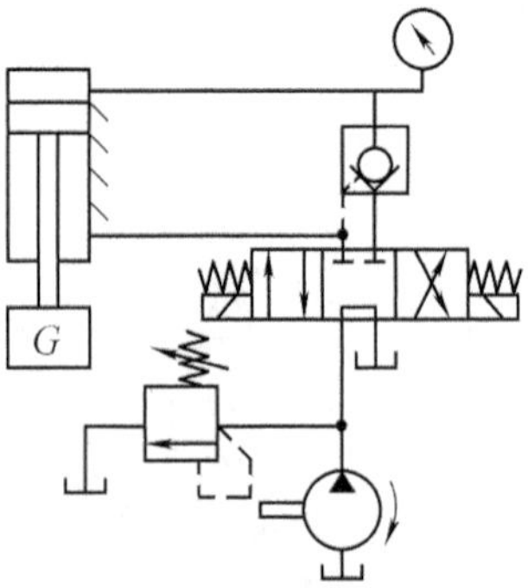 G

三、速度控制回路

速度控制回路是控制执行元件运动速度的回路，一般是采用改变进入执行元件的流量来实现的。

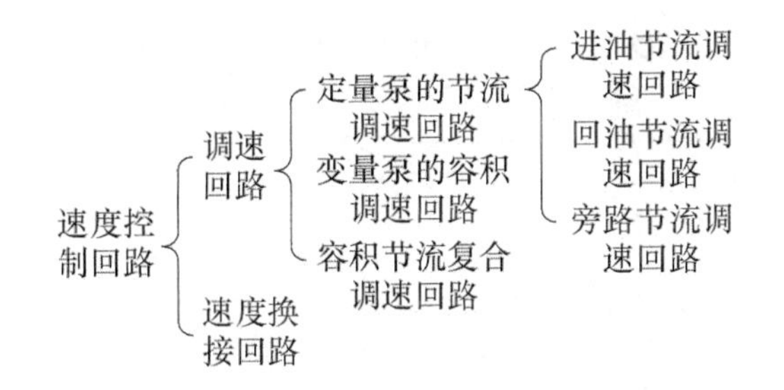

1. 调速回路

调速回路是用于调节工作行程速度的回路。调速回路的分类见表 13-12。

表 13-12　调速回路的分类

名称	说　明	图　示
进油节流调速回路	将节流阀串联在液压泵与液压缸之间。泵输出的油液一部分经节流阀进入液压缸的工作腔，泵多余的油液经溢流阀流回油箱。由于溢流阀有溢流，泵的出口压力 p_B 保持恒定。调节节流阀通流截面积，即可改变通过节流阀的流量，从而调节液压缸的运动速度	
回油节流调速回路	将节流阀串接在液压缸与油箱之间。调节节流阀流通截面积，可以改变从液压缸流回油箱的流量，从而调节液压缸运动速度	
变量泵的容积调速回路	依靠改变液压泵的流量来调节液压缸速度的回路 液压泵输出的液压油全部进入液压缸，推动活塞运动。改变液压泵输出油量的大小，从而调节液压缸运动速度 溢流阀起安全保护作用。该阀平时不打开，在系统过载时才打开，从而限定系统的最高压力	

2. 速度换接回路

速度换接回路是使不同速度相互转换的回路，速度换接回路的分类见表 13-13。

表 13-13　速度换接回路的分类

名称	说　明	图　示
液压缸差动连接速度换接回路	利用液压缸差动连接获得快速运动的回路 在液压缸差动连接时，当相同流量进入液压缸时，其速度提高。图示用一个二位三通电磁换向阀来控制快慢速度的转换	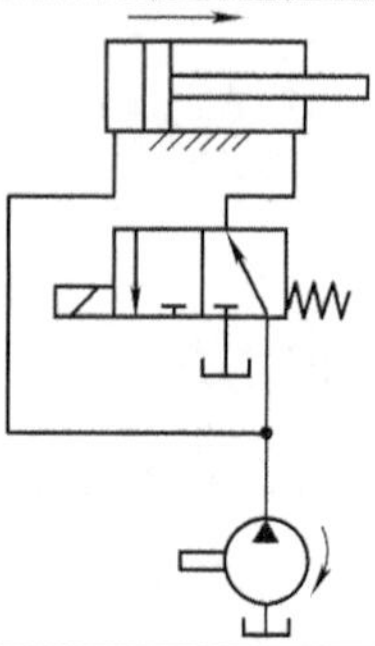
短接流量阀速度换接回路	采用短接流量阀获得快慢速运动的回路 图示为二位二通电磁换向阀左位工作，回路回油节流，液压缸慢速向左运动。当二位二通电磁换向阀右位工作时（电磁铁通电），流量阀（调速阀）被短接，回油直接流回油箱，速度由慢速转换为快速。二位四通电磁换向阀用于实现液压缸运动方向的转换	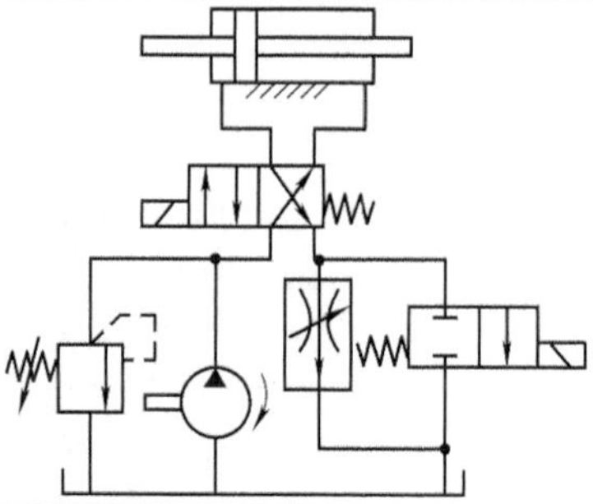
串联调速阀速度换接回路	采用串联调速阀获得速度换接的回路 图示为二位二通电磁换向阀左位工作，液压泵输出的液压油经调速阀 A 后，通过二位二通电磁换向阀进入液压缸，液压缸工作速度由调速阀 A 调节；当二位二通电磁换向阀右位工作时（电磁铁通电），液压泵输出的液压油通过调速阀 A，须再经调速阀 B 后进入液压缸，液压缸工作速度由调速阀 B 调节	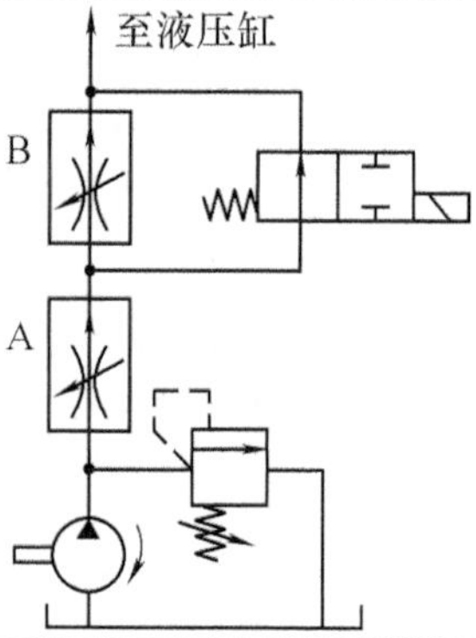 至液压缸 B A
并联调速阀速度换接回路	采用并联调速阀获得速度换接的回路 两工作进给速度分别由调速阀 A 和调速阀 B 调节。速度转换由二位三通电磁换向阀控制	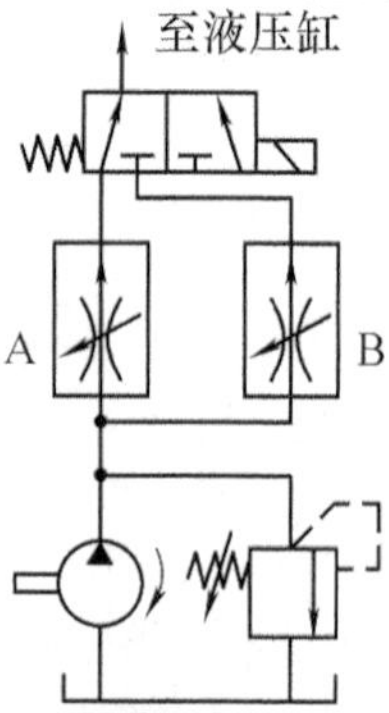 至液压缸 A B

四、顺序动作控制回路

顺序动作控制回路是实现系统中执行元件动作先后次序的回路，如图 13-47 所示。

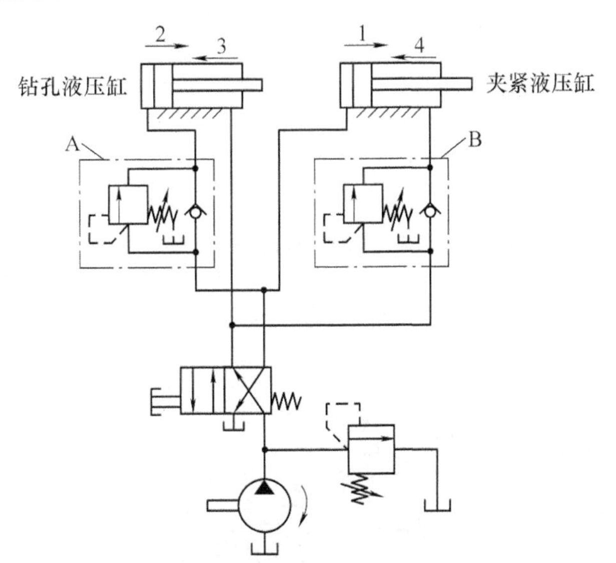

采用两个单向顺序阀的压力控制顺序动作回路

图 13-47　顺序动作控制回路

课后练习

1. 回油节流调速回路与进油节流调速回路相比有什么优点?
2. 简述单向顺序阀的组成及用途。

项目 8　液压传动系统应用实例

学习目标

知识目标：

通过识读汽车升降平台液压传动系统图和数控车床液压传动系统图，培养识读液压传动系统图的能力。

技能目标：

了解液压传动的应用。

综合职业能力目标：

结合生产实际，通过网络、课本等学习资料，采用小组合作的方式，认识液压传动应用。

课堂讨论

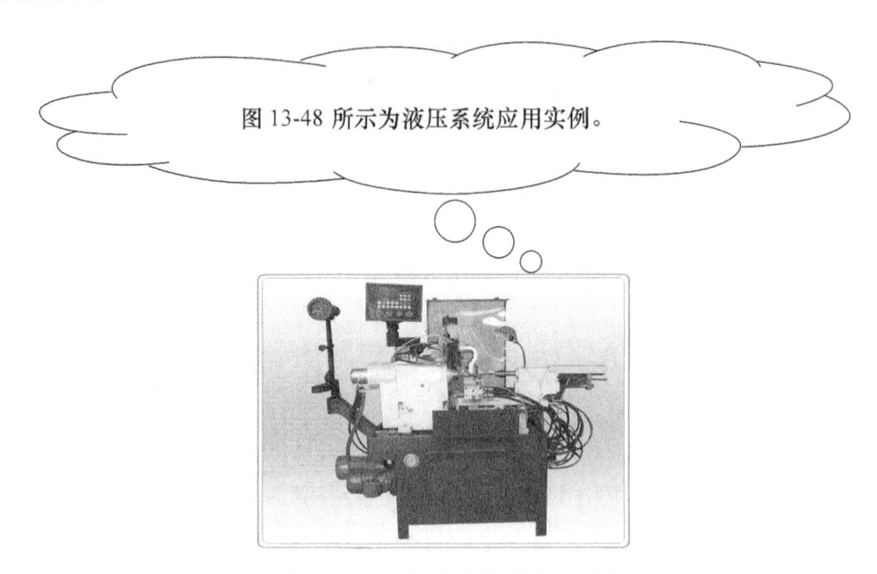

图 13-48　液压系统应用实例

问题与思考

识读汽车升降平台和数控车床中的液压系统是如何实现其功能的?

项目描述

本项目就是要带领大家通过认识实际生活中的液压系统应用，识读汽车升降平台液压传动系统图和数控车床液压传动系统图。

相关知识

汽车升降平台液压传动系统如图 13-49 所示，数控车床液压传动系统如图 13-50 所示。

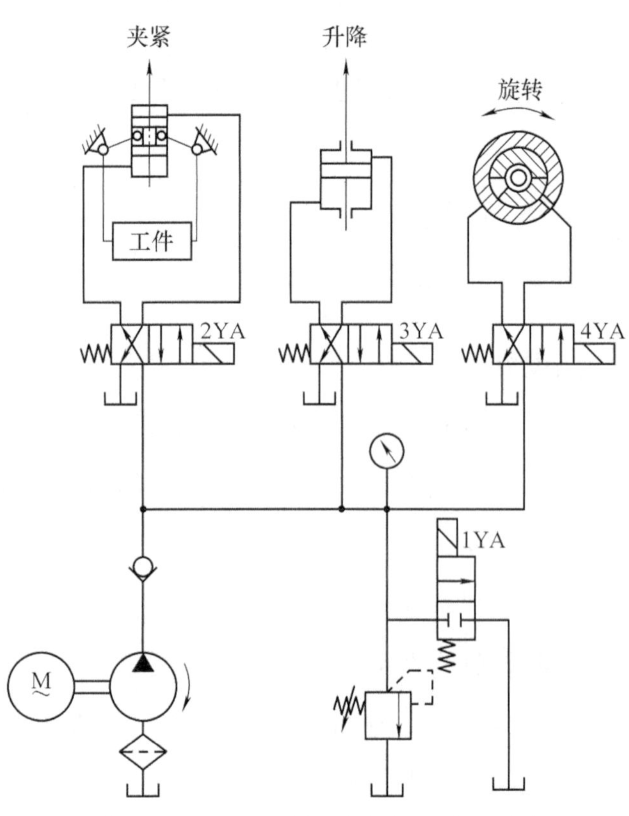

图 13-49　汽车升降平台液压传动系统

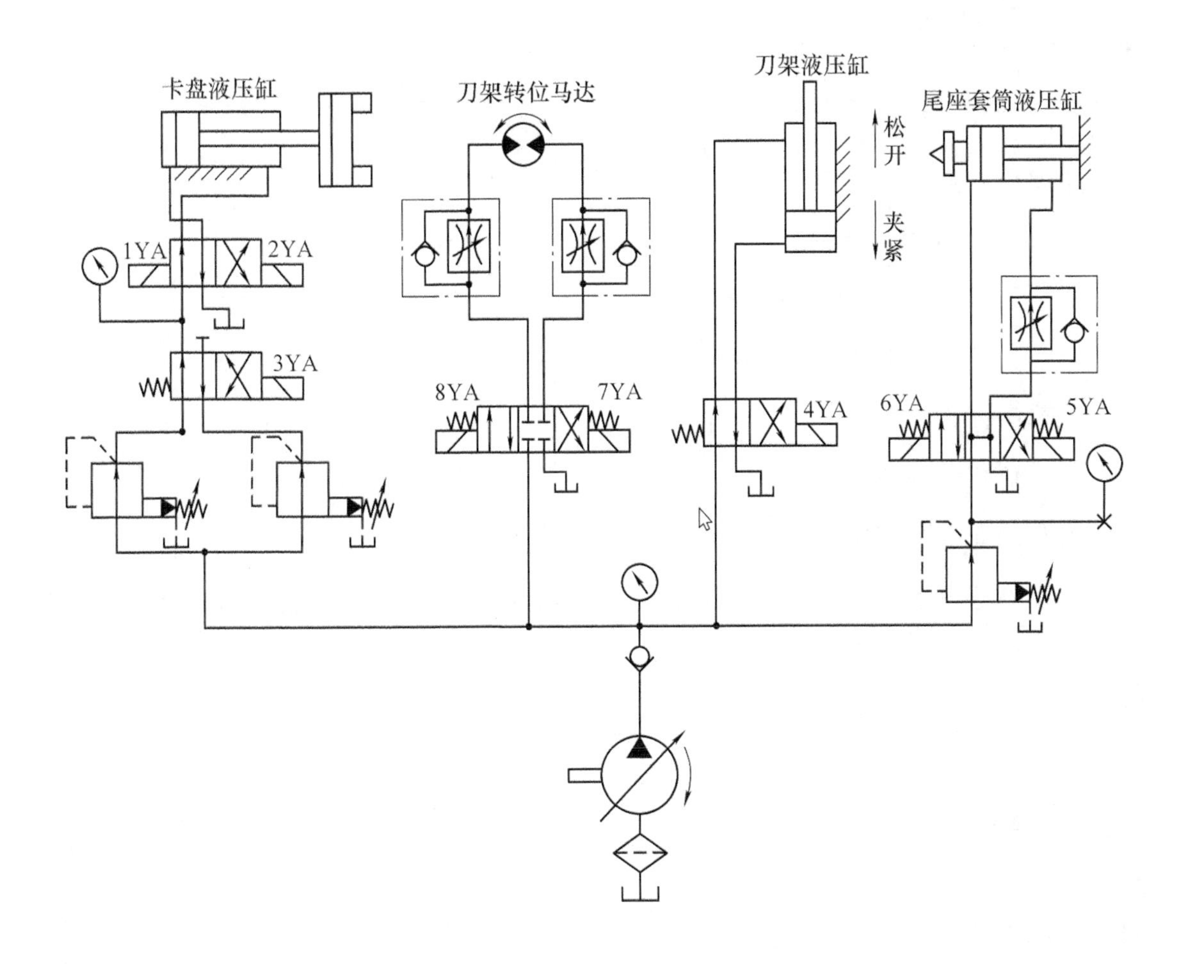

图 13-50　数控车床液压传动系统

课后练习

1. 分析汽车升降平台在上升和下降时，两个液压缸的动作顺序。

2. 在什么情况下，卡盘夹紧和松开工件？

项目 9　气压传动的工作原理及应用特点

学习目标

知识目标：

1. 了解气压传动的基本原理。
2. 掌握气压传动系统的组成。
3. 了解气压传动的应用特点。

技能目标：

认识气压传动的工作原理。

综合职业能力目标：

结合生产实际，通过网络、课本等学习资料，采用小组合作的方式，认识气压传动的工作原理。

课堂讨论

问题与思考

气压传动在机械制造、电子电器、石油化工、轻工食品包装及工业机器人等行业都有广泛的应用。气压传动是如何进行工作的？

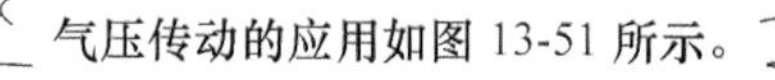

图 13-51　气压传动的应用

项目描述

本项目就是要带领大家通过认识空气压缩机，了解气压传动的原理及组成。

相关知识

气压传动是以空气压缩机为动力源，以压缩空气为工作介质，利用压缩空气的压力和流动进行能量和信号传递的传动方式。图 13-52 所示为空气压缩机。

空气压缩机是一种用以压缩气体的设备，空气压缩机与水泵构造类似。大多数空气压缩机是往复活塞式，旋转叶片或旋转螺杆。离心式压缩机的应用非常广泛。

图 13-52　空气压缩机

一、气压传动工作原理及组成

气动系统工作时要经过压力能与机械能之间的转换，其工作原理是利用空气压缩机使空气介质产生压力能，并在控制元件的控制下，把气体压力能传输给执行元件（气缸或气马达），而使执行元件完成直线运动和旋转运动。图 13-53 所示为气压传动工作原理及组成，图 13-54 所示为气压传动系统。

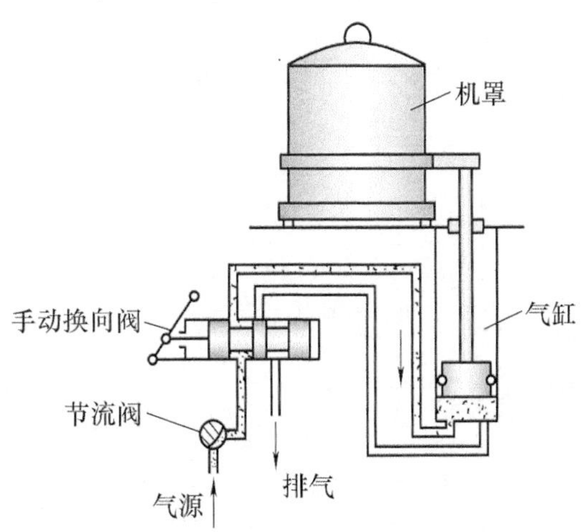

图 13-53　气压传动工作原理及组成

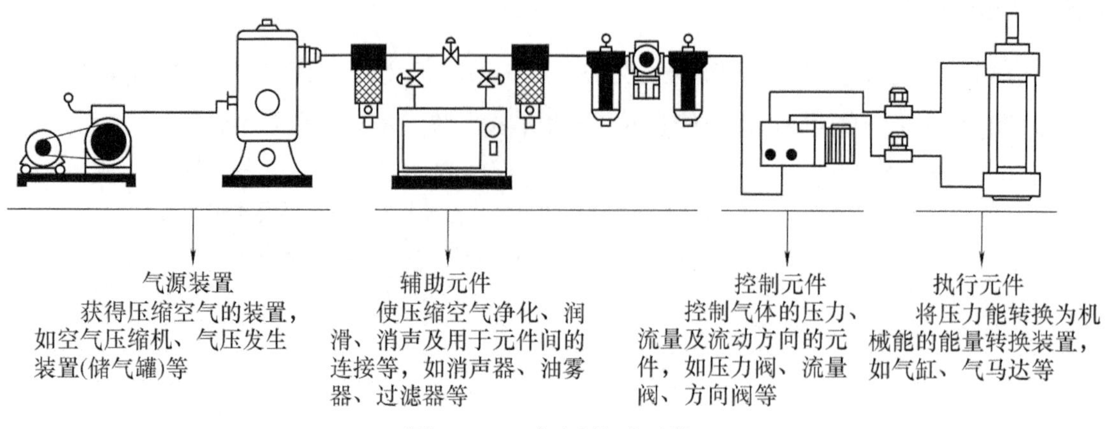

图 13-54　气压传动系统

二、气压传动的应用特点

1. 优点

1）工作介质是空气，排放方便，不污染环境，经济性好。

2）空气的黏度小，便于远距离输送，能量损失小。

3）气压传动反应快，维护简单，不存在介质维护及补充问题，安装方便。

4）蓄能方便，可用储气筒获得气压能。

5）工作环境适应性好，允许工作温度范围宽。

6）有过载保护作用。

2. 缺点

1）由于空气具有可压缩性，因此工作速度稳定性较差。

2）工作压力较低。

3）工作介质无润滑性能，需设置润滑辅助元件。

4）噪声大。

课后练习

1. 气压传动与液压传动相比有哪些优点？

2. 简述气压传动的组成部分。

项目 10　气压传动常用元件

学习目标

知识目标：

1. 了解空气压缩站的基本组成。
2. 掌握空气压缩机的组成及用途。
3. 认识气压传动辅助元件和执行元件。

技能目标：

认识气压传动常用元件。

综合职业能力目标：

结合生产实际，通过网络、课本等学习资料，采用小组合作的方式，认识气压传动常用元件。

课堂讨论

你认识哪些气压传动的常用元件？图 13-55 所示为气压传动常用元件。

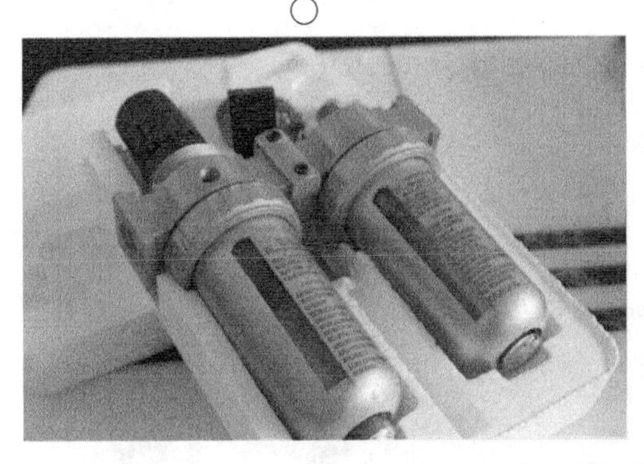

图 13-55　气压传动常用元件

问题与思考

气压传动常用元件是如何进行工作的?

项目描述

本项目就是要带领大家通过认识各类气压传动常用元件，了解气压传动各元件的工作原理。

相关知识

气压传动是以空气压缩机为动力源，以压缩空气为工作介质，利用压缩空气的压力和流动进行能量和信号传递的工程技术。它是实现各种生产控制、自动控制的重要手段。

气压传动常用元件包含：气源装置及气动辅助元件、气缸、气压控制阀。

一、气源装置及气动辅助元件

气源装置及气动辅助元件如图 13-56 所示。

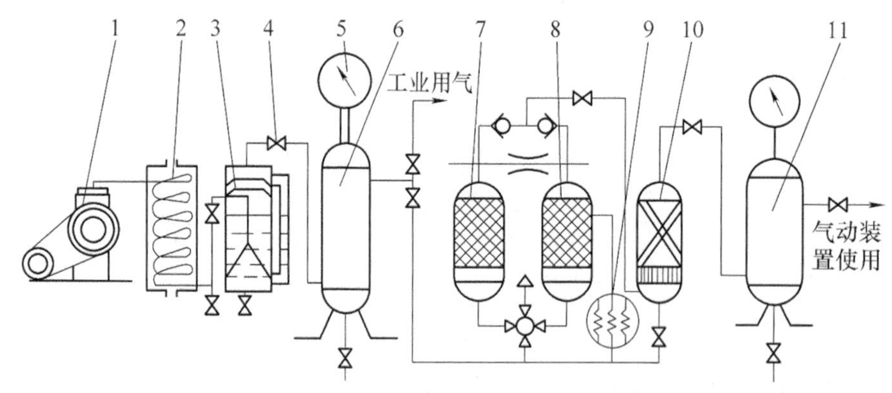

图 13-56　气源装置及气动辅助元件

1—空气压缩机　2—冷却器　3—油雾分离器　4—阀门　5—压力计　6、11—储气罐　7、8—干燥器　9—加热器　10—空气过滤器

1. 空气压缩机

空气压缩机的作用是把电动机输出的机械能转换成气体压力能。图 13-57 所示为空气压缩机。

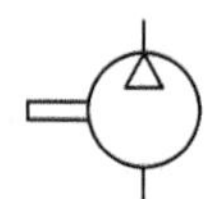

图 13-57　空气压缩机

2. 气动辅助元件

气动辅助元件的作用是对空气压缩机产生的

压缩空气进行净化、减压、降温及稳压等处理，以保证气压传动系统正常工作。

二、气缸

气缸常用于实现往复直线运动，如图 13-58 所示。

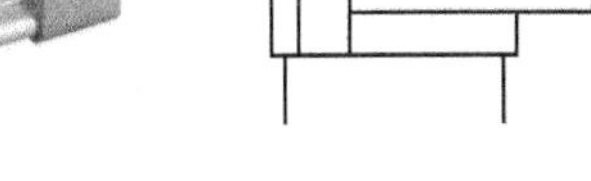

图 13-58　气缸

三、气压控制阀

气压控制阀是控制和调节压缩空气压力、流量和流向的控制元件。

气压控制阀的分类见表 13-14。

表 13-14　气压控制阀的分类

名　称		图　示
方向控制阀	单向阀 只能使气流沿一个方向流动，不允许气流反向倒流	
	换向阀 利用换向阀阀芯相对阀体的运动，使气路接通或断开，从而使气动执行元件实现起动、停止或变换运动方向	
压力控制阀	减压阀 将从储气罐传来的压力调到所需的压力，减小压力波动，保持系统压力的稳定	
	顺序阀 依靠回路中压力的变化来控制执行机构按顺序动作的压力阀	
	溢流阀 在系统中起过载保护作用。当储气罐或气动回路内的压力超过某气压溢流阀调定值时，溢流阀打开向外排气；当系统的气体压力在调定值以内时，溢流阀关闭	

（续）

名称		图示
流量控制阀	排气节流阀 安装在气动元件的排气口处，调节排入大气的流量，以此控制执行元件的运动速度。它不仅能调节执行元件的运动速度，还能起到降低排气噪声的作用	
	单向节流阀 气流正向流入时，节流阀起作用，调节执行元件的运动速度；气流反向流入时，单向阀起作用	正向流入

课后练习

1. 在气压传动中溢流阀的作用是什么？
2. 在气压传动装置中换向阀的作用是什么？

项目 11　气压传动基本回路

学习目标

知识目标：

1. 了解气压传动基本回路。
2. 认识气压传动基本回路中的图形符号。

技能目标：

认识气压传动基本回路。

综合职业能力目标：

结合生产实际，通过网络、课本等学习资料，采用小组合作的方式，认识气压传动基本回路。

课堂讨论

气压传动基本回路可以实现哪些功能？
图 13-59 所示为气压传动基本回路。

图 13-59　气压传动基本回路

问题与思考

气压传动是如何实现压力、流量和流向控制的？

项目描述

本项目就是要带领大家通过认识各类气压传动常用元件，了解气动控制回路，了解气压传动实现的功能。

相关知识

气动控制元件用来控制和调节压缩空气的压力、流量和流向，可分为方向控制阀、压力控制阀和流量控制阀。图 13-60 所示为气源三联件。

气压传动基本回路的分类见表 13-15。

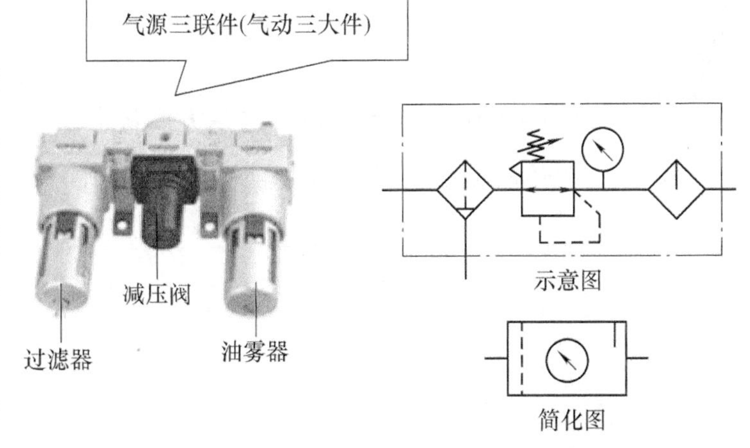

图 13-60　气源三联件

表 13-15 气压传动基本回路的分类

名称	说明	图 示
方向控制回路	在气压传动系统中，用于控制执行元件的起动、停止（包括锁紧）及换向的回路称为方向控制回路	A
压力控制回路	在气压传动系统中，利用压力控制阀来控制和调节系统或某一部分压力的回路称为压力控制回路	p_1 K $p_1>p_2$ 至系统 p_2
速度控制回路	在气压传动系统中，用于控制和调节执行元件运动速度的回路称为速度控制回路	A B A B

课后练习

1. 在气压传动基本回路中如何实现方向控制？

2. 在气压传动基本回路中如何实现压力控制？

参 考 文 献

[1] 徐钢涛，张建国 . 机械基础 [M]. 北京：高等教育出版社，2017.

[2] 王希波 . 机械基础 [M]. 6 版 . 北京：中国劳动社会保障出版社，2018.

[3] 胡家秀 . 机械设计基础 [M]. 3 版 . 北京：机械工业出版社，2019.

[4] 周大勇，浦如强，孙日升 . 机械基础：机电设备安装与维修专业 [M]. 2 版 . 北京：机械工业出版社，2019.